機械工学最前線 ①

運動と振動の
制御の最前線

日本機械学会 ── 編

吉田和夫，野波健蔵，小池裕二，横山誠，西村秀和，
平田光男，大川一也，髙橋正樹，藤井飛光 ── 著

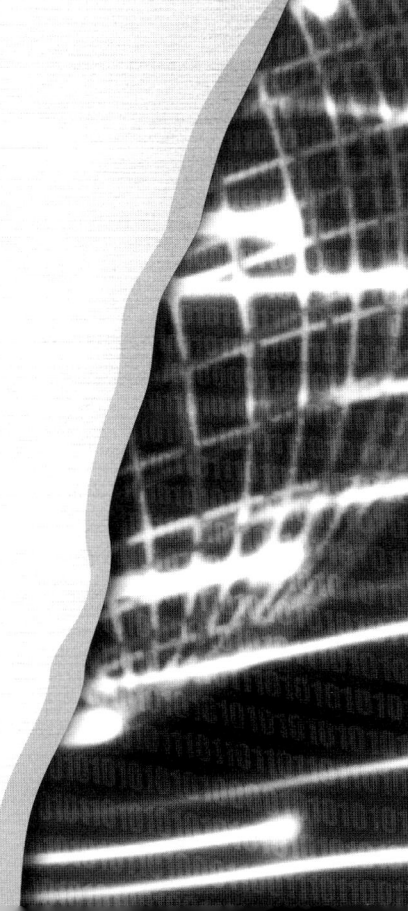

共立出版

「機械工学最前線」刊行の趣旨

　20世紀から今日にかけて科学技術の進歩にはめざましいものがあり，21世紀にはその進展がますます加速しているようです．機械工学の分野も例外ではありません．このような状況にあって，各分野はますます細分化され，最先端の現状を捉えるのは容易なことではありません．

　機械工学各分野の最先端の概要を伝える書籍はこれまでも多数刊行されておりますが，そのほとんどが基礎的な知識を持たずに読める入門書レベルのものです．専門的な内容を持っていても分厚い専門書であるか，1つのテーマに割り当てられているページ数が限られているものがほとんどのようです．高度で専門的な内容を知りたい場合には分厚い外国語の専門書や学術論文に取り組まざるを得ません．そのため，新しい研究分野に取り組もうとしている意欲的な学生や，専門的なレベルで新しい分野の概要を知りたい技術者の方々にとって適切な書籍が非常に少ないのが現状です．そこで学部高学年から大学院の学生，企業の技術者の方々を主な対象とした，手頃な分量で機械工学の最先端の内容を専門的なレベルで紹介する「機械工学最前線」シリーズを刊行することにいたしました．本シリーズで提供される最先端の内容が，新しい研究分野に取り組む足がかりや，新しい技術開発の一助となることを期待して刊行するものです．

　なお，本シリーズは日本機械学会出版事業部会にて企画され，各巻のテーマや執筆者などについては出版分科会において検討・採択されました．

平成19年2月
井門　康司

「機械工学最前線」シリーズ（日本機械学会編）
出版分科会

　　主査　井門　康司　　（名古屋工業大学）
　　幹事　杉村　丈一　　（九州大学）
　　委員（五十音順）
　　　　　井上　裕嗣　　（東京工業大学）
　　　　　押野谷康雄　　（東海大学）
　　　　　門脇　　敏　　（長岡技術科学大学）
　　　　　田中俊一郎　　（東北大学）

まえがき

　本書は,「機械工学最前線」シリーズにおいて,最先端の制御理論およびその応用面について,大学院生や企業の第一線で活躍する技術者に役立つ専門書として企画されました.そこで,慶應義塾大学の吉田和夫先生が主査を,千葉大学の野波健蔵先生が幹事を務められます「運動と振動の制御研究会」(以下,MOVIC研究会)を母体とした「International Conference on Motion and Vibration Control(以下,MOVIC国際会議)」や国内講演会「運動と振動の制御シンポジウム(以下,MOVICシンポジウム)」などで活躍する方々にご協力いただき,『運動と振動の制御の最前線』を出版することとなりました.

　MOVIC国際会議は1992年に横浜で開催されて以来,隔年で開催され,来年2008年にはドイツ,ミュンヘンで第9回目を迎えます.また,同様に隔年開催のMOVICシンポジウムは今年8月に東京工業大学で開催され,第10回を迎えます.母体となるMOVIC研究会は1985年ごろから東京都立大学(現首都大学東京)故岩田義男先生,日本大学背戸一登先生,茨城大学岡田養二先生が発足されたもので,日本機械学会の正式な研究会としてすでに20年以上の歴史を持つ研究会です.発足以来,「運動と振動の制御」に関わる技術は,常にその最先端技術を実システムへ応用できるポテンシャルを持ち続け,さまざまな分野で制御システムが利用されています.

　ここで,本書の内容を紹介させてもらいたいと思います.本書は「制振・免震ビルへの適用」,「先端的制御の応用」,「知的制御・自律制御への発展」の3編から構成されています.まず,運動と振動の制御における神髄とも言うべき制振制御技術の建築構造物への応用から始まります.そして,今後ますます要求が高まると考えられるさまざまなシステムへ制御技術を応用してい

くために欠かせない先端的制御理論が続きます．そこでは，実システムへの応用例がいくつか示されています．最後に，さらに複雑化するシステムに知的かつ自律的に適応するための制御技術が示されます．

第1編「制振・免震ビルへの適用」では，Structural Control の分野で建物の地震応答，風応答の低減を図る最先端の制振制御技術について，第1章として世界初のセミアクティブダンパを用いた免震ビルを慶應義塾大学 吉田和夫先生に，第2章としてビル同士を互いに連結した制振システムを石川島播磨重工業 小池祐二様にそれぞれご執筆をお願いしました．第1編のみで，免震と制振や振動制御の基礎をしっかりと学ぶことができ，さらに制振制御技術の実施適用例が示され，関連する制御技術までが網羅されています．

次の第2編「先端的制御の応用」では先端的制御理論の基礎的な解説から，さまざまな分野への実用的な応用例までが示されています．第1章のスライディングモード制御応用では新潟大学 横山 誠先生，第3章のサンプル値制御応用では宇都宮大学 平田光男先生にご執筆をお願いしました．第2章のゲインスケジュールド制御の応用は自ら執筆いたしました．自動車のセミアクティブサスペンションやアンチロックブレーキシステム，ハードディスクドライブなどの精密機器への制御技術応用がまとめられています．また，MATLAB の最新の Toolbox である Sampled-Data Control Toolbox についての解説が第3章には含まれています．

最後の第3編「知的制御・自律制御への発展」では，第1章をロボカップ世界大会で常に1位，2位の上位を独占している慶應義塾大学 Eigen チームの髙橋正樹先生と藤井飛光先生にご執筆をお願いしました．周囲の情報の認識，取得方法や行動決定，目的達成評価方法など，協調制御による行動に必要な技術が網羅されています．第2章では，ヘリコプタの知的自律飛行制御技術について，千葉大学の野波健蔵先生にご執筆をお願いしました．送電線監視やレスキュー活動に欠かせない制御技術に加え，緊急時に必要なオートローテーション制御技術が解説されています．第3章には，遺伝的アルゴリズムを巧みに利用したホバークラフトの制御を千葉大学の大川一也先生にご執筆をお願いしました．障害物回避，新しい動作の生成，信頼度の導入といった知的制御に欠かせない技術が解説されています．

『運動と振動の制御の最前線』正誤表（初版1刷用）

頁	訂正箇所	誤	正
iii	下から10行目	岩田義男先生	岩田義明先生

● ──参考文献

桂島宣弘「民衆宗教の宗教化・神道化過程──国家神道と民衆宗教──」『日本史研究』500
小澤浩『生き神の思想史』岩波書店,1988年
鶴藤幾太『教派神道の研究』大興社,1939年
宮田登『生き神信仰──人を神に祀る習俗──』塙新書,1970年
村上重良『近代民衆宗教史の研究』法蔵館,1958年
村上重良『国家神道と民衆宗教』吉川弘文館,1982年
安丸良夫『日本の近代化と民衆思想』青木書店,1974年
安丸良夫『神々の明治維新──神仏分離と廃仏毀釈──』岩波新書,1979年

① ──生き神教祖の誕生
一尊如来きのにかかわるもの:
浅野美和子『女教祖の誕生』藤原書店,2001年
一尊如来きの・村上重良校注『お経様』平凡社東洋文庫,1977年
神田秀雄『如来教の思想と信仰』天理大学おやさと研究所,1990年
神田秀雄・浅野美和子編『如来教・一尊教団関係史料集成』第1巻,清文堂出版,2003年
幕藩制社会と宗教にかかわるもの:
万寿亭正二著・大島建彦編『江戸願懸重宝記』国書刊行会,1987年
宮田登『近世の流行神』評論社,1972年
村上重良・安丸良夫校注『民衆宗教の思想』日本思想大系67,岩波書店,1971年
横山十四男『義民』三省堂新書,1973年
中山みきにかかわるもの:
高野友治『御存命の頃』(改修版)上・下,天理教道友社,1971年
天理教教会本部編『おふでさき』天理教教会本部,1952年
天理教教会本部編『稿本 天理教教祖伝』天理教教会本部,1956年
金光大神にかかわるもの:
金光教本部教庁編『金光教教典』金光教本部教庁,1983年
金光教本部教庁『金光大神』金光教本部教庁,2003年
村上重良『金光大神の生涯』講談社,1972年

伊藤六郎兵衛にかかわるもの：
丸山教本庁『丸山教祖真蹟御法お調べ』上・下，丸山教本庁，1977年
柚利淳一『丸山教祖伝』丸山教本庁，1955年
出口なおにかかわるもの：
皇道大本大日本修斎会出版局編『大本神諭 天之巻』皇道大本大日本修斎会出版局，1919年
皇道大本大日本修斎会出版局編『大本神諭 火の巻』皇道大本大日本修斎会出版局，1920年（谷川健一ほか編『日本庶民生活史料集成』第18巻 民間宗教，三一書房，1972年所収）
安丸良夫『出口なお』朝日新聞社，1977年
切り開かれた地平にかかわるもの：
小澤浩「ナショナリズムと民衆宗教」『季刊 日本学』第1巻第4号，名著刊行会，1984年（前掲小澤所収）
庄司吉之助・林基・安丸良夫『民衆運動の思想』日本思想大系58，岩波書店，1970年

②——現人神の浮上
今井宇三郎・瀬谷義彦・尾藤正英校注『水戸学』日本思想大系53，岩波書店，1973年
神祇院編『神社本義』印刷局，1944年
神社新報社編『近代神社神道史』神社新報社，1976年
坂本是丸『国家神道形成過程の研究』岩波書店，1994年
田原嗣郎・関晃・佐伯有清・芳賀登校注『平田篤胤・伴信友・大国隆正』日本思想大系50，岩波書店，1973年
中島三千男「明治維新と宗教」『歴史学研究』413
中島三千男「大教宣布運動と祭神論争」『日本史研究』126
中島三千男「『大日本帝国憲法』第28条「信仰自由」規定成立の前史」『日本史研究』168
羽賀祥二『明治維新と宗教』筑摩書房，1994年
南方熊楠「神社合併反対意見」『日本及日本人』580・581・583・584，1912年（『南方熊楠全集』7，平凡社，1971年所収）
宮地正人『天皇制の政治史的研究』校倉書房，1981年
宮地正人「国家神道形成過程の問題点」『宗教と国家』（解説）日本近代思想大系5，岩波書店，1988年

村上重良『国家神道』岩波新書, 1970年
村上重良『慰霊と招魂』岩波新書, 1974年
村上重良『天皇の祭祀』岩波新書, 1977年
本居宣長著・村岡典嗣校訂『直毘霊・玉鉾百首』岩波文庫, 1989年
文部省文化局宗務課編『明治維新宗教関係法令類纂』第一法規出版, 1968年
安丸良夫「近代転換期における宗教と国家」『宗教と国家』(解説)日本近代思想大系5, 岩波書店, 1988年
柳田国男『神道と民俗学』明世堂書店, 1943年(『定本 柳田国男集』第10巻, 筑摩書房, 1962年所収)
柳田国男「神道私見」丁酉倫理会倫理講演集185・186(『定本 柳田国男集』第10巻, 筑摩書房, 1962年所収)

③──教派神道への階梯

青木茂『笠岡金光大神』金光教笠岡教会, 1955年
小栗純子『日本の近代社会と天理教』評論社, 1969年
金光教教学研究所編『教団史基本資料集成』上・下, 金光教教学研究所, 2001年
佐藤範雄『信仰回顧六十五年』上・下, 信仰回顧六十五年刊行会, 1970・71年
天理教おやさと研究所編『天理教事典』天理教道友社, 1977年
③章の記述のなかで, とくに「出社連合」と「講社結収運動」に関する部分については, 未公開ではあるが, たまたま眼にする機会を得た森葉月氏の博士号取得補助論文「講・出社・直信──教団形成史に見る民衆宗教の『近代』──」から多くの示唆を受けたものである。

④──不服従の遺産

大本七十年史編纂会編『大本七十年史』上・下, 宗教法人大本, 1964～67年
高橋正雄『教団自覚運動の事実とその意味』金光教北九州教務所, 1967年
出口栄二『大本教事件』三一新書, 1970年
出口王仁三郎『出口王仁三郎著作集』全5巻, 読売新聞社, 1972～73年(とくに第2巻の安丸良夫の解説を参照されたい)
出口王仁三郎著・大本教典委員会編『霊界物語』全81巻, 83冊, 天声社, 1987～98年
文化庁編『宗教年鑑』平成15年版, ぎょうせい, 2004年
有光社編『宗教年鑑』有光社, 1939年

● ──写真所蔵・提供者一覧（敬称略，五十音順）

茨城県立歴史館　　p.39
大本教学研鑽所資料室　　p.25, 81, 83, 84, 90下右・下左
『大本七十年史』上，宗教法人大本　　p.28
弘道館事務所　　p.40
国立国会図書館　　カバー裏, p.37, 46, 52
金光教教学研究所　　p.19, 60
金光教笠岡教会　　p.62
金光教名古屋教会　　p.18
金光教本部　　カバー表（1992年以前の本部広前会堂風景）
金光図書館　　p.64, 65, 99
庄司家（所蔵）・福島県歴史資料館（寄託）・日本近代史研究会（提供）
　　p.34
宗吾霊堂　　p.12
高橋信地郎　　p.94
『定本　柳田国男集』第21巻，筑摩書房　　p.43
『天理　心のまほろば──心の本』天理教よのもと会　　p.14
天理教道友社　　p.13
東京都立中央図書館東京誌料文庫　　p.50
日本近代史研究会編『画報　日本近代の歴史』三省堂　　p.42, 57, 105上
『如来教・一尊教団関係史料集成』第1巻，清文堂出版　　p.7
平出鏗二郎『東京風俗志』冨山房　　p.70
毎日新聞社　　p.48
丸山教本庁　　p.21
『丸山教祖真蹟御法お調べ』上，丸山教本庁　　p.23
『南方熊楠全集』1，平凡社　　p.55
本居宣長記念館　　p.41

＊所蔵者不明の写真は転載書名を掲載しました。万一，記載洩れなどがありましたら，お手数でも編集部までお申し出下さい。

まえがき

　本書は,「機械工学最前線」シリーズにおいて,最先端の制御理論およびその応用面について,大学院生や企業の第一線で活躍する技術者に役立つ専門書として企画されました．そこで,慶應義塾大学の吉田和夫先生が主査を,千葉大学の野波健蔵先生が幹事を務められます「運動と振動の制御研究会」(以下,MOVIC 研究会)を母体とした「International Conference on Motion and Vibration Control（以下,MOVIC 国際会議)」や国内講演会「運動と振動の制御シンポジウム（以下,MOVIC シンポジウム）」などで活躍する方々にご協力いただき,『運動と振動の制御の最前線』を出版することとなりました．

　MOVIC 国際会議は 1992 年に横浜で開催されて以来,隔年で開催され,来年 2008 年にはドイツ,ミュンヘンで第 9 回目を迎えます．また,同様に隔年開催の MOVIC シンポジウムは今年 8 月に東京工業大学で開催され,第 10 回を迎えます．母体となる MOVIC 研究会は 1985 年ごろから東京都立大学（現首都大学東京）故岩田義男先生,日本大学背戸一登先生,茨城大学岡田養二先生が発足されたもので,日本機械学会の正式な研究会としてすでに 20 年以上の歴史を持つ研究会です．発足以来,「運動と振動の制御」に関わる技術は,常にその最先端技術を実システムへ応用できるポテンシャルを持ち続け,さまざまな分野で制御システムが利用されています．

　ここで,本書の内容を紹介させてもらいたいと思います．本書は「制振・免震ビルへの適用」,「先端的制御の応用」,「知的制御・自律制御への発展」の 3 編から構成されています．まず,運動と振動の制御における神髄とも言うべき制振制御技術の建築構造物への応用から始まります．そして,今後ますます要求が高まると考えられるさまざまなシステムへ制御技術を応用してい

くために欠かせない先端的制御理論が続きます．そこでは，実システムへの応用例がいくつか示されています．最後に，さらに複雑化するシステムに知的かつ自律的に適応するための制御技術が示されます．

　第1編「制振・免震ビルへの適用」では，Structural Control の分野で建物の地震応答，風応答の低減を図る最先端の制振制御技術について，第1章として世界初のセミアクティブダンパを用いた免震ビルを慶應義塾大学 吉田和夫先生に，第2章としてビル同士を互いに連結した制振システムを石川島播磨重工業 小池祐二様にそれぞれご執筆をお願いしました．第1編のみで，免震と制振や振動制御の基礎をしっかりと学ぶことができ，さらに制振制御技術の実施適用例が示され，関連する制御技術までが網羅されています．

　次の第2編「先端的制御の応用」では先端的制御理論の基礎的な解説から，さまざまな分野への実用的な応用例までが示されています．第1章のスライディングモード制御応用では新潟大学 横山 誠先生，第3章のサンプル値制御応用では宇都宮大学 平田光男先生にご執筆をお願いしました．第2章のゲインスケジュールド制御の応用は自ら執筆いたしました．自動車のセミアクティブサスペンションやアンチロックブレーキシステム，ハードディスクドライブなどの精密機器への制御技術応用がまとめられています．また，MATLAB の最新の Toolbox である Sampled-Data Control Toolbox についての解説が第3章には含まれています．

　最後の第3編「知的制御・自律制御への発展」では，第1章をロボカップ世界大会で常に1位，2位の上位を独占している慶應義塾大学 Eigen チームの髙橋正樹先生と藤井飛光先生にご執筆をお願いしました．周囲の情報の認識，取得方法や行動決定，目的達成評価方法など，協調制御による行動に必要な技術が網羅されています．第2章では，ヘリコプタの知的自律飛行制御技術について，千葉大学の野波健蔵先生にご執筆をお願いしました．送電線監視やレスキュー活動に欠かせない制御技術に加え，緊急時に必要なオートローテーション制御技術が解説されています．第3章には，遺伝的アルゴリズムを巧みに利用したホバークラフトの制御を千葉大学の大川一也先生にご執筆をお願いしました．障害物回避，新しい動作の生成，信頼度の導入といった知的制御に欠かせない技術が解説されています．

運動と振動の制御に関する技術は，日進月歩ですから，企画から出版までの間にもさらに発展し続けています．しかしながら，本書の内容は様々な分野で活用され得るもので，読者にとって大変に役立つ大切な制御技術であることを確信しています．また，本書で取り上げました制御技術以外にも重要な制御技術は数多くあります．次の企画，出版の機会にまとめられることを切に望む次第であります．

　最後に，繰り返しになりますが，本書が出版できましたのは20年以上の歴史を持つ日本機械学会「MOVIC研究会」があったからこそです．ここまで築き上げて来られた研究者，技術者の方々へ，そして，ご多忙中にもかかわらず快くご執筆に応じてくださいました執筆者の方々に感謝したいます．

2007年3月

米国，バージニアにて
著者を代表して　西村秀和

MATLABはThe MathWorks, Inc.の登録商標です．

目　　次

第 1 編　制振・免震ビルへの適用　　1

1　セミアクティブ免震ビル　　3
 1.1　免震と制振　　3
 1.2　自動車用サスペンションと免震システム　　5
 1.3　パッシブ制御とアクティブ制御　　7
 1.4　振動制御系の設計手法　　9
 1.5　振動制御の基礎と外乱包含振動絶縁制御　　10
 1.6　セミアクティブ制御の課題とその克服　　11
 1.7　世界初のセミアクティブ免震ビル　　14
 1.8　あとがき　　20

2　連結制振システム　　23
 2.1　連結制振の概念　　23
  2.1.1　アクティブ制振技術の本格的実用化　　23
  2.1.2　アクティブ連結制振方式の制振性能　　26
 2.2　連結制振の実超高層ビルへの適用　　32
  2.2.1　高層 3 棟のアクティブ連結制振　　32
  2.2.2　制振ブリッジの構造および，性能目標　　34
  2.2.3　制振ブリッジの制御系設計　　37
  2.2.4　制振ブリッジの制振効果　　41

第2編　先端的制御の応用　　47

1　スライディングモード制御応用　　49

- 1.1 スライディングモード制御の基礎 49
  - 1.1.1 可変構造制御とスライディングモード制御 49
  - 1.1.2 スライディングモードの記述と存在条件 52
  - 1.1.3 スライディングモードの特性 54
  - 1.1.4 チャタリングなど現実問題への対応 55
- 1.2 サーボ系設計 57
  - 1.2.1 モデル追従スライディングモード制御 57
  - 1.2.2 インテグラルスライディングモード制御 59
  - 1.2.3 積分器付加型スライディングモード制御器 60
- 1.3 ケーススタディ 62
  - 1.3.1 セミアクティブサスペンション 62
  - 1.3.2 電動パワーアシスト装置 67
  - 1.3.3 アンチロックブレーキシステム (ABS) 71

2　ゲインスケジュールド制御の応用　　79

- 2.1 はじめに 79
- 2.2 ゲインスケジュールド制御系設計 79
  - 2.2.1 線形パラメータ変動系 79
  - 2.2.2 ゲインスケジュールド H_∞ 制御 81
  - 2.2.3 ゲインスケジュールド H_∞ 制御器の計算 ... 83
- 2.3 制御対象のモデリング 85
  - 2.3.1 拡張線形化と定点まわりでの線形化 85
  - 2.3.2 飽和関数のモデル化 86
- 2.4 アンチワインドアップ制御 88
  - 2.4.1 台車-倒立振子系の安定化制御 89

		2.4.2 フィードフォワード制御の併用	*92*

- 2.5 制振制御・セミアクティブ制御 *95*
  - 2.5.1 アクティブ動吸振器 *95*
  - 2.5.2 セミアクティブサスペンション *101*
- 2.6 おわりに *108*

3 サンプル値制御応用 *111*

- 3.1 サンプル値制御 *111*
- 3.2 サンプル値 H_∞ 制御 *112*
  - 3.2.1 サンプル値 H_∞ 制御の定式化 *112*
  - 3.2.2 一般化プラントの構成法 *115*
  - 3.2.3 ハードディスクのフォロイング制御への応用 *115*
- 3.3 マルチレートサンプル値 H_∞ 制御 *121*
  - 3.3.1 マルチレートサンプル値制御系 *121*
  - 3.3.2 離散時間リフティング *122*
  - 3.3.3 マルチレートサンプル値 H_∞ 制御の解法 *123*
  - 3.3.4 ハードディスクのフォロイング制御への応用 *124*
- 3.4 サンプル値制御系における制振軌道設計 *125*
  - 3.4.1 制振軌道設計 *125*
  - 3.4.2 終端状態制御による制振軌道設計 *126*
  - 3.4.3 ハードディスクのシーク制御への応用 *132*
- 3.5 サンプル値制御系設計のための計算支援ソフトウエア . . . *134*
  - 3.5.1 背景 *134*
  - 3.5.2 Sampled-Data Control Toolbox *135*

第 3 編　知的制御・自律制御への発展　　139

1　ロボカップ　　141

1.1　ロボカップ 141
1.2　ロボカップの構成 142
　1.2.1　ロボカップサッカー 142
　1.2.2　ロボカップレスキュー 146
　1.2.3　ロボカップジュニア 148
1.3　ロボカップサッカー中型ロボットリーグ 150
　1.3.1　歴史・意義 150
　1.3.2　ルール 151
　1.3.3　ハードウェア 152
　1.3.4　周囲の情報の取得方法 153
　1.3.5　研究テーマ 153
1.4　中型ロボットリーグ・EIGEN のロボットについて 154
　1.4.1　ハードウェア構成 155
　1.4.2　ソフトウェアシステム 159
1.5　まとめ 170

2　小型無人ヘリコプタの自律制御　　175

2.1　はじめに 175
2.2　自律制御システムのハードウエアの開発と検証実験 178
　2.2.1　サーボパルス切換装置の開発 179
　2.2.2　パルスジェネレータ装置 179
　2.2.3　制御装置 180
　2.2.4　ハイブリッド型自律制御システム 181
2.3　モデリングと自律制御 182
　2.3.1　姿勢制御 182

		2.3.2	高度制御	*184*

       2.3.2　高度制御 *184*
       2.3.3　併進運動制御 *185*
       2.3.4　位置制御に基づくホバリング制御と軌道追従制御... *188*
  2.4　アドバンスドフライトコントロール *193*
       2.4.1　MIMO 姿勢モデルに基づく姿勢制御およびホバリング制御 *193*
       2.4.2　H_∞ 制御理論による飛行制御 *198*
       2.4.3　自動離着陸 *198*
       2.4.4　最適予見制御 *200*
       2.4.5　自動操縦によるオートローテション着陸 *201*
       2.4.6　アクロバット飛行・ステレオビジョンに基づく飛行 . *202*
  2.5　まとめ *203*

3　ホバークラフトの制御　　　　　　　　　　　　　　　　　　　　*207*

  3.1　ホバークラフト *207*
       3.1.1　ホバークラフトの機構 *207*
       3.1.2　制御上での問題点 *208*
       3.1.3　経験に基づく制御 *209*
  3.2　動作データの獲得 *210*
       3.2.1　動作の離散化 *210*
       3.2.2　動作データの獲得 *211*
       3.2.3　オンライン学習 *211*
  3.3　動作計画法 *213*
       3.3.1　動作計画の概略 *213*
       3.3.2　遺伝的アルゴリズムの適用 *215*
       3.3.3　障害物回避 *221*
  3.4　新しい動作の生成 *223*
       3.4.1　局所解の存在 *223*
       3.4.2　新しい動作の生成 *223*

- 3.4.3 信頼度の導入 *225*
- 3.5 連続的な動きの予測 *227*
  - 3.5.1 予測の概略 *227*
  - 3.5.2 連続的な動きの予測 *228*
  - 3.5.3 予測と実験結果の比較 *230*

索　引 *233*

第1編　制振・免震ビルへの適用

【著者紹介】

第1章

吉田和夫（よしだ・かずお）

 1978年 慶應義塾大学大学院工学研究科機械工学専攻博士課程修了
 現 在 慶應義塾大学理工学部システムデザイン工学科教授
     工学博士
 専 攻 機械力学，ロボティクス，知的制御
 主要著書 『振動工学におけるコンピュータアナリシス』（共著，コロナ社，1987）
     『機械システムのダイナミックス入門』（共著，日本機械学会，1990）
     など

第2章

小池裕二（こいけ・ゆうじ）

 1987年 早稲田大学大学院理工学研究科機械工学専攻修士課程修了
 1987年 石川島播磨重工業株式会社入社
 現 在 石川島播磨重工業株式会社基盤技術研究所構造研究部
     博士（工学）
 専 攻 振動制御技術の研究・開発に従事し，高層建築物，橋梁，船舶などの大型構造物に適用している

第1章　セミアクティブ免震ビル

吉田和夫

1.1　免震と制振

　免震ビルは阪神淡路大震災を期にその後急速に普及し，現在毎年千を超える免震建物が誕生している．阪神淡路大地震は都市における大地震の恐ろしさを改めて喚起し，その後の新潟中越地震，福岡西方沖地震などの地震もさらなる大地震の到来に対する不安を駆り立てることとなった．阪神淡路大地震や新潟中越地震において免震ビルの有効性が実証され，また住宅の免震システムも開発されており，今後大きなビルのみならず小住宅などにも幅広く普及するものと考えられる．

　一方，主に風対策として実現されてきた制振ビルも着実に発展している．免震ビルと制振ビルはどちらも振動制御を目的としたものであるが，免震ビルが積層ゴムや鉛ダンパなどによるパッシブな振動制御の方法であるのに対して，制振ビルは可動質量をモーターなどによって駆動する動吸振器タイプのアクティブ振動制御方法が多く存在する．これは，付加質量の重さをできるだけ小さくしてそのエネルギー吸収の効率を最大にしたいためである．高層ビルは元来柔構造であり，その揺れ易い振動の周期は長く，ある意味ではすでに免震構造になっていると言える．したがって，高層ビルでは主に風対策のために制振技術が用いられてきた．

　振動を抑える方法は，振動学的には以下の3つに分類される．

(1) 振動源そのものを小さくする．
(2) 振動が伝わらないようにする（図1.1における振動絶縁の方法）．
(3) 伝わってしまった振動のエネルギーを散逸させる（図1.1における制振

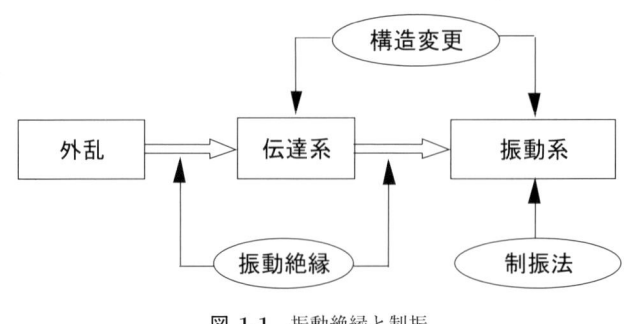

図 1.1 振動絶縁と制振

の方法）．

　地震の場合，(1)の振動源そのものが地震に相当するので，これを小さくすることはできない．(2)は，振動学的には振動絶縁の方法として古くから知られている．この方法としてよく知られているものに自動車のサスペンションがある．音の伝播を防ぐ方法もこの方法に属する．建物の免震も振動学的にはこの方法に属する．すなわち，建物の免震の原理は，自動車のサスペンションの原理と同じである．ただしその機構は，上に載るものの重量が決定的に異なるため，大きく異なる．

　(3)は，振動系に伝わったエネルギーによって振動系が振動し，その振動エネルギーを逸散する方法であり，減衰（ダンピング）の方法として知られている．(2)と(3)は振動を抑制する力学的なメカニズムが異なるが，併せて用いられることが多い．自動車のサスペンションを例とすると，サスペンションのばねは振動絶縁のための要素であるが，振動エネルギーを散逸させるためにダンパが必ず装填されており，これはエネルギーを熱エネルギーに変換して，振動エネルギーを散逸させるための要素である．免震の場合にも，エネルギーの散逸メカニズムが同様に必要であり，何らかのエネルギー散逸要素が付加される．

　また，性能とコストは二律背反であるが，その妥協を図る技術としてセミアクティブ制御技術が近年見直されつつある．自動車や鉄道の分野においては，フルアクティブ制御は現在存在せず，油圧ダンパのオリフィスの大きさを制御するセミアクティブ制御技術が普及している．セミアクティブ制御技

術は，単に性能が良いだけでなく，その時々の状況に対応して制御の質を変えることが可能なため，適応性と柔軟性を有し，その観点から今後さらにその価値が一層認識されると考えられる．

上記のような背景の基に，2000年にセミアクティブ免震ビルが世界で初めて建てられた．さらに，2005年にはさらに進化したセミアクティブ免震ビルが誕生し，その適応性，柔軟性，安全性の高さが今後注目されるだろう．本章ではこのようなビルが誕生する背景の制御技術について述べ，実用的な制御技術として紹介する．

1.2 自動車用サスペンションと免震システム

自動車のサスペンションの最も簡単なモデルは，図1.2の左図に示すように1自由度系モデルである．これはタイヤのたわみを無視し，車軸が路面の凹凸変位に対応して動くと仮定して，車軸と車体の間のばねとダンパをモデル化したものである．図にはばねやダンパの受動的な要素以外にアクチュエータが装着された場合が書かれている．建物の免震システムの場合は，現在のところ鉛直方向の振動絶縁ではなくて，水平方向の振動絶縁が主で，原理的には振動の方向が異なるだけで，図1.2の右図にように最も簡単なモデルとしては1自由度系として表される．この場合，ばねは建物と地盤の間に装着される積層ゴムの剛性に対応し，ダンパはその粘性減衰あるいは装着される

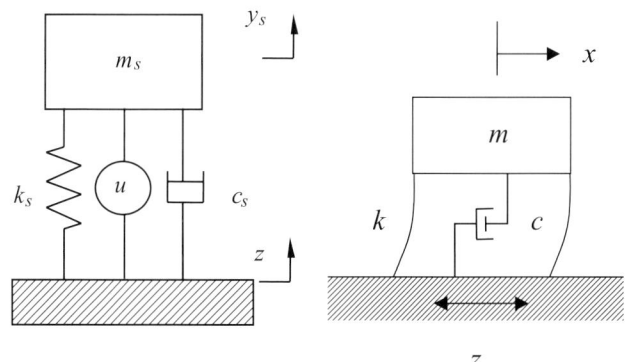

図 1.2 サスペンションと免震の1自由度系モデル

減衰要素に対応する．自動車の場合はオイルダンパが主であるが，建物の場合は，鉛ダンパなどの金属の塑性変形時のエネルギー吸収効果を利用するものが多い．このため後者のエネルギー吸収機構は非線形的な特性が顕著になる点が自動車の場合と大きく異なるが，基本原理は同じと言える．

　振動学においては，外乱の周波数振動成分に対する振動系の応答倍率を振動伝達率と定義する．自動車の場合，路面と同じ振幅で車体が振動する場合，その伝達率は1となる．建物の場合も地震による地盤と同じ振幅で振動する場合，その伝達率は1となる．線形1自由度系の場合，その振動伝達率は図1.3のようになる．図中ピークの線はダンパの減衰係数が小さい場合を示しており，減衰係数が小さいといわゆる共振が発生することが示されている．減衰がない場合にはこの共振が発生する振動数が固有振動数に対応する．この固有振動数はばねを質量で除した値の平方根で，質量が小さくなれば，固有振動数が上がり，ばね定数が大きくなればやはり上がる．振動伝達率を見ると明らかなように，この固有振動数より高い振動数領域では，振動数が上がるにつれて振動伝達率は1より小さく限りなく0に近づく．固有振動数より高い周波数領域では車体の慣性力が支配的となり，外乱が進入しても車体は動じなくなる．自動車の場合は車体の上下動の固有振動数は，車両によって異なるものの総じて1 Hzから2 Hzの間に存在する．固有周期が1秒に設定されているとすると，時速60 km/hで走行したとすると路面の凹凸としては約17 mの波長に対応し，路面凹凸の主要な波長はこれよりはるかに短いので，自動車はほとんど揺れないこととなる．ただし，自動車の場合は，固有周期を1秒以上とすると乗り物酔い現象を誘発しやすくなると共にサスペンション変位の増大を招くため，これ以上の長周期化はできない．

　建物の場合，地盤に直接指示された高さ50 m程度のビルの基本固有周期は約1秒であるが，積層ゴムなどを用いて免震化することによって4秒程度まで長周期化し，すなわち固有振動数を0.25 Hz程度にすることによって地震動の卓越振動の共振を防ぎ，建物へのエネルギー伝達を減らしている．建物の場合は，この長周期化によって，この周期より短い波に対して振動伝達率が1以下になるように設計されている．

　サスペンションにダンパを挿入して減衰を与えると，共振ピークが下がる

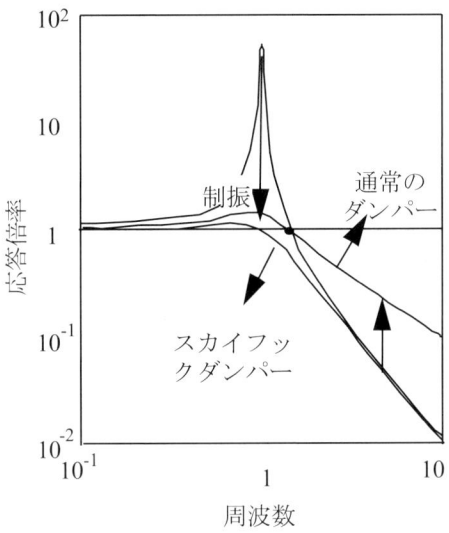

図 1.3 1 自由度系の振動伝達率

が，図 1.3 の通常のダンパの場合として図示されるように，振動伝達率はある定点を通り高周波数領域では逆に上がってしまう．操縦安定性の観点からは，ハンドルを切ったときの車体の振動をできる限り小さくしたいのでダンパの減衰係数が大きい方がよいが，路面の凹凸の高周波成分の遮断の観点からは減衰係数は小さい方がよく，これらは二律背反の性質を有する．そこで自動車の用途に従って，これらのトレードオフによって実際のサスペンションは設計されている．

1.3　パッシブ制御とアクティブ制御

　振動伝達率において示されたように，ばねとダンパの二律背反的な物理的な制約は，ばねやダンパなどの受動的な要素の限界でもある．自動車工学の分野では図 1.4 に示すように古くからスカイフックダンパの概念があった．これは，理想的にはダンパをスカイ，すなわち空に取り付けられれば，その振動伝達率は図 1.3 に示されるようになり，共振振動数以上の振動伝達律を上げないで共振ピークを下げることが可能となる．これは実際受動的なダンパ

図 1.4 スカイフックダンパの概念

では不可能であるが，能動的なアクチュエータを用いれば近似的にこのような特性を実現することができる．言い換えると，受動的な要素は，局所的な物理量のフィードバックを行うことができるが，その情報の取得および力発生に物理的な制約をもっている．ばねは相対変位の情報に対応した力だけをフィードバックでき，ダンパは相対速度に対応した力だけをフィードバックできる．

　アクティブ制御ではセンサーの位置とアクチュエータの位置を自由に選べ，また制約があっても情報処理によって局所的なフィードバックだけでなく自由なフィードバック制御を行うことができる．このことがアクティブ制御の利点でもあり，欠点でもある．ばねやダンパのようなパッシブ要素は，それが取り付けられた位置の相対変位あるいは相対速度に比例した力をその場所で発生させる．センシングと制御が同じ取り付け位置となり，このことを制御理論ではコロケーションと言う．すなわち，パッシブ要素はコロケーションが成り立つ局所的なフィードバック制御を行っている．一方，アクティブ制御においては，情報をセンシングする位置とアクチュエータの位置は必ずしも一致しなくてもよく，コロケーションが成り立たない場合がある．そのため，適切な制御則を用いないと性能を上げられるどころか不安定化することになりかねない．したがって，アクティブ制御においてはその制御計設手法が大きな課題となる．また，セミアクティブ制御は，一般にアクチュエータ

の制約は受動的な要素と同じであるが，その特性を変化させることができ，センサー情報の制約は受けない場合が多い．その典型的なものがセミアクティブダンパである．これは，要素としては可変減衰ダンパと呼ばれ，その減衰係数が連続的に，あるいは何段階かに変化させることが可能で，その変化のさせ方はコンピュータ制御されることが一般的である．

1.4 振動制御系の設計手法

制御系設計法としては様々な制御手法があるが，制御対象のモデルを陽に用いない制御系設計法と制御対象のモデル化に基づく制御系設計法とに大別される．前者としては，PID 制御が代表格であるが，最近ではファジィ制御，ニューロ制御，強化学習制御などの手法が対応する．後者の代表格は，LQ 制御に代表される最適制御理論であり，H_∞ 制御などのロバスト制御手法はほとんどこの手法に属する．制御系設計の基本は，制御対象の情報と制御目的の評価を正確に行えば行うほど所望の制御性能を発揮することができる．注意しなければならないことは，モデル化や用いている情報が不正確だと逆に性能が劣化することである．H_∞ 制御のようなロバスト制御においても不確定性のモデル化を含めてモデル化の精度は制御性能に直接影響する．

構造物は，その減衰要素は材料そのものの減衰効果か結合部や付属物の減衰効果しか一般には期待できないため，構造物の減衰性能は低く，共振し易い制御対象である．この事実はたとえば固有振動数などを実験的に調べることが容易であることを意味し，モデル化し易い制御対象と言える．減衰性能の正確なパラメータ同定は容易ではないが，制御によって与えられる減衰効果は制御対象のそれより十分大きくなることが一般的で，制御系設計において大きな障害とならない．一方，構造物の振動解析手法は極めて発展しており，有限要素法などの手法によって，構造物の固有振動数はかなりの精度で求めることが可能である．したがって，制御系設計手法としては，モデル化に基づく制御系設計法が基本的に適していると言える．また，構造物が制御対象の場合，振動エネルギーの減衰が基本的な目的となるので，エネルギーなどの物理量を評価関数に陽に取り込める線形 2 次形式評価関数による最適

制御理論が制御系設計に適している．

　構造物は多くの振動モードが無数に存在し，有限次元のモデルは本質的に近似モデルでしかなく，さらに制御系の実時間計算能力から，制御可能な周波数帯域は限定され，通常はその帯域に対応したモデル化が行われる．その場合，無視された高次の振動モードがセンサーで検出され，アクチュエータにフィードバックされるとスピルオーバ不安定を招くことがあり，制御系設計においては無視された振動モード，スピルオーバに対する対策が多くの場合必要である．しかしながら，免震構造の場合には免震化によって高次のモードの励起が構造的にかなり抑えられるので，スピルオーバの問題は大きくはない．

1.5　振動制御の基礎と外乱包含振動絶縁制御

　振動制御の基本は，振動系に入ってきたエネルギーを散逸させることが基本となり，制振は必要となる．振動エネルギーを散逸させる制御は，フィードバック制御となる．すなわち，振動系のひずみあるいはたわみ速度のフィードバック制御が基本となる．先に述べたスカイフック制御は，振動系の絶対速度のフィードバック制御である．この絶対速度には，外乱の速度と振動系の相対速度の両方の情報が入っており，振動系の状態のフィードバック制御だけでなく，外乱のフィードフォワード制御も併せ持っていることとなる．すわわち，建物の振動絶縁制御においては，図1.5に示すように地震外乱のフィードフォワード制御と免震建物の状態のフィードバック制御の両方が必要となる．したがって，免震の原理は振動絶縁と見なすことができるが，その制御には外乱のフィードフォワード制御という振動絶縁制御だけでなく，振動エネルギーも散逸させるフィードバック制御の両方が必要となる．

　これらの制御を別々に設計する方法も多く提案されている．そのような方法では，たとえば外乱オブザーバ制御，マッチング条件によるスライディングモード制御などがある．しかしながら，図1.5に示すように最終的にはフィードフォワード制御から得られた信号とフィードバック制御から得られた信号を足してアクチュエータを駆動することとなる．そのためアクチュエータの

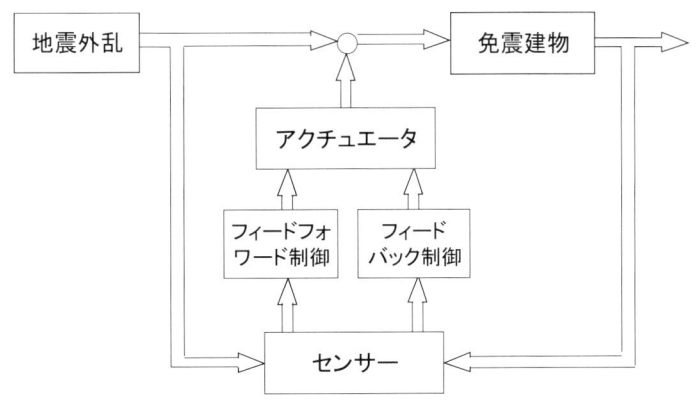

図 1.5　フィードフォワード制御とフィードバック制御

操作量に限りがある場合には，これらのフィードフォワード制御とフィードバック制御の割合を最適化する必要がある．この割合が対象とするシステムと評価関数から理論的に決めることができるのが外乱包含制御の手法である．これは，外乱をモデル化して白色雑音を仮想外乱とし，外乱のモデルと制御対象のシステムのモデルを併せて拡大システムを構築して拡大システムの状態フィードバック制御から外乱のフィードフォワード制御と制御対象の状態のフィードバック制御の両方を求める方法である．このような方法を外乱包含制御 (Disturbance-Accommodation Control) といい，その考え方を図 1.6 に示す．外乱オブザーバの方法も外乱のモデルを用いることには変わりがないが，制御側としては外乱相殺制御 (Disturbance Cancellation Control) に属する．どちらにしても，振動絶縁制御問題においては，このように外乱のフィードフォワード制御がない限り高い性能は期待できない．

1.6　セミアクティブ制御の課題とその克服

免震ビルの制振性能を上げる場合の大きな課題は，減衰要素の設計である．先に述べたように，免震ビルの原理は自動車のサスペンションと同じであり，ダンパなどの減衰係数が大きすぎると上部構造へのエネルギー伝達が大きくなり，小さすぎると地盤と建物とのギャップ以上に相対変位が生じてしまう．

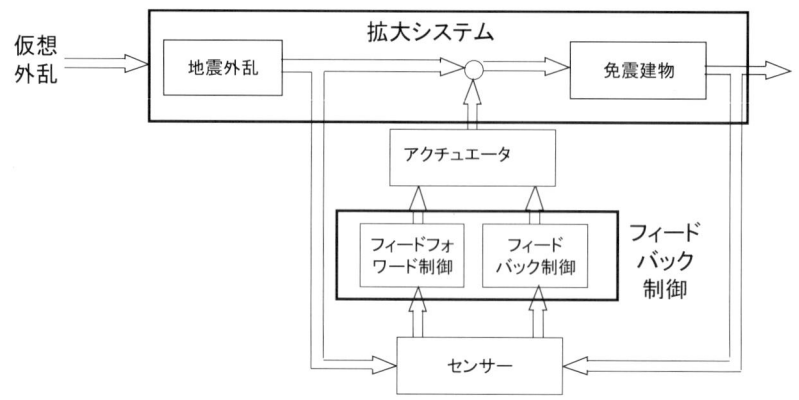

図 1.6 外乱包含制御の考え方

すなわちその最適化が必要となる．このことは自動車のサスペンション設計と基本的には同じであるが，決定的な相違は外乱が地震入力だけでなく風過重も存在し，その入力メカニズムが異なることである．比較的低い建物の場合，静的な風過重に対して剛性を高くする必要があり，振動絶縁の観点からは剛性を低くし，地盤と衝突しない範囲に相対変位を収める必要がある．さらに，地震入力に対しても60年に1回程度起きる大地震だけでなく頻繁に起きる中小地震に対しても振動が抑えられれば安全性だけでなく快適性の観点からもより好ましい．このような条件をすべて満たそうとすると，何らかのアクティブ制御が必要となり，経済性と信頼性の観点からはセミアクティブ制御手法が適していると考えられる．

セミアクティブ制御の制御理論としては，スカイフック制御を参照値として用いる制御手法が最も採用されている．これは制御対象の絶対速度をフィードバックする手法であり，制御対象の運動エネルギーを減らすという意味において極めて有効な手法であるが，振動モードが複雑な場合，あるいはセンサーとアクチュエータの位置が異なってコロケーションが成り立たない場合に対しては制御系設計法が確立されておらず，十分な制御性能が発揮されない問題点がある．そのような課題を解決する双線形最適制御理論について述べる．

ここでは積層ゴムで支持された免震ビルの振動制御に減衰係数を変化させ

ることができるオイルダンパを用いる場合について述べる．その場合，制御対象の状態方程式は以下のように表される．

$$\dot{x}(t) = Ax(t) + Bx(t)Hu(t) + Dw(t) \tag{1.1}$$

ただし，$x(t)$ は状態ベクトル，A はシステム行列，$u(t)$ はセミアクティブ制御においての減衰係数に対応する制御入力ベクトル，$w(t)$ は外乱ベクトルで，その他の行列，B, H, D は適当な定数行列である．この状態方程式は，外乱の状態変数を含んだ拡大状態方程式である．すなわち，外乱包含制御の定式化がなされている．式 (1.1) は減衰係数ベクトルと状態ベクトルの掛算項が存在し，どちらかを係数と考えれば互いに線形系と考えられる双線形システムである．

双線形システムは基本的には非線形システムであり，操作量 u に関する2次形式の評価関数の場合，通常線形2次形式最適制御問題のように最適制御側と応答を独立に解くことはできなくなり，その解法は一般に困難である，すなわち，通常最適制御理論において最も用いられている評価関数は以下のような2次形式評価関数である．

$$J(u) = \int_0^{T_f} \{x^T(t)Qx(t) + u^T(t)Ru(t)\}dt \tag{1.2}$$

上記の物理的な意味は，被積分関数の第1項は目的とする物理量を最小化したいためのものである．第2項は操作量を最小化するためのものであるが，セミアクティブダンパの場合これは減衰係数を同時に最小化したいことを意味し，物理的にはあまり意味がない．設計上の問題としては通常ダンパが発生する力を最小化することが重要である．

一方，式 (1.1) の双線形状態方程式に対して式 (1.2) の評価関数を最小化する問題は，変分法を用いると最小の操作量が満たすべき最適条件式，ハミルトン・ヤコビ方程式を解く問題に帰着する．このハミルトン・ヤコビ方程式は，LQ 制御理論では，そのフィードバックゲイン行列が満たすべき式としてリカッチの行列方程式が求められることはよく知られている．しかしながら，本問題の場合は通常の非線形最適化問題と同様，ハミルトン・ヤコビ方程式は式 (1.1) の状態方程式と連成し，非線形2点境界値問題の解法が必要

となり，定常問題の場合でも非線形連立高次代数方程式を解く必要が生じる．これらの方程式を解析的に解くことは一般に困難である．そこで，これまで近似解析手法や数値的な手法に頼らざるを得なかった．この困難さが双線形システムの最適制御理論が実用化の障害となっていた．

先述の通り，双線形最適制御問題を動力学的な見地と装置設計の観点から考察し，セミアクティブダンパへの制約は，減衰係数そのものにあるのではなく，ダンパが発生できる減衰力の大きさに制約があると考え，以下のように評価関数の第2項に重みつき減衰力の2乗を導入する．

$$J(u) = \int_0^{T_f} \{x^T(t)Qx(t) + u^T(t)H^T x^T(t)Rx(t)Hu(t)\}dt \quad (1.3)$$

ただし，上式において大文字の Q, R は重み係数行列である．これは，ダンパの設計においては最大発生減衰力が大きな設計パラメータであり，最適制御問題としてこの設計指標を直接用いることは合理的である．このように2次形式ではない評価関数をより合理的に設定した結果，大きなブレイクスルーが可能となり，ハミルトン・ヤコビ方程式は通常のLQ制御問題と同様に独立に解くことが可能となる．このことより基本的には従来のリカッチ方程式と同様の解法で最適な状態フィードバック制御則を求めることが可能となる[2]．

1.7 世界初のセミアクティブ免震ビル

世界で初めて建設されたセミアクティブ免震ビルは，図1.7に示されるような創想館と呼ばれる慶應義塾大学理工学部の建物であり，2000年1月に竣工したビルである．このビルは，S造一部SRC構造の建物で，地下2階，地上7階，建築面積2,978平方メートル，延べ床面積21,286平方メートル，建物高さ30.89メートル，深さ14.43メートルの建物で，免震ビルとしてはかなり大きなビルの一つである．

この建物は64個の積層ゴムで支持され，セミアクティブダンパが2方向合計8個，パッシブダンパが2方向合計24個，適切な場所に配置されている．セミアクティブダンパはシャットオフバルブを8個備えており，4段階の減

図 1.7　世界初のセミアクティブ免震ビル

衰係数に切り替えることができるようになっている．なお，最大の減衰力は65 トンに設定されている．この切り替え制御は前章で説明した双線形最適制御理論から得られた操作力を参照値としており，4 段階の切り替え以外は双線形最適制御理論による制御に対応している．

　制御対象のビルは，地下 2 階，地上 7 階であり，それぞれの階の質量を要素とする 10 自由度系でモデル化されている．水平方向は 2 次元であるが，ねじれが少ないために基本的には長辺方向と短辺方向は独立に振動すると仮定されている．セミアクティブダンパは，1 台で最大 65 トンの減衰力を発生できるが，油の圧縮性の特性を示すことが実験的に確認されたので，そのモデルは図 1.8 に示すように，ばねとダンパが直列に結合されたマクスウエルモデルが用いられている．このモデルに対して，目的とする建物の運動エネルギーを目的とし，制約条件としてダンパが発生する減衰力の 2 乗とし，これらの重みつき和を評価関数にとって最適解を求めると，減衰係数の双線形最適制御則が求められる．

　地震入力加速度に対する最上階の応答加速度の振動伝達率を図 1.9 に示す．対象とする双線形システムは基本的に非線形システムであるので，振動伝達率は以下のようにして求められる．地震入力を白色雑音として応答の計算機

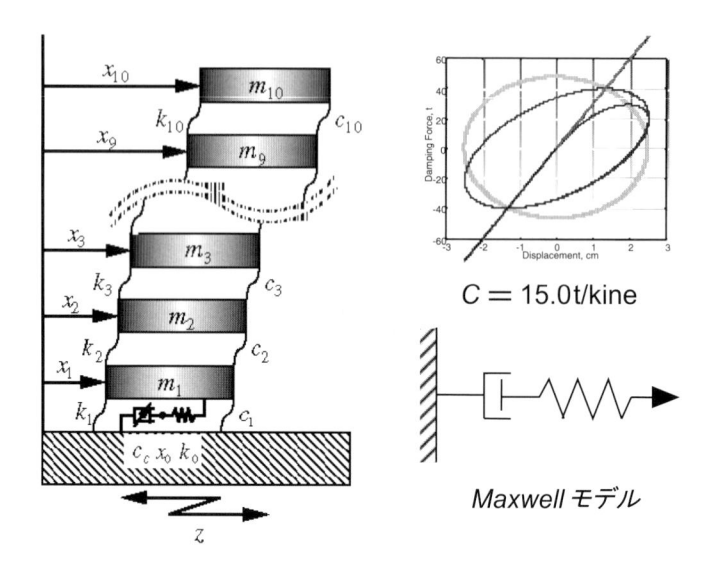

図 1.8 建物とセミアクティブダンパのモデル

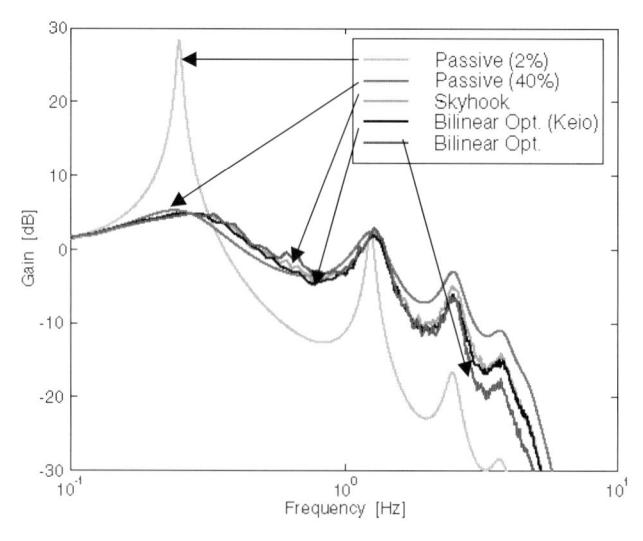

図 1.9 振動伝達率

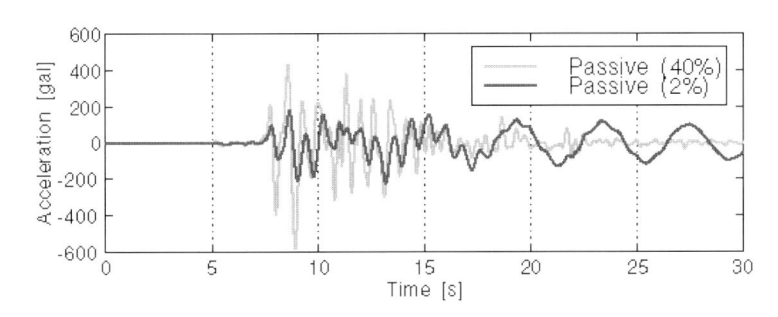

図 1.10 阪神淡路地震入力に対する建物最上階の加速度応答

シミュレーションを行い，その結果のフーリエスペクトルの比として振動伝達率を求める．非線形システムであるので，厳密には白色雑音のインテンシティの大きさによってこの振動伝達率は異なるが，このような白色雑音の不規則入力から求められた振動伝達率は，基本的な応答性能を表している．この図には，減衰比が2%と40%のパッシブのダンパの場合，スカイフックダンパを用いた場合も示されている．双線形制御の結果としては，ダンパをすべてセミアクティブダンパにした場合 (Bilinear Opt.) と実際のビルに対応した一部をセミアクティブダンパにした場合 (Bilinear Opt. (Keio)) の2つの場合が示されている．どの制御もパッシブ要素によるものの減衰が大きな場合と比較して高周波数帯域での振動伝達率が低くなっている．スカイフックダンパの場合は，スカイフックダンパが実装された場所での絶対速度のフィードバックではこのような制御性能を上げることはできない．最も効果的な絶対速度のフィードバックを行った場合であり，その設計は試行錯誤的にならざるを得ず，系統的な設計はできない．その点双線形最適制御の方法は，系統的な設計が可能で，かつ性能が保証される．特に複雑なモードの連成がある場合には，スカイフックダンパの設計は困難となり，双線形制御理論の優位性は高まる．自動車のような場合にはロッキングモード，ピッチングモード，上下振動モードなどが連成するので，双線形制御手法がより適している．

図 1.10 には，パッシブダンパの場合に対して阪神淡路地震入力を用いて計算機シミュレーションを行った結果の一例として建物最上階の加速度応答を

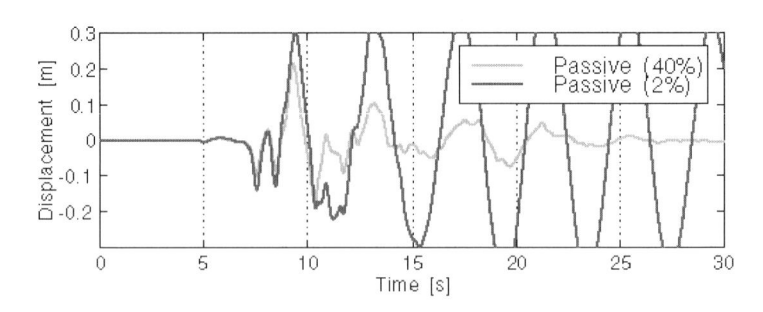

図 1.11 阪神淡路地震入力に対する免震層応答変位

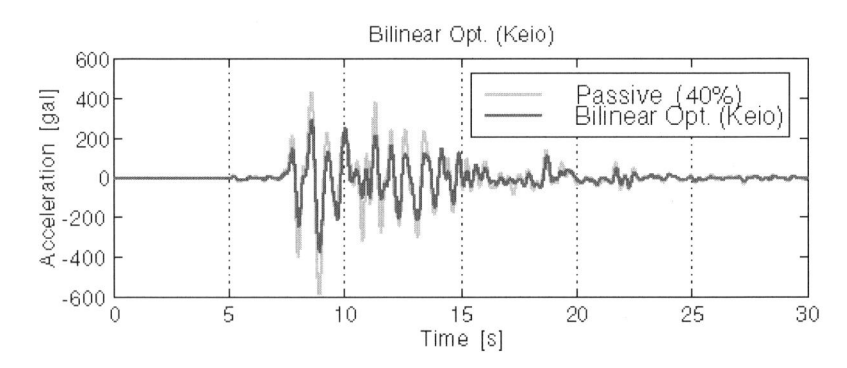

図 1.12 セミアクティブダンパの場合の建物最上階の応答加速度

示す．この図から明らかなように，最上階の加速度応答においては減衰比が小さいほうが応答レベルが低いことがわかる．図 1.11 には同じ入力に対する免震層の相対変位の応答を示す．免震層のギャップは 50 cm であるので，通常 20 から 30 cm 程度に収まっていないと危険である．加速度応答においてはパッシブダンパとしては減衰比が小さい場合が適していたが，免震層の相対変位はこの値をオーバーしており，建物が擁壁に衝突してしまう．そのため，パッシブダンパでは減衰比を大きく取る必要があるが，その場合建物最上階の加速度は必ずしも十分抑えることはできない．一方，セミアクティブダンパを用いれば，免震層の相対変位を抑えながら，かつ建物上部の加速度を抑えることが可能となる．セミアクティブダンパを用いた場合の結果を図 1.12 と 1.13 に示す．図 1.12 に示されるように免震層の応答変位が抑えら

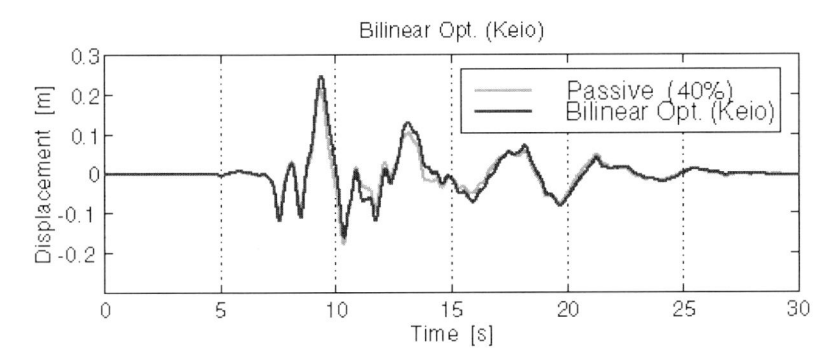

図 1.13 セミアクティブダンパの場合の免震層応答変位

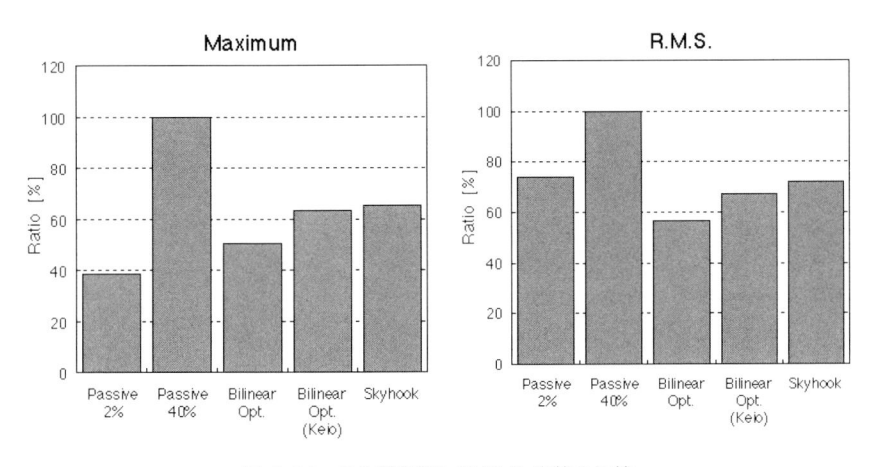

図 1.14 最大値応答と R.M.S. 応答の比較

れながら，かつ建物の最上階の加速度応答が抑えられていることがわかる．これは，セミアクティブダンパによって高周波数帯域の振動伝達率が抑えられ，加速度応答には高周波数成分が多く含まれるので，セミアクティブダンパの有効性が示されている．時間軸での応答の評価として，最大値と R.M.S.（2 乗平均値の平方根）についても調べてみた．その最上階の加速度応答の結果を図 1.14 に示す．図は，減衰比 40% のときのパッシブダンパの応答結果を 100 としてそれに対する比で示されている．双線形最適制御によって 40% 以上の抑制が可能となっていることがわかる．

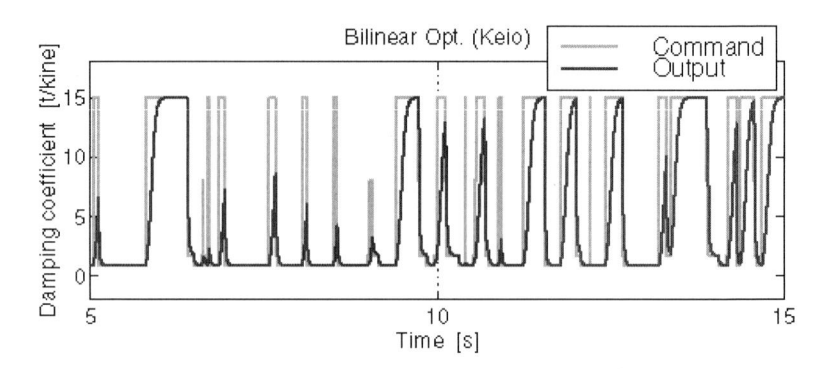

図 1.15 減衰係数指令値に対する応答

　セミアクティブダンパは4つのレベルに切り替えられるようになっており，双線形最適制御から得られた指令値に最も近い減衰係数が選択されている．しかしながら，計算機から指令された減衰係数になるまでには時間がかかり，ほぼ1次遅れの特性を有する．実際指令値に対する実際の減衰係数の値の時刻歴を図1.15に示す．上記の結果はすべて，このような遅れ特性を1次遅れ特性でモデル化して応答を求めたものである．

1.8　あとがき

　世界初のセミアクティブ免震ビルは，安全性の観点よりは中小地震に対しても免震性を高める形で快適性の向上という意味で建てられたが，安全性に資する技術として可変構造セミアクティブ免震ビルへと発展した．今後さらなる安全性の向上に制御技術が益々役に立って行くであろう．

参考文献

(1) "特集:免震構造の最新動向",建築技術, 617 (2001), 103–193.
(2) 吉田和夫, "アクティブ振動制御の基礎理論", 計測と制御, **31**-4 (1992), 485–490.
(3) 吉田和夫, "運動と振動の制御に関する研究の変遷と動向", 日本ロボット学会誌, **13**-8 (1995年11月), 1062–1067.
(4) 吉田和夫, "振動のアクティブ制御理論の最前線", 日本機械学会誌, **99**-931 (1996年6月), 456–459.
(5) 吉田和夫・藤尾忠洋, "双線形最適制御理論とセミアクティブ免震制御への応用", 日本機械学会論文集(C編), **67**-656 (2001), 992–998.
(6) 吉田和夫, "世界初のセミアクティブ免震ビル", 日本機械学会誌, **104**-995 (2001), 698–702.

第2章　連結制振システム

小池裕二

2.1 連結制振の概念

2.1.1 アクティブ制振技術の本格的実用化

　高層ビルは，固有周期が長く，減衰の小さい柔軟構造物であり，強風時に発生する揺れが居住者に船酔いを起こす要因となっている．特に，大きく揺れる高層部は，高級ホテルやレストランに利用されることが多く，高い居住性を確保することが要求されるため，制振装置を採用することが必須となってきた．図 2.1 は，現在，適用されている制振装置の概念を模式的に示したものである．これらの装置は，いずれも錘（以下，可動マスと呼ぶ）を利用していることから，マスダンパと呼ばれている．

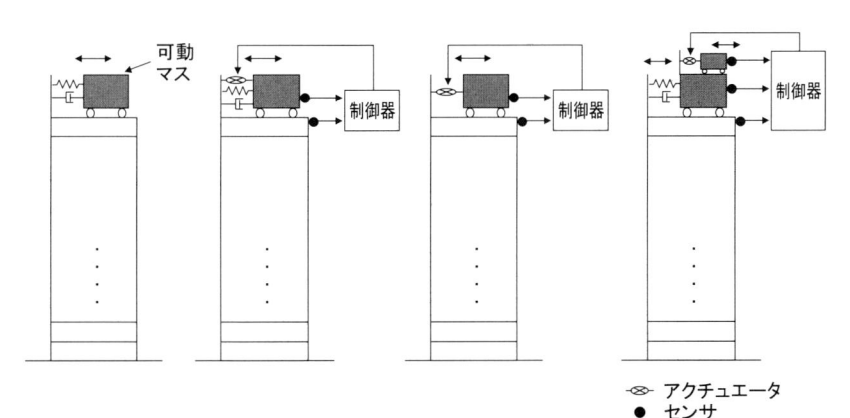

(a) パッシブ方式　(b) ハイブリッド方式　(c) フル・アクティブ方式　(d) アクティブ／パッシブ二重動吸振器型

図 2.1　マスダンパの概念

このうち，(b), (c), および (d) の三種は，建物上部に設置した可動マスをセンサで検出した建物の揺れに基づいて，電動モータないしは油圧シリンダで水平方向に駆動させるもので，動力を使わない (a) のパッシブ方式に対してアクティブ方式と呼ばれている．また，(b) と (c) は，いずれも単一の可動マスを用いているが，両者の違いは，ばねや減衰のようなパッシブ機構の有無にあり，それぞれをハイブリッド方式，フル・アクティブ方式と呼ぶことがある．ハイブリッド方式は，パッシブ機構の併用による動力容量の低減化やパッシブ機構切り換え機能などに長所がある一方，フルアクティブ方式は，機構を単純化することができる．(d) の二重動吸振器型は，上部のアクティブ方式を駆動し，下部のパッシブ方式を制御することで制振する方法で，アクチュエータの小型化が可能である．

アクティブ方式のマスダンパは，建物総重量の 1/300 から 1/500 程度の比較的軽量の可動マスで大きな制振効果が得られることから，1989 年に京橋の成和ビルに適用されて以降，2005 年 11 月の時点での総件数は，40 を超えている[1]．図 2.2 は，実際にマスダンパが適用された高層ビルとその装置の概観である．この装置ではローラー上に配置された 110 t の V 字形の可動マスが AC モータで振り子運動するハイブリッド方式である．現在，新築した高層ビルに適用されているアクティブ式制振装置と呼ばれているものは，機構

(a) 高層ビルの概観　　　　　　　(b) 装置の概観

図 2.2　マスダンパが適用された高層ビルと装置（ハイブリッド方式）の概観

第 2 章　連結制振システム

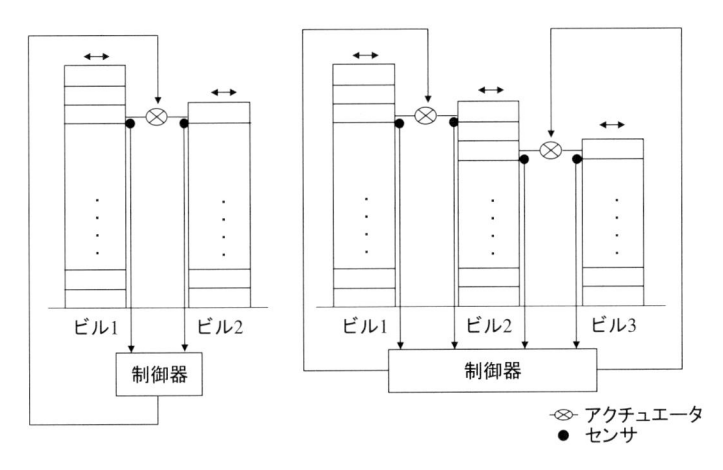

図 2.3　アクティブ連結制振の概念

の違いこそあれ，すべてマスダンパ方式に基づいている．

　一方，近年，高層ビルの建設において，ツインビルやトリプルビルと呼ばれる複数のビルを隣接配置させる場合が見られる．高層マンションにおいても，居住者に一戸建て感覚を持たせることを目的で，一棟のビルの代わりに複数のビルを寄り添うように配置させることも計画されるようになってきた．このようなビルでは，ビル同士が隣接していることの特徴を生かし，ビル間に通路を渡すことで，立体空間の有効利用を目指した構想が考えられているが，制振対策も構想実現のための重要課題になっている．制振対象が複数のビルにわたり，しかもこれらが隣接して建っている場合には，各ビルにマスダンパ方式の制振装置を設置する代わりに，図 2.3 のようにアクチュエータによって連結し，積極的に制振する方法が考えられる．マスダンパ方式が可動マスの慣性力を利用しているのに対して，本方式は，連結されたビル同士の相互作用を利用することに着目したもので，アクチュエータの力を直接，ビルに加える方式である．このような方式を以降では，「連結制振方式」，また，連結制振方式によって実現された装置を「連結型制振装置」と呼ぶことにする．

　連結制振方式において，構造物同士をパッシブなダンパで繋いで制振する

アイデアは古く，國枝[2]が二つの1自由度系をダンパで結合する場合において，適切な減衰によって制振効果が得られることを定点理論の存在から示している．さらに，「一蓮托生形減衰構造」と称して，2個以上の連結においても有効であることを述べている．連結方式におけるアクティブ制御を初めて提案したのは背戸ら[3],[4]であり，二連，三連，四連などの並列連結構造物を対象に，数値シミュレーションおよび模型実験による精力的な研究を行っている．

アクティブ連結型制振装置を適用した場合の利点としては，以下の点があげられる．

(1) 複数の建物をアクチュエータによって同時に制振することができる．
(2) マスダンパ方式に比べ，装置数の削減が可能である．
(3) 建物内に機械室などの設置スペースが不要である．
(4) 通常時の連絡路や災害時のための避難路としての活用が期待される．

2.1.2　アクティブ連結制振方式の制振性能

連結制振方式の基本構成は，図2.4のような1自由度系同士の連結である．高層ビルを例にとると，風揺れを対象とした場合は，1次モードが卓越するから，ビルは1次モードで低次元化された1自由度系でモデル化される．すなわち，この問題は，二つのビルの風揺れを低減する場合に適用できる．図2.4の力学モデルを用いて，アクティブ連結制振方式の制振効果を確認する．以降では，左右のビルをそれぞれ，ビル1，ビル2と呼ぶことにする．

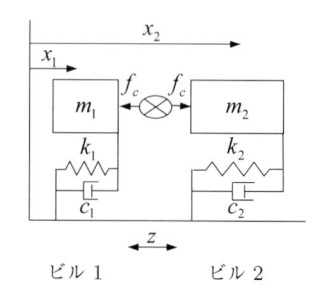

図 2.4　アクチュエータで連結された1自由度系の力学モデル

ここでは，二つのビルに共通の外乱を与えるために，風外力の代わりに，基礎から地震のような強制変位が入力された場合を考える．このとき，各ビルの運動方程式は次式で表される．

$$m_1\ddot{x}_1 + c_1\dot{x}_1 + k_1 x_1 = -m_1\ddot{z} - f_c \tag{2.1}$$

$$m_2\ddot{x}_2 + c_2\dot{x}_2 + k_2 x_2 = -m_2\ddot{z} + f_c \tag{2.2}$$

ここで，f_c はアクチュエータの制御力であり，各ビルの変位 x_1 と x_2 は，強制変位 z に対する相対変位である．

式 (2.1) と式 (2.2) を次式のように変形する．

$$\ddot{x}_1 + 2\varsigma_1\omega_1\dot{x}_1 + \omega_1^2 x_1 = -\ddot{z} - \frac{f_c}{m_1} \tag{2.3}$$

$$\ddot{x}_2 + 2\varsigma_2\lambda\omega_1\dot{x}_2 + (\lambda\omega_1)^2 x_2 = -\ddot{z} + \frac{f_c}{\mu m_1} \tag{2.4}$$

ここに，ω_1, ς_1, および ς_2 は，それぞれビル 1 の固有角振動数，ビル 1 の減衰比および，ビル 2 の減衰比を，また，λ と μ は，それぞれ，ビル 1 を基準にとった振動数比と質量比を表し，これらは次式で定義される．

$$k_1 = m_1\omega_1^2, \quad k_2 = m_2\omega_2^2, \quad c_1 = 2m_1\omega_1\varsigma_1,$$
$$c_2 = 2m_2\omega_2\varsigma_2, \quad \lambda = \frac{\omega_2}{\omega_1}, \quad \mu = \frac{m_2}{m_1}$$

さらに，$x = [\begin{array}{cccc} x_1 & x_2 & \dot{x}_1 & \dot{x}_2 \end{array}]^T$, $u = f_c$ および，$w = \ddot{z}$ と定義し，式 (2.3) と式 (2.4) を状態空間表示すると次式となる．

$$\dot{x} = Ax + bu + dw \tag{2.5}$$

ここで，

$$A = \begin{bmatrix} 0 & 0 & 1 & 0 \\ 0 & 0 & 0 & 1 \\ -\omega_1^2 & 0 & -2\varsigma_1\omega_1 & 0 \\ 0 & -(\lambda\omega_1)^2 & 0 & -2\varsigma_2(\lambda\omega_1) \end{bmatrix},$$

$$b = \begin{bmatrix} 0 \\ 0 \\ -\dfrac{1}{m_1} \\ \dfrac{1}{\mu m_1} \end{bmatrix},$$

$$d = \begin{bmatrix} 0 \\ 0 \\ -1 \\ -1 \end{bmatrix}$$

なお,以降では,簡単のため,$m_1 = 1$, $\mu = 1$, $\omega_1 = 1$, $\varsigma_1 = \varsigma_2 = 0.01$ と設定することにする.

さて,振動制御の基本は対象に減衰を加えることであり,それは速度フィードバックで実現される.これを連結制振方式に適用し,連結制振の力学的なメカニズムを確認する.そこで,運動方程式の式 (2.1) と式 (2.2) を個々に見ると,ビル 1 には $f_c = f_{c1} = c_{c1}\dot{x}_1$,ビル 2 には $f_c = f_{c2} = -c_{c2}\dot{x}_2$ (ただし,$c_{c1} > 0, c_{c2} > 0$) のような制御力を与えることができれば,それぞれを左辺に移項すれば明らかなように,減衰力として加わるので,制振効果が得られる.しかし,実際は f_c が両ビル間で作用反作用の関係にあるから,独立には設定できない.それで,両方をとって,

$$f_c = c_{c1}\dot{x}_1 - c_{c2}\dot{x}_2 \tag{2.6}$$

のようにおく.ここで,ビル 1 とビル 2 の固有振動数が離れていて,ビル 1 の固有振動数の近傍では $f_c \approx c_{c1}\dot{x}_1$,ビル 2 の固有振動数の近傍では $f_c \approx -c_{c2}\dot{x}_2$ とすることができれば,両方のビルを制振できる.図 2.5 は,このような条

第 2 章 連結制振システム

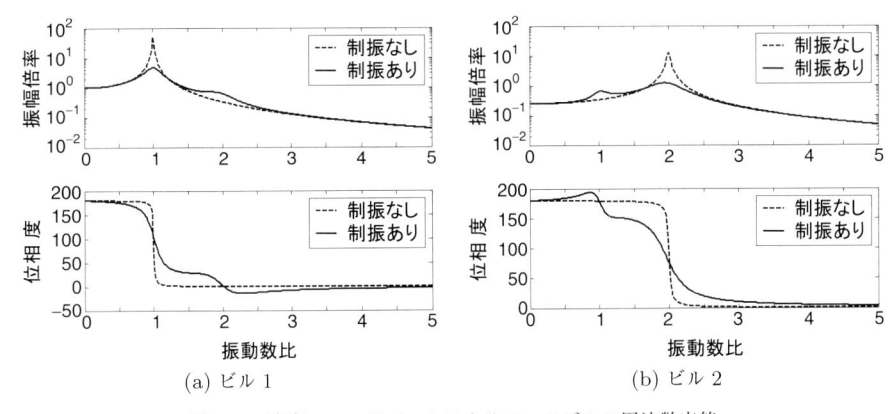

(a) ビル 1

(b) ビル 2

図 2.5 速度フィードバックによる二つのビルの周波数応答

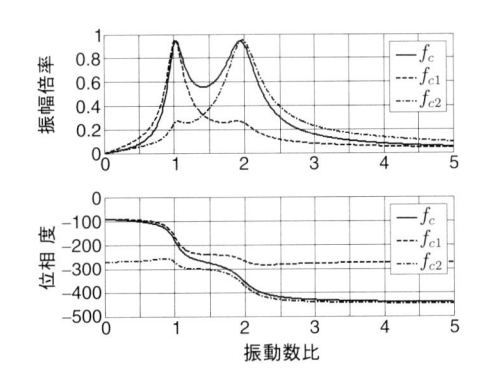

図 2.6 速度フィードバック時の制御力の周波数応答

件下で求めた場合の計算結果である．図の横軸は，ビル1の固有振動数に対する強制変位の加振振動数比，縦軸は基礎の加速度に対するビルの相対変位倍率をとっている．この図では，振動数比 λ を 2，c_{c1} および c_{c2} に相当する減衰比を同じ 0.1 とした場合であるが，両ビルとも同等の減衰特性が得られている．このときの制御力の応答を図 2.6 に示す．全体の制御力 f_c とともに各ビルに期待される制御力 f_{c1} および f_{c2} を示しているが，双方の固有振動数付近では，それぞれが寄与していることがわかる．なお，$c_{c1} = c_{c2}\,(= c_c)$ の場合は，$f_c = c_c(\dot{x}_1 - \dot{x}_2)$ のようになり，制御力は相対速度に比例する．つまり，この場合はダンパで結合したパッシブ方式と等価になる．

この方法は，直感的でわかりやすいのであるが，お互いのビルの固有振動数が離れている場合であって，近接するとそう簡単ではない．実際のビルの連結を考えてみると，1階あたりの固有周期が約0.1秒だから，高さの違うビルを連結するにしても二つのビルの固有振動数を大きく離すことは難しい．そこで，つぎに制御理論の力を借りて，制御系を設計する．ここでは，LQ制御理論を用いる．設計には式(2.5)の状態方程式を用いる．LQ制御理論によれば，制御入力は，次式で与えられる．

$$u = -Kx = -(k_1 x_1 + k_2 x_2 + k_3 \dot{x}_1 + k_4 \dot{x}_2) \tag{2.7}$$

ここで，K はフィードバックゲインであり，以下の評価関数を最小にする制御入力として得られる．

$$J = \int_0^\infty (x^T Q x + r u^2) dt \tag{2.8}$$

ここで，Q, r はそれぞれ，重み関数と重み係数である．

式(2.7)からわかるように，今度は制御力には，減衰力とともに，変位に比例する力，すなわち，ばね力が加わる．解析例として，振動数比が1.1の場合についての結果を図2.7に示す．重み関数 Q と重み係数 r をそれぞれ，$Q = diag.[\ 1\ \ 1\ \ 0\ \ 0\ ], r = 10$ とした場合である．このときの制御力の周

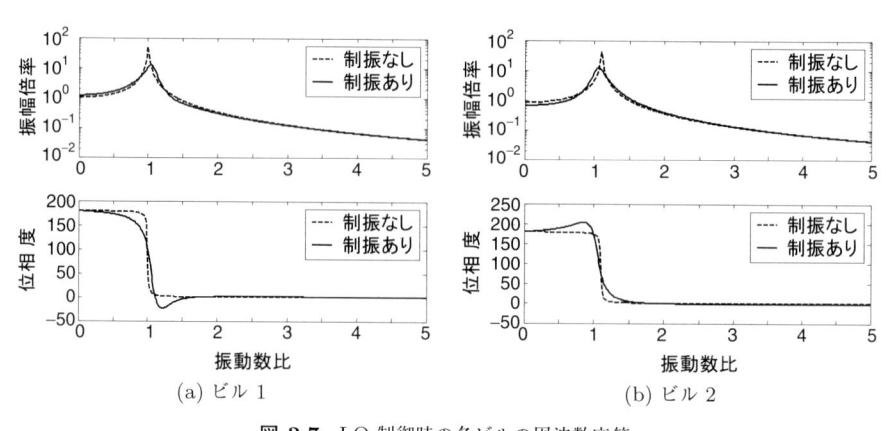

図 2.7 LQ制御時の各ビルの周波数応答

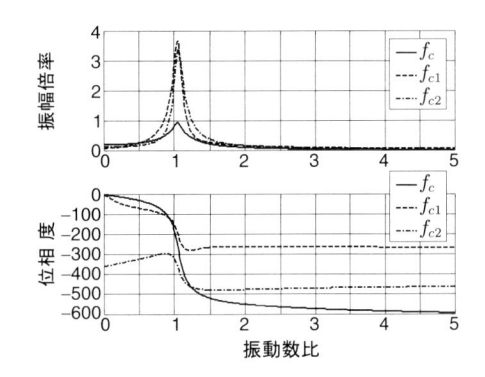

図 2.8 LQ 制御時の制御力の周波数応答

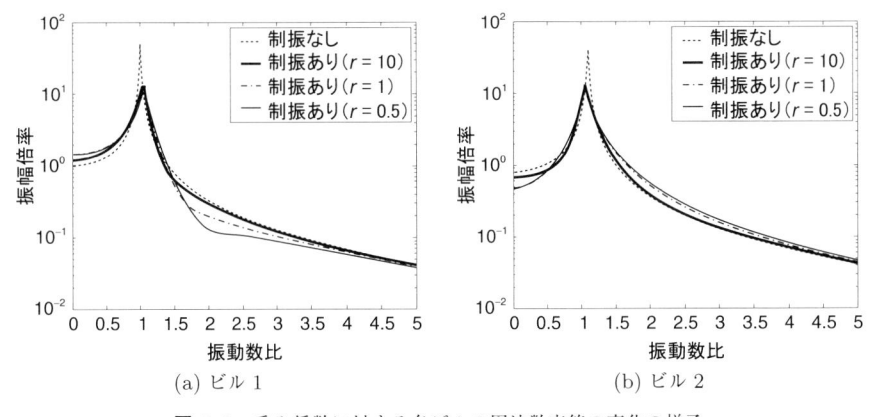

図 2.9 重み係数に対する各ビルの周波数応答の変化の様子

波数応答を図 2.8 に示す．f_{c1} および，f_{c2} は，それぞれ，式 (2.7) の第 1 項＋第 3 項，第 2 項＋第 4 項にあたり，ばね力を考慮している．わずかな周波数間隔で位相が大きく変動し，各固有振動数付近ではそれぞれの制御力に近くなるように位相が調整されている．最後に，重み係数の影響を確認するため，制御入力の重み係数を変化させたときのビル変位と制御力の周波数応答を図 2.9 および図 2.10 に示す．重み係数を小さくし，制御を強くしても，制御力の影響は高周波側に広がるだけで，制振効果はほとんど変わらない．すなわち，連結制振方式の場合には振動数比によって限界があることを知っていなければいけない．

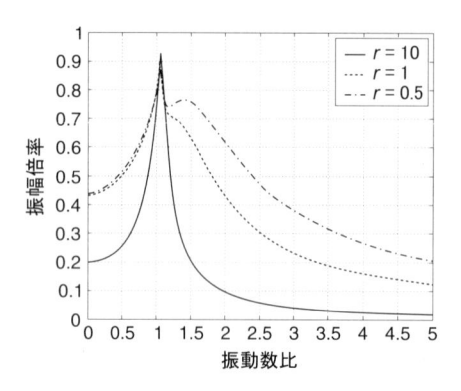

図 2.10　重み係数の変化と制御力の関係

なお，連結制振方式に LQ 制御理論を適用した場合の重み関数と制振効果の関係については，背戸ら[5]によって明らかにされている．

2.2　連結制振の実超高層ビルへの適用[6]

2.2.1　高層 3 棟のアクティブ連結制振

アクティブ連結型制振装置は，東京の晴海アイランド トリトンスクエア地区に立地するオフィス X・Y・Z 棟に世界で初めて適用された．このビルは 2001 年 4 月に竣工し，図 2.11 のように，3 棟が近接して建つ超高層のトリプ

図 2.11　晴海アイランド トリトンスクエアのオフィス X, Y, Z 棟の全景

表 2.1　各棟の振動特性（設計値）

建物	固有周期 秒			一般化質量	
	x 方向	y 方向	ねじれ	並進 t (x・y 方向)	ねじれ tm^2
X 棟	4.9	5.0	2.7	27300	2.3×10^7
Y 棟	4.1	4.1	2.4	24500	2.0×10^7
Z 棟	3.9	3.7	2.6	24000	1.8×10^7

ルタワーである．高いほうから順に X 棟，Y 棟，Z 棟と呼んでおり，各棟の高さはそれぞれ，195 m, 175 m および 155 m である．表 2.1 は，設計時の振動特性を示したものであり，並進の固有周期は最も高い X 棟で約 5 秒，最も低い Z 棟で 4 秒である．

図 2.12 にアクティブ連結型制振装置の設置状況を示す．3 棟は，三角形状に配置されており，制振装置は，最も近接する X, Y 棟間および Y, Z 棟間にそれぞれ，一基づつ配置されている．図 (a) のように，各ビルへの制御力の入射方向が 45 度となっており，この分力によって水平 2 方向への制振効果を

(a) 制振ブリッジの設置階を含む面で見た平面図　　(b) ホール棟側からの概観

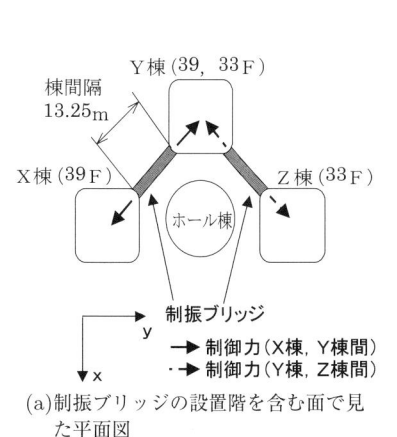

図 2.12　制振ブリッジの設置状況

期待する．装置の設置高さは，X棟とY棟間が162.4m（39階），Y棟とZ棟間が138.4m（33階）である．この連結型制振装置は，図のようにビル間を繋ぐ橋が制振することから，特に制振ブリッジと呼んでいる．

オフィスX・Y・Z棟には，大地震後も資産価値を守ることを目的にパッシブ制震ダンパによる耐震設計が採用され，レベル2（地震波の入力を最大速度50cm/sに規準化したもの）の地震に対しても，柱や梁などの主構造を損傷させない構造としている．制振ブリッジは，日常の風揺れに対する居住性向上を目的としており，微小振動にも制振効果を発揮できる高い性能を実現させることが要求されている．強風時の制振効果解析によれば，装置1台に要求される制御ストロークと制御力は，せいぜい±0.1mおよび，100kN程度である．そのため，建物間を油圧ダンパなどで連結した通常のパッシブ方式では摩擦などによって十分な制振効果は期待できず，確実な効果が期待できるようにアクチュエータを用いたアクティブ方式を採用した．

2.2.2 制振ブリッジの構造および，性能目標

上述のとおり，本装置は日常の風揺れが対象であるから，必要な制御ストロークは±0.1mもあれば十分である．一方，制御範囲を越えるような大地震に対しては，棟間変位を±2.4m程度まで見積もっておく必要があり，このような過大変位が発生しても装置が脱落しないようにしておくことは，安全上，極めて重要である．しかし，一つの制振ブリッジで大地震まで対応させようとすると，大きなストロークと大容量のモータが必要となり現実的でない．そこで考案されたのが入れ子構造とクランプ機構である．図2.13は，制振ブリッジの概観と内部の駆動部である．そのメカニズムの詳細が，図2.14に示されている．

本装置は，内筒，外筒と呼ばれる二つの構造体による入れ子によって構成され，ローラ支持によって伸縮できるようになっている．建物との連結部には，内筒側に球面軸受，外筒側には直交軸受を採用することで，水平2方向および上下方向の建物間相対変位に対する拘束を除いている．内筒には，電動モータとボールねじで駆動されるクランプ装置が上下に一台ずつ設置され

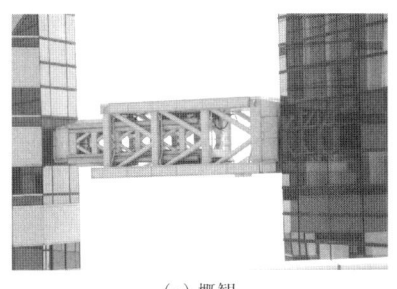

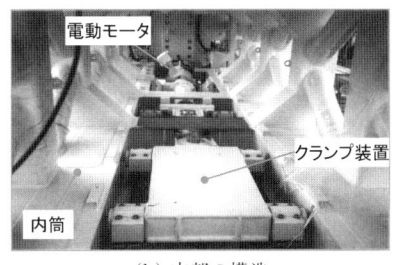

第 2 章　連結制振システム

(a) 概観　　　　　(b) 内部の構造

図 **2.13**　制振ブリッジ

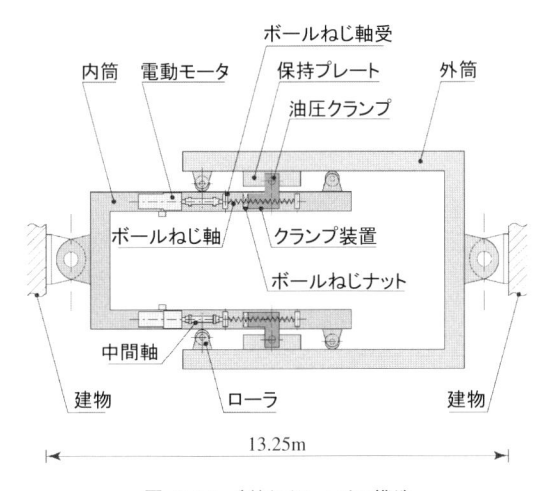

図 **2.14**　制振ブリッジの構造

ている．このクランプ装置は，内筒と外筒を連結させるもので，外筒中央部の保持プレートを油圧によって把持すると，電動モータによって内外筒を伸縮させることができる．風が吹かない通常時のほか，大地震時や暴風時にはクランプ装置を開放し，建物間には互いの相対変位を許すのみで，力が加わらないようにしている．一方，強風で建物が揺れだすと，クランプ装置は外筒との相対変位に対して追従動作を開始し，外筒を把持する．この状態になると，相互の建物に制御力を加えられるようになり，制振作動が開始される．制振時の制御ストロークは $\pm 0.1\,\mathrm{m}$ であり，またクランプ装置を開放した状態での内外筒間の有効ストロークは $\pm 2.4\,\mathrm{m}$ である．

このように，本装置ではアクティブ制振時と非制振時とを機構的に分離させることで，棟間変位が 0.1 m 以内のときのみアクティブ制御を施し，揺れがない通常時および大地震時は，建物が個々に独立しているときと変わらない状態を実現している．工場での試験結果によれば，クランプ装置を開放した状態での最大静止摩擦係数は 0.01 以下となっており，内外筒間の相対運動は滑らかである．

本装置の主要仕様はつぎの通りである．

　　制御力 ±340 kN
　　電動モータ 37 kW × 2 台
　　制御ストローク ±0.1 m
　　最大ストローク ±2.4 m（クランプ装置開放時）
　　装置質量 約 80 t

本装置の性能目標は，主として一次モードによって発生する強風時の揺れを低減することであり，各棟における 2 方向の最大加速度を日本建築学会が定める居住性能評価基準[7]の H-3 に満足させることである．これは，本建物の場合，減衰比を非制振時の 2 倍から 3 倍にあたる 3 ％から 4 ％に向上させることに相当する．設計では，風洞実験で得られた風外力を実構造に換算し，強風時の応答解析を行っている．図 2.15 は，頻度の高い北北西の風向きに対する Y 棟の加速度応答の平面内軌跡を，制振時と制御力のない非制振時とで比較したものである．

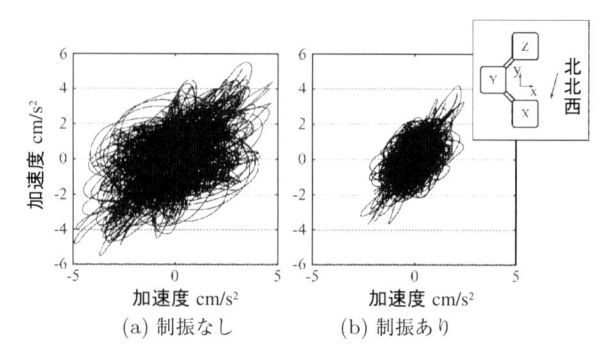

図 2.15　解析で得られた強風時の加速度応答の軌跡（Y 棟）

2.2.3 制振ブリッジの制御系設計

A 制御系の構成

図 2.16 に制御系の構成を示す．X 棟と Z 棟の最上階には各装置の動力盤が，また Y 棟の最上階には制御盤が配置されている．制御に必要な演算処理は，この制御盤に納められた制御器によって行われる．各棟の装置設置階の水平 2 方向には，建物の揺れを検出するための加速度センサが配置されている．これらの信号および装置に関する信号は，伝送制御盤から光複合ケーブルによって Y 棟最上階の制御盤に送信される．風および地震に対する運転方式は，以下のとおりである．風の場合は装置設置階の床加速度レベルが $2\,\mathrm{cm/s^2}$ を超えると運転を開始し，制御ストロークが $\pm 0.1\,\mathrm{m}$ を超えると自動的にクランプ装置を開放する．一方，地震の場合は地上の加速度センサで判断し，地動加速度が $10\,\mathrm{cm/s^2}$ を超えた場合はクランプ装置を開放した状態とする．また，本システムには，定期的に作動させ状態をモニタリングすることで，故障の予防と予知をいち早く察知できる故障診断システムを設置している．万が一，故障が生じても，モニタリングデータへトレースでき，問題を迅速に解決するように配慮している．

具体的な制御手法は，図 2.17 のようになっている．本システムでは制御系の単純化を図るため，二基の制振ブリッジには，それぞれの制御器 $K_1(s)$, $K_2(s)$ をもたせている．X, Y 棟間の装置には X 棟と Y 棟の水平 2 方向加速

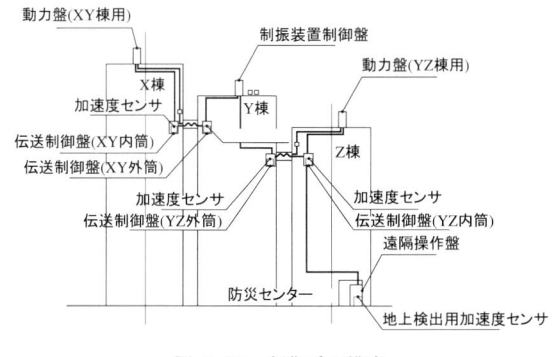

図 2.16 制御系の構成

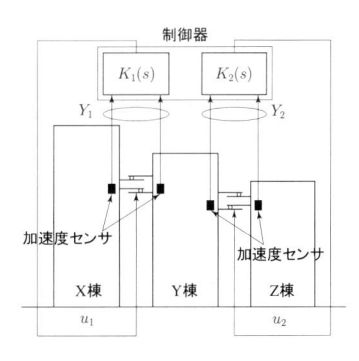

図 2.17 制御手法の概念

度を，また Y, Z 棟間の装置には Y 棟と Z 棟の水平 2 方向加速度をそれぞれ用いて，個別に制御される（以下，個別制御と呼ぶ）．制御器の設計には H_∞ 制御理論を適用しており，高次モードに対するスピルオーバ不安定の回避をはかっている．H_∞ 制御理論によれば，制御入力 u_i ($= f_{ci}$) (f_{ci} は，後述の制御力）は出力 Y_i と制御器 $K_i(s)$ によって次式で表される．

$$u_i = K_i(s)Y_i \qquad (2.9)$$

ここで，Y_i は建物の加速度であり，連結 2 棟の直交 2 方向成分からなる四成分で構成される．

B 力学モデルと運動方程式

制御系の設計には，図 2.18 のような制振ブリッジで繋がれた 3 棟の力学モデルを用いる．これは，各質点が並進 2 方向の自由度をもつ多自由度系の立

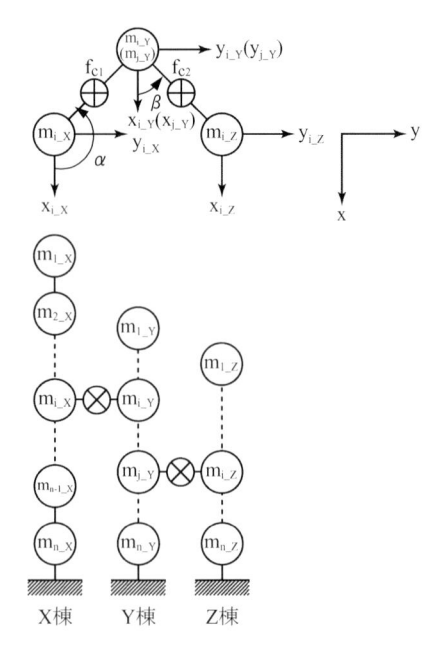

図 2.18 3 棟の力学モデル

体物理モデルであり，並進2方向の面内揺れと3棟が三角形状に配置されたことによる制御力の方向性を考慮している．各棟の質点数は，X棟が44，Y棟が39，Z棟が35である．制振ブリッジは，X棟の第7質点とY棟の第2質点間および，Y棟の第8質点とZ棟の第4質点間にそれぞれ連結されており，制御力のなす角度はx軸から反時計回りにそれぞれα, βのように定義されている．このとき，質点の運動方程式は，例えば，X棟の第7質点とY棟の第2質点について記述すると次式のようになる．

X棟：

x方向

$$m_{7\_X}\ddot{x}_{7\_X} + c_{7\_X\_x}(\dot{x}_{7\_X} - \dot{x}_{8\_X}) + c_{6\_X\_x}(\dot{x}_{7\_X} - \dot{x}_{6\_X})$$
$$+ k_{7\_X\_x}(x_{7\_X} - x_{8\_X}) + k_{6\_X\_x}(x_{7\_X} - x_{6\_X}) = f_{7\_X\_x} - f_{c1}\cos(\alpha)$$
(2.10)

y方向

$$m_{7\_X}\ddot{y}_{7\_X} + c_{7\_X\_y}(\dot{y}_{7\_X} - \dot{y}_{8\_X}) + c_{6\_X\_y}(\dot{y}_{7\_X} - \dot{y}_{6\_X})$$
$$+ k_{7\_X\_y}(y_{7\_X} - y_{8\_X}) + k_{6\_X\_y}(y_{7\_X} - y_{6\_X}) = f_{7\_X\_y} - f_{c1}\sin(\alpha)$$
(2.11)

Y棟：

x方向

$$m_{2\_Y}\ddot{x}_{2\_Y} + c_{2\_Y\_x}(\dot{x}_{2\_Y} - \dot{x}_{3\_Y}) + c_{1\_Y\_x}(\dot{x}_{2\_Y} - \dot{x}_{1\_Y})$$
$$+ k_{2\_Y\_x}(x_{2\_Y} - x_{3\_Y}) + k_{1\_Y\_x}(x_{2\_Y} - x_{1\_Y}) = f_{2\_Y\_x} + f_{c1}\cos(\alpha)$$
(2.12)

y方向

$$m_{2\_Y}\ddot{y}_{2\_Y} + c_{2\_Y\_y}(\dot{y}_{2\_Y} - \dot{y}_{3\_Y}) + c_{1\_Y\_y}(\dot{y}_{2\_Y} - \dot{y}_{1\_Y})$$
$$+ k_{2\_Y\_y}(y_{2\_Y} - y_{3\_Y}) + k_{1\_Y\_y}(y_{2\_Y} - y_{1\_Y}) = f_{2\_Y\_y} + f_{c1}\sin(\alpha)$$
(2.13)

ここで，添え字つきのkおよびcはそれぞれ，質点間のばね定数と減衰係数であり，添え字の意味は順番に質点番号，タワーの識別，方向を示す．他の質点についても同様の記述をし，それらをマトリクス表示すれば，全体系に対する運動方程式が得られる．

$$M\begin{pmatrix}\ddot{x}\\\ddot{y}\end{pmatrix}+C\begin{pmatrix}\dot{x}\\\dot{y}\end{pmatrix}+K\begin{pmatrix}x\\y\end{pmatrix}=f+U\begin{pmatrix}f_{c1}\\f_{c2}\end{pmatrix} \quad (2.14)$$

ここで，M, C, K は，それぞれ建物の質量マトリクス，減衰マトリクスおよび剛性マトリクスを，x, y は2方向の変位ベクトルを表す．また，U は制御力の作用点と方向を定義するマトリクスであり，その要素は，式 (2.10) から式 (2.13) に見るような f_{c1} および，f_{c2} にかかる $\cos(\alpha)$ などの係数である．f は風の外力ベクトルである．

制御系の設計は，モード座標系で行う．そのために，モード座標 η を導入して式 (2.14) を式 (2.15) のように変換する．

$$M_m\ddot{\eta}+C_m\dot{\eta}+K_m\eta=U_mf_c+F_mf \quad (2.15)$$

ここで，M_m, C_m, K_m は，それぞれモード質量マトリクス，モード減衰マトリクスおよびモード剛性マトリクスであり，U_m と F_m は制御力と外力に関係するマトリクスである．

式 (2.15) は2入力系であり，このままでは個別制御系の設計には適用できない．そのため，さらに，式 (2.15) の全体系のモデルから制御対象に関する成分を抽出した次式の部分モデルを用いることにする．

$$M_{m\_i}\ddot{\eta}_{\_i}+C_{m\_i}\dot{\eta}_{\_i}+K_{m\_i}\eta_{\_i}=U_{m\_i}f_{ci}+F_{m\_i}f_i \quad (2.16)$$

ここで，$i\,(=1,2)$ は制振ブリッジの識別を示す番号であり，式 (2.16) の M_{m_i} や $\eta_{\_i}$ などは制振ブリッジの選択に応じて式 (2.15) から抽出されたマトリクスおよびベクトルを表す．

C 制御系設計

式 (2.16) 中の固有振動数，減衰比およびモード質量などのモードパラメータは，現地で制振ブリッジを加振機として用いた加振試験結果によって同定する．得られたモードパラメータから制御系の設計モデルを作成し，制御器を求める．ここで対象とするのは，水平2方向の並進モードである．設計では，一次モードを制振し，二次モード以上をロバスト安定とするため，上記

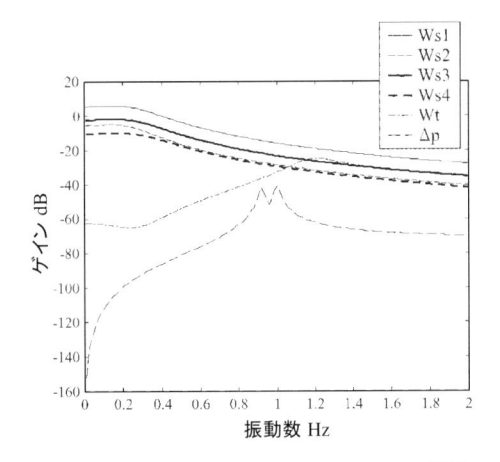

図 2.19 H_∞ 制御の設計に用いられた重み関数

の二次モードまでを含むフルオーダモデルから二次モードを打ち切った低次元化モデルを考え，このモデルに対して H_∞ 制御系を設計する．

図 2.19 は，H_∞ 制御系の設計に用いた重み関数であり，Y, Z 棟間用に採用されたものを示している．図中の W_{si} ($i=1\sim4$) と W_T は，それぞれ建物加速度と制御入力にかかる重み関数であり，添え字の i は，小さい方から順に Y 棟の x 方向，y 方向，Z 棟の x 方向，y 方向を示す．また，Δ_P は建物の全体モデルから一次モードのみを抽出したことによって得られる誤差関数（加法的誤差）である．図 2.20 は，図 2.19 に対して得られた制御器の周波数応答特性を示す．本装置の制御特性は，一次モードの固有周期に当たる 0.2 Hz から 0.3 Hz の領域でハイゲイン，それより周波数が高い高次モードの領域ではローゲインとしている．得られた制御器は，サンプリング時間 5 ms で実装した．制御器の次数は，X, Y 棟間用および Y, Z 棟間用のいずれも，10 次である．

2.2.4 制振ブリッジの制振効果

本装置の制振効果は，建物に据付けた後，加振試験と竣工後の稼動観測によって確認されている．以下にその結果の一例を紹介する．

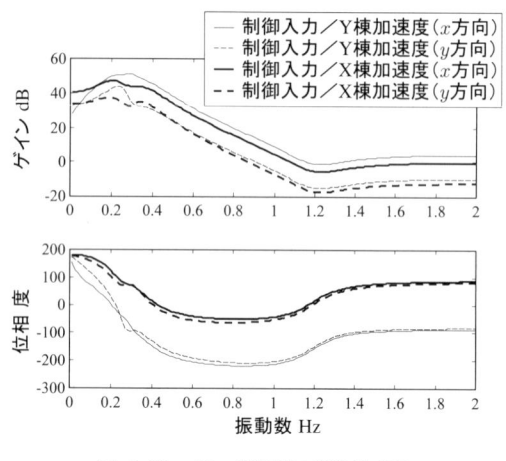

図 2.20　H_∞ 制御器の周波数応答

A　現地での制振効果確認試験

アクティブ方式の制振装置は，加振機として使うことができるので，制振効果を容易に確認することができる．その方法の一つが自由振動である．これは，はじめに，制振装置で建物を強制加振し，建物の応答が十分に成長した時点で，装置を加振から制振に切り換えて，減衰波形を実測することで効果を確認する方法である．図 2.21 は，このようにして実測された自由振動応答を示したものである．同図では，2 基で 3 棟を同時に強制加振後，クランプ装置を開放させた非制振時のときとアクティブ制振モードに切り換えたときとの減衰状況を比較している．加振振動数は，X, Y 棟間用が 0.243 Hz，Y, Z 棟間用が 0.303 Hz であり，起振力はいずれも 58.8 kN である．同図から，制振時における各棟の水平 2 方向の加速度は，非制振時に比べ速やかに低減し，減衰が約 2 倍から 3 倍程度に向上している．

また，制振装置が複数ある場合は，一部を制振装置，残りを加振機として使って，制振の有無に対して，各周波数ごとの建物応答を計測すれば，周波数応答が得られる．図 2.22 は，中央の Y 棟に着目し，X, Y 棟間用を加振機とし，Y, Z 棟間用を制振作動させた場合とさせない場合について，x 方向と y 方向の周波数応答を示したものである．1 基のみの制振であるが，各方向と

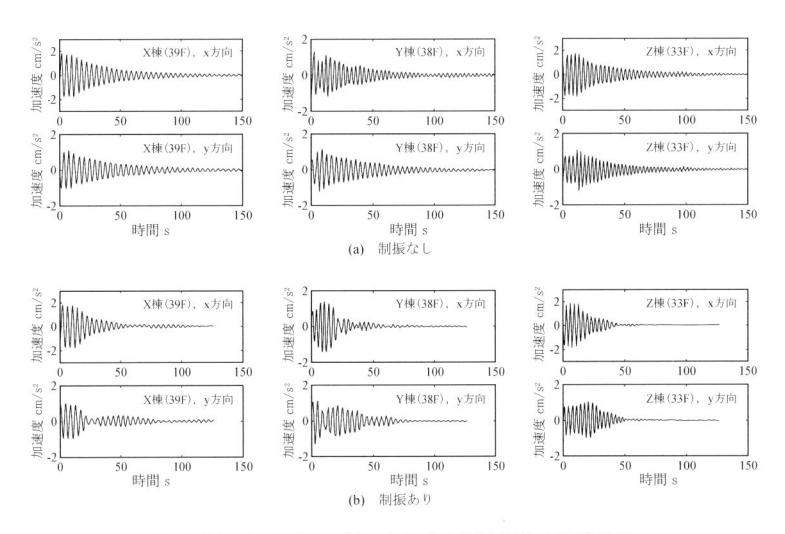

図 2.21 2基同時加振による自由振動応答の実測結果

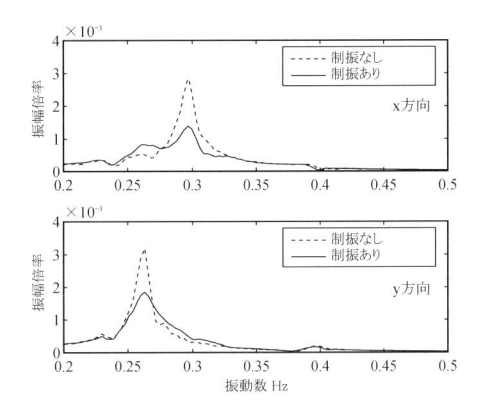

図 2.22 Y棟 (38F) の周波数応答の実測結果 (X, Y棟間：加振, Y, Z棟間：制振)

も共振ピークが 1/2 程度に低減している．

B　稼動記録に基づく制振効果の評価[8]

本システムには，建物の揺れ状況や制振ブリッジの作動状況を監視するため，モニタリング装置が備えられている．これは，制振ブリッジの起動ととも

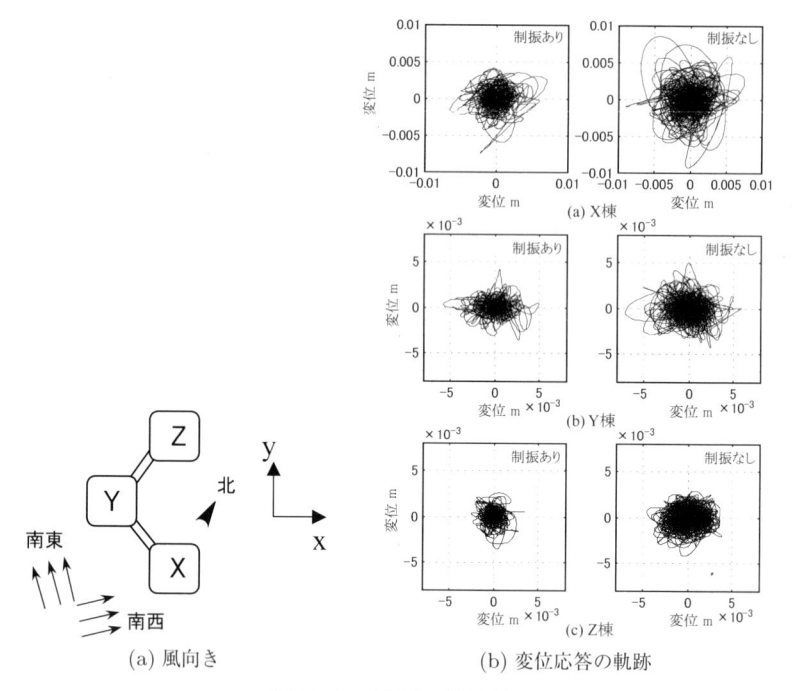

図 2.23 強風時の観測結果

(a) 風向き
(b) 変位応答の軌跡

に，動的挙動や建物の振動をディジタルデータとしてパーソナルコンピュータに取り込むものである．本装置では，2001年4月の竣工以降，稼動データの取得および制振効果の評価を行ってきた．これらの中には，強風時に数時間にわたって制振装置が作動したものもある．

ここでは，制振効果を示す典型的な例として 2002 年 1 月 21 日の記録を紹介する．この記録では，装置は 15 時 28 分から 15 時 44 分に至る約 16 分間の作動が確認されている．作動中における風の状況を図 2.23(a) に示す．風向は南東から南西に変化し，その間の X 棟頂部（高さ：194.9 m）での風速は，12.9 m/s から 19.3 m/s（新木場での 10 分間の平均風速による換算値）である．評価には，3 棟の 2 方向加速度を用いており，検出位置は X 棟 39 階，Y 棟 38 階，および Z 棟 33 階である．同図 (b) には，非制振時と制振時の変位応答軌跡を各棟について示す．非制振時の応答は，制振時の建物応答加速

度，電動モータの制御力および建物モデルを用いて算出された解析結果である．また，制振時の変位は，実測された加速度の積分演算より得ている．なお，制御力には，装置のモータ駆動軸に挿入されたロードセルの出力信号を用いた．各棟とも，明らかに振れ回りの主要成分は低減されている．

以上のように，本装置は風対応に設計されたものであるが，最近長周期大地震が懸念されていることを鑑みれば，本装置のクランプ機構をパッシブ制振機構と組み合わせることによって，ハイブリッド化すれば，微小振動にはアクティブ，大地震にはパッシブ制振によって，この問題に対応できる可能性があることを付記しておく．

謝辞

晴海アイランド トリトンスクエアは，西地区が株式会社日建設計，株式会社久米設計，株式会社山下設計による設計共同体，東地区が都市基盤整備公団と株式会社竹中工務店JVによる設計である．また，晴海アイランド トリトンスクエア向け制振ブリッジは，株式会社日建設計との共同開発によるものであり，その実施にあたっては日本大学総合科学研究所の背戸一登教授から有益なご指導を頂きました．多大なご協力，ご指導を頂きました関係各位に対し，ここに記し，深く感謝の意を表します．

参考文献

(1) 日本建築学会, アクティブ・セミアクティブ振動制御技術の現状, 丸善株式会社 (2006), 26.
(2) 國枝正春, 構造物の防震設計と免震設計, 日本機械学会誌, **79**-689 (1976), 361–365.
(3) 背戸一登・富波佳均・松本幸人・土井文夫, 並列する弾性構造物のモデル化法と振動制御法（超々高層ビル実現のための基礎研究）, 日本機械学会論文集（C編）, **62**-585 (1995), 1899–1905.
(4) 松本幸人・背戸一登, 多連ビル構造物のアクティブ振動制御（第2報, 4連ビル模型構造物の曲げねじれ振動制御の地震応答にもたらす効果）, 日本機械学会論文集（C編）, **65**-639 (1999), 4286–4292.
(5) 背戸一登・松本幸人, パソコンで解く振動の制御, 丸善株式会社 (1999), 191–201.
(6) Asano, M., Yamano, Y., Yoshie, K., Koike, Y., Nakagawa, K. and Murata, T., Development of Active-Damping Bridges and Its Application to Triple High-Rise Buildings, *JSME International Journal*, Series C, **46**-3 (2003), 854–860.

(7) 日本建築学会，建築物の振動に関する居住性能評価指針・同解説，丸善株式会社 (1991), 40–47.

(8) 吉江慶祐・小池裕二・白木博文・浅野美次・山野祐司，晴海アイランドトリトンスクエアのアクティブ棟間連結制振装置 その5 稼動記録による制振効果の評価，日本建築学会 2003 年度大会（東海）学術講演梗概集，B-2 構造 II (2003), 717–718.

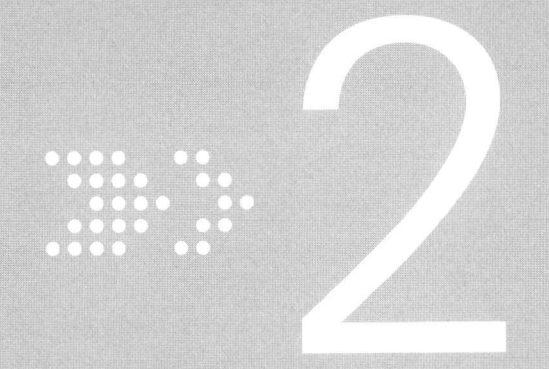

第 2 編　先端的制御の応用

【著者紹介】

第1章
横山　誠（よこやま・まこと）
　　1990年　東京都立大学大学院工学研究科博士課程修了
　　現　在　新潟大学工学部機械システム工学科准教授
　　　　　　工学博士
　　専　攻　制御工学
　　主要著書　『制御工学―基礎からのステップアップ―』（共著，朝倉書店，2003）

第2章
西村秀和（にしむら・ひでかず）
　　1990年　慶應義塾大学大学院理工学研究科機械工学専攻博士課程修了
　　1990年　千葉大学工学部助手
　　1995年　千葉大学工学部助教授
　　2007年2月～3月　バージニア大学機械・航空工学科客員助教授
　　2007年4月より慶應義塾大学教授，2008年4月より慶應義塾大学大学院システムデザイン・マネジメント研究科教授に就任予定．
　　　　　　工学博士
　　専　攻　ダイナミカルシステムの制御，ロバスト制御，衝撃制御などの研究・教育に従事し，民間企業との共同研究を積極的に行っている．
　　主要著書　『MATLABによる制御系設計』（共著，東京電機大学出版局，1998）
　　　　　　『MATLABによる制御理論の基礎』（共著，東京電機大学出版局，1998）

第3章
平田光男（ひらた・みつお）
　　1996年　千葉大学大学院自然科学研究科修了
　　1996年　千葉大学工学部助手,
　　2002年8月～2003年8月カリフォルニア大学バークレイ校機械工学科客員研究員
　　2004年　宇都宮大学工学部助教授
　　現　在　宇都宮大学工学部准教授
　　　　　　博士（工学）
　　専　攻　ロバスト制御，サンプル値制御，ナノスケール制御及びそれらの産業応用に関する研究・教育に従事
　　主要著書　『MATLABによる制御系設計』（共著，東京電機大学出版局，1998）

第1章 スライディングモード制御応用

横山誠

本章では,非線形制御理論の中でも多数の実システムに適用され,その有効性(ロバスト性や設計の容易さ)が認知されつつある,スライディングモード制御の応用について述べる.この制御理論の起源は1960年頃まで遡るが,電子デバイスを中心とするハードウエアの発展と,理論の精緻化などによって1990年頃から広範囲な分野で急速に応用研究が報告されている.

以下では,スライディングモード制御理論の基礎と,自動車の電子制御装置への応用例をいくつか概説する.読者がリアプノフ安定論など非線形制御理論の基礎知識がなくともこの理論の本質を容易に理解できるように,厳密な理論的記述は避け,いわばイントロダクションと応用例で構成した.したがって,本書によってスライディングモード制御に興味を持たれた読者は,その間を埋めるべく,スライディングモード制御理論だけを詳細に扱った他の優れた本を読まれることを期待する.

1.1 スライディングモード制御の基礎

1.1.1 可変構造制御とスライディングモード制御

単純なレギュレーション問題として,滑らかな台の上に置かれた質量 m の物体を力入力によって原点に移動することを考える.このとき,運動方程式は次のように書ける.

$$m\ddot{y}(t) = u(t) \tag{1.1}$$

ここで,$y(t)$ は変位出力,$u(t)$ は制御入力を表す.まず,制御則として,次の比例制御(変位フィードバック)を考える.

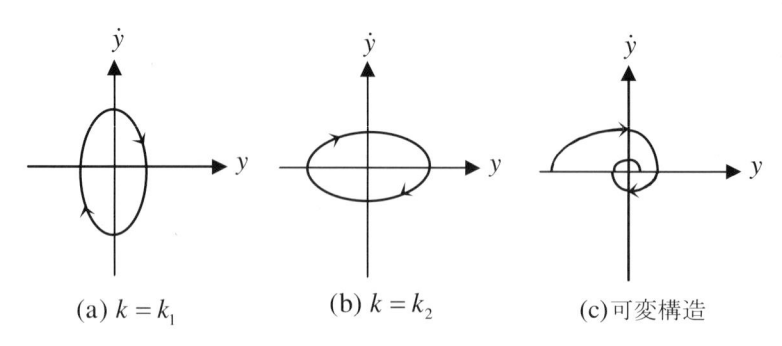

図 1.1 可変構造制御の位相面図

(a) $k = k_1$ (b) $k = k_2$ (c) 可変構造

$$u(t) = -ky(t) \tag{1.2}$$

ただし，k は正の定数である．このとき，位相面軌道を描くために，式 (1.2) を式 (1.1) に代入し，両辺に $\dot{y}$ を乗じて積分し，整理すると以下の式を得る．

$$m\dot{y}^2(t) + ky^2(t) = c_0 \tag{1.3}$$

ここで，c_0 は初期条件によって決まる積分定数である．これは，位相面軌道が円または楕円を描くことを意味しており，例えば 2 種類の k の値に対して図 1.1(a), (b) のようになる．

次に，状態（変位と速度）に応じて 2 種類のフィードバックゲインを切り換える，次のような制御則を考える．

$$u(t) = \begin{cases} -k_1 y(t) & \text{if } y(t)\dot{y}(t) \geq 0 \\ -k_2 y(t) & \text{if } y(t)\dot{y}(t) < 0 \end{cases} \tag{1.4}$$

すなわち，位相面上では y 軸および $\dot{y}$ 軸上でゲインが切り換わり，第 1, 第 3 象限では図 1.1(a) の軌道，第 2, 第 4 象限では図 1.1(b) の軌道となり，結果的に図 1.1(c) に示すように漸近的に原点へと収束する．このように，異なる制御則，あるいはゲインや制御入力を，状態に応じて不連続に切り換える制御則を可変構造制御と呼ぶ．

次に，式 (1.1) の制御対象に対して，リレー入力を用いた可変構造制御を考える．まず，変位と速度の線形関数を次のようにとる．

$$\sigma(t) = \alpha_1 y(t) + \dot{y}(t) \tag{1.5}$$

ここで，α_1 は任意の正の定数とする．この関数の符号によって制御入力を切り換える次の制御則を考える．

$$u(t) = -\gamma \, \text{sgn}(\sigma) \tag{1.6}$$

ここで，sgn($\cdot$) は符号関数であり，γ は任意の正の定数とする．この制御則を物理的に考えると，物体の位置と速度で決まる σ が負のときは物体を引き，σ が正のときは物体を押すことになる．このときの位相面軌道は，図 1.2 に示すように，σ が正のときの軌道と σ が負のときの軌道をつなぎ合わせることで得られる．ところが，$\sigma = 0$ の直線上のある区間では，それぞれの軌道が直線を境に対向し，軌道を得ることができない．これは，式 (1.5), (1.6) を式 (1.1) に代入して得られる閉ループシステムを表す微分方程式が，リレーという不連続入力を用いたために解析的には解けないことに対応している．

したがって，可変構造制御理論を理解するためには，位相面軌道など幾何学的なアプローチが重要となる．詳細な議論は次の節に譲るが，図 1.2 のように $\alpha_1 > 0$ を選択すると，同図 (c) に示すように状態軌道は $\sigma = 0$ の上に拘束され，原点へと収束する．このように，状態軌道があらかじめ定められた $\sigma = 0$ の上を滑ることから，この状態をスライディングモードと呼ぶ．そして，このスライディングモードを規定し，かつ入力の切り換えに用いられた関数 σ を切り換え関数と呼ぶ．状態空間内では，$\sigma = cx = 0$ を幾何学的に切

(a) $\sigma > 0$ (b) $\sigma < 0$ (c) スライディングモード

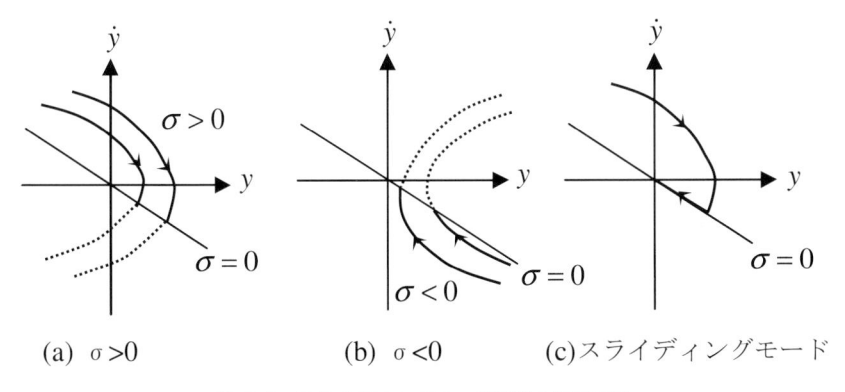

図 1.2　スライディングモード制御の位相面図

り換え超平面と呼ぶ（2次元では直線，3次元では平面）．以下でも，スライディングモードが線形となるように，切り換え関数として状態変数の線形結合とするが，切り換え関数を非線形関数としてもよい．また，スライディングモードにない状態を到達モードあるいは到達フェイズと呼ぶ．

以上の例からわかるように，可変構造制御は必ずしもスライディングモードの存在を意味しない．また，スライディングモード制御器の設計は，次の2段階からなる．

Step1. スライディングモードを規定する切り換え関数の設計
Step2. スライディングモードを発生させるための不連続入力の設計

Step1 を行うためには，スライディングモードと切り換え関数の関係を明確にしなければならない．また，Step2 を行うためには，スライディングモードの存在条件を考える必要がある．次の項では，これらに関して概説する．

1.1.2　スライディングモードの記述と存在条件

状態空間モデルで表現された，次の n 次線形1入力システムを考える．

$$\dot{x}(t) = Ax(t) + bu(t) \tag{1.7}$$

最も単純なスライディングモード制御として，切り換え関数を状態変数の線形結合，

$$\sigma(t) = [\begin{array}{cccc} \alpha_1 & \alpha_2 & \cdots & \alpha_n \end{array}]x(t) = \alpha x(t) \tag{1.8}$$

で決定し，制御入力をこの関数の正負によって切り換える制御則を考える．

$$u(t) = -\gamma \operatorname{sgn}(\sigma) \tag{1.9}$$

状態軌道が，切り換え超平面と呼ばれる $\sigma = 0$ にある時刻 t_s で到達し，スライディングモードになったとすると，$t \geq t_s$ において $\dot{\sigma} = 0$ であると考えることができる．すなわち，式 (1.8), (1.7) を用いて

$$\dot{\sigma}(t) = \alpha \dot{x}(t) = \alpha[Ax(t) + bu(t)] = 0 \qquad t \geq t_s \tag{1.10}$$

が成立すると考える．前述のように実際の入力は不連続であり，この関係は通常の微分方程式論からは得られないため，これを満たす入力 u を等価制御入力と呼び，u_{eq} で表すことにする．そこで，$\alpha b \neq 0$ の仮定の下で式 (1.10) を $u(t)$ について解き，等価制御入力を次のように得る．

$$u_{eq}(t) = -(\alpha b)^{-1}\alpha A x(t) \tag{1.11}$$

したがって，スライディングモードにある状態方程式は，式 (1.11) を式 (1.7) に代入して，

$$\dot{x}(t) = [I_n - b(\alpha b)^{-1}\alpha] A x(t) \tag{1.12}$$

で表されることになる．ここで，I_n は n 次の単位行列である．ただし，$\sigma = 0$ も拘束条件として含まれるため，スライディングモード状態は，$(n-1)$ 次 (m 入力のときは，一般に $(n-m)$ 次) システムに低次元化される．

状態方程式 (1.12) のシステム行列を，次のように定義する．

$$A_{eq} = [I_n - b(\alpha b)^{-1}\alpha] A \tag{1.13}$$

このとき，制御対象が可制御であるならば，A_{eq} の固有値は 1 個の零固有値を持つが，他の $(n-1)$ 個の固有値は切り換え関数 σ の設計パラメータによって決定できる．スライディングモードの極はこれら $(n-1)$ 個の固有値となり，これらに対応する固有ベクトルは切り換え超平面内に存在する．式 (1.12) 中に現れた $b(\alpha b)^{-1}\alpha$ は射影作用素であり（したがって，$I_n - b(\alpha b)^{-1}\alpha$ も射影作用素となる），あとに述べるスライディングモードの特徴は，幾何学的に容易に解釈できる．

次に，スライディングモードの存在条件について，状態空間での状態軌道を用いて考える．状態軌道が切り換え超平面に拘束されるためには，切り換え超平面内のある領域 Ω の近傍の両側 ($\sigma > 0$ の領域と $\sigma < 0$ の領域) で，状態軌道が超平面に向かっていなければならない．このことを切り換え関数で考えると，以下の条件になる．

$$\lim_{\sigma \to 0+} \dot{\sigma} < 0 \quad \text{かつ} \quad \lim_{\sigma \to 0-} \dot{\sigma} > 0 \tag{1.14}$$

この条件の場合，状態軌道が漸近的に（無限時間をかけて）切り換え超平面に到達することも許すため，以下の η 到達条件と呼ばれる，より強い条件がしばしば用いられる．

$$\sigma\dot{\sigma} \leq -\eta|\sigma| \tag{1.15}$$

さて，$\dot{\sigma} = 0$ から等価制御入力を定義したことを思い出すと，条件式 (1.14) は次のように表すことができる．

$$\alpha b > 0 \text{ のとき} \quad \gamma > |(\alpha b)^{-1}\alpha A x| = |u_{eq}| > 0 \tag{1.16}$$

$$\alpha b < 0 \text{ のとき} \quad \gamma < -|(\alpha b)^{-1}\alpha A x| = -|u_{eq}| < 0 \tag{1.17}$$

これらの式は様々な解釈が可能であるが，例えば，α と γ を固定して x について解くと，スライディングモードの発生する状態空間領域を求めることができる．

1.1.3　スライディングモードの特性

これまでは，外乱やモデルの不確かさのない制御対象を考えてきたが，ここではスライディングモード制御の最大の利点を示すため，次のシステムを考える．

$$\dot{x}(t) = Ax(t) + bu(t) + g\xi(x,t) \tag{1.18}$$

ここで，$\xi(x,t)$ は外乱・モデル化誤差を表すスカラ関数である．制御則は，前節と同様に式 (1.8)，(1.9) とし，等価制御入力を求めると，

$$u_{eq}(t) = -(\alpha b)^{-1}[\alpha A x(t) + \alpha g \xi(x,t)] \tag{1.19}$$

となる．これを式 (1.18) の $u(t)$ に代入して整理すると，次のスライディングモード状態方程式を得る．

$$\dot{x}(t) = [I_n - b(\alpha b)^{-1}\alpha]Ax(t) - [I_n - b(\alpha b)^{-1}\alpha]g\xi(x,t) \tag{1.20}$$

任意の $\xi(x,t)$ に対して右辺第2項が零になるとき，システムは $\xi(x,t)$ に対して不変であるといい，ロバスト性よりも強い性質を有することになる．この

条件は，

$$g \in Null\{I_n - b(\alpha b)^{-1}\alpha\} \tag{1.21}$$

にほかならない．ここで，$Null$ は零化空間を表す．この条件をより明確にするために，まず次の事実を用いる．

$$Range\{b(\alpha b)^{-1}\alpha\} = Range\{b\} \tag{1.22}$$

ここで，$Range$ はレンジスペースを表す．また，前述のように $b(\alpha b)^{-1}\alpha$ は射影作用素であるが，一般の射影作用素 P に関して次の性質がある．

$$Null\{I_n - P\} = Range\{P\} \tag{1.23}$$

したがって，式 (1.22), (1.23) を用いると，式 (1.21) は次のように書き換えられる．

$$g \in Range\{b\} \tag{1.24}$$

これはマッチング条件と呼ばれ，適応制御理論や様々なロバスト制御理論で広く用いられている条件である．b が入力係数ベクトルであることを考慮して，マッチング条件を満たす外乱を入力端外乱と呼ぶこともある．

このように，スライディングモード制御の最大の特徴は，マッチング条件を満たす外乱・モデル化誤差に対して不変であることである．マッチング条件を満たさない外乱に対して不変ではないが，条件式 (1.24) を近似的に満たす外乱に対しては高いロバスト性を有することは容易に想像できよう．

1.1.4 チャタリングなど現実問題への対応

これまで，式 (1.9) に示した理想的なリレー入力を用いていたが，現実には切り換えに有限時間を要するため，状態は高周波振動を起こすことがある．これをチャタリングと呼ぶ．チャタリングが常に問題となるわけではないが，制御装置の損傷や，モデル化されなかった高周波モードの励起，不安定化を招く可能性がある．したがって，単純なリレー入力を避けることが現実的であり，δ を微小な正値として，次のような連続関数（平滑化関数）がしばしば

用いられる．

$$\text{飽和関数}: sat(\delta, \sigma) = \begin{cases} \dfrac{\sigma}{\delta} & \text{for } |\sigma| < \delta \\ \text{sgn}(\sigma) & \text{for } |\sigma| \geq \delta \end{cases} \qquad (1.25)$$

$$\text{シグモイド関数}: \dfrac{\sigma}{|\sigma| + \delta} \qquad (1.26)$$

チャタリング低減のもう一つの方法として，連続入力である等価制御入力を加えて，リレーゲインを小さくすることが考えられる．これを状態空間で考えると，等価制御入力だけで状態軌道は切り換え超平面に平行となり（外乱のないとき），リレー入力によってこれを切り換え超平面に近づけることになる．ただし，式 (1.19) に示した等価制御入力は，スライディングモードを記述するために用いられた仮の入力であり，未知なる外乱項も含まれているため，制御に用いる等価制御入力には，この外乱項を含まない式 (1.11) を用いる．すなわち，

$$u(t) = -\gamma \,\text{sgn}(\sigma) + u_{eq}(t) = -\gamma \,\text{sgn}(\sigma) - (\alpha b)^{-1} \alpha A x(t) \qquad (1.27)$$

となる．次に，この制御則でのスライディングモードの存在条件を考える．式 (1.27) を制御対象の状態方程式 (1.18) に代入して，切り換え関数の導関数を計算すると，

$$\dot{\sigma}(t) = \alpha \dot{x}(t) = -\gamma \,\text{sgn}(\sigma) + \alpha g \xi(x, t) \qquad (1.28)$$

となる．等価制御入力が $\dot{\sigma} = 0$ から導かれたことを再び思いだすと，本式は容易に理解できる．したがって，スライディングモードの存在条件式 (1.14) は，次のようになる．

$$\gamma > |\alpha g \xi(x, t)| \qquad (1.29)$$

これより，外乱の大きさを目安にリレーゲイン γ を決める．

さらに，到達フェイズを短時間で終了させるため，制御入力に切り換え関数の比例項を加えた，比例到達則と呼ばれる次の手法がしばしば用いられる．

$$u(t) = -\gamma \,\text{sgn}(\sigma) + u_{eq}(t) - \kappa \sigma \qquad (1.30)$$

これは，状態軌道が切り換え超平面から離れているとき大きな制御入力を発生し，理想的なスライディングモード状態では比例到達項は 0 となる．実際，到達フェイズでの切り換え関数のダイナミクスは，

$$\dot{\sigma}(t) = -\lambda \,\mathrm{sgn}(\sigma) - \kappa\sigma + \alpha g \xi(x,t) \tag{1.31}$$

で表され，$-\kappa$ を極とする一時遅れ特性となる．

1.2　サーボ系設計

前節では，レギュレータ設計について述べたが，ここではサーボ系（トラッキング系）に対する制御器設計について，代表的な設計法をいくつか紹介する．サーボ系設計では，主に定常偏差の問題を考える必要があるが，線形制御理論のような開ループ特性で議論することができない．したがって，閉ループ系としてスライディングモード状態にあるときについて考える必要がある．また，レギュレータの場合と同様に，理想的なスライディングモード状態では，外乱・モデル化誤差がマッチング条件を満たすならば，サーボ系の閉ループ特性はこれらに対して不変となる．

1.2.1　モデル追従スライディングモード制御

制御対象として，次の n 次線形 1 入出力モデルを考える．

$$\dot{x}(t) = Ax(t) + bu(t) \tag{1.32}$$

$$y(t) = cx(t) \tag{1.33}$$

制御目的は，出力 $y(t)$ を目標 $r(t)$ に追従させることである．そこで，目標 $r(t)$ を外部入力とする次の理想的なモデル（参照モデル）を考える．

$$\dot{x}_m(t) = A_m x_m(t) + b_m r(t) \tag{1.34}$$

出力は状態変数の線形結合であるから，制御対象の状態変数 x をこの x_m に追従させることで，制御目的を達成することができる．状態変数の追従誤差ベクトルを，

$$e(t) = x(t) - x_m(t) \tag{1.35}$$

で定義すると，誤差ダイナミクスは次のようになる．

$$
\begin{aligned}
\dot{e}(t) &= Ax(t) - A_m x_m(t) + bu(t) - b_m r(t) \\
&= A_m e(t) + (A - A_m)x_m(t) + bu(t) - b_m r(t)
\end{aligned}
\tag{1.36}
$$

したがって，この誤差ダイナミクスが漸近安定になるように，1.1 節のスライディングモード制御器設計（レギュレータ）と同様に制御入力を決定する．まず，切り換え関数を次のように定める．

$$\sigma(t) = \alpha e(t) \tag{1.37}$$

このとき，切り換え関数の導関数は，

$$\dot{\sigma}(t) = \alpha[A_m e(t) + (A - A_m)x(t) + bu(t) - b_m r] \tag{1.38}$$

となるので，等価制御入力を次のように得る．

$$u_{eq}(t) = -(\alpha b)^{-1}\alpha[A_m e(t) + (A - A_m)x(t) - b_m r(t)] \tag{1.39}$$

これを式 (1.36) の $u(t)$ に代入すると，スライディング状態の追従誤差ダイナミクスは，

$$\dot{e}(t) = [I_n - b(\alpha b)^{-1}\alpha]A_m e(t) - [I_n - b(\alpha b)^{-1}\alpha][(A - A_m)x(t) - b_m r(t)] \tag{1.40}$$

となる．ここで，$(A - A_m)$ の列ベクトルと b_m が b のレンジスペースにあると仮定すると，右辺第 2 項はマッチング条件を満たし，誤差ダイナミクスは

$$\dot{e}(t) = [I_n - b(\alpha b)^{-1}\alpha]A_m e(t) \tag{1.41}$$

となる．したがって，極配置法などで適切な α を決定し，スライディングモード状態で追従誤差を漸近安定にすることができる．ここでは，外乱やモデル化誤差を考慮しなかったが，これらがマッチング条件を満たすならば，同様に不変性が成立する．

スライディングモードを発生させる入力は，等価制御入力とリレーを用いて次式で与えられる．

$$u(t) = -\gamma \operatorname{sgn}(\sigma) + u_{eq}(t) \tag{1.42}$$

現実の制御の際には，1.1.4 項で述べたリレーの連続化を行い，また比例到達則を併用することもできる．

1.2.2　インテグラルスライディングモード制御

制御対象は，外乱やモデル化誤差を含み，次式の 1 入力 n 次元非線形状態方程式で表されるものとする．

$$\dot{x}(t) = f(x(t)) + b(x)u(t) + \xi(x,t) \tag{1.43}$$

この系の公称モデル ($\xi(x,t) = 0$) に対して，なんらかの制御器設計法に基づいて，参照入力 $r(t)$ と状態フィードバックによる制御入力 $u_0(x,r)$ が既に決定されていると仮定する．そこで以下では，この公称制御入力に加えて，外乱・モデル化誤差の影響を低減するための不連続制御入力を $u_1(t)$ で表し，これをスライディングモードの概念を用いて設計する．

まず，制御入力を $u(t) = u_0(x,r) + u_1(t)$ としたときの閉ループ系は，

$$\dot{x}(t) = f(x(t)) + b(x)(u_0(x,r) + u_1(t)) + \xi(x,t) \tag{1.44}$$

となる．次に，補助変数 $z(t)$ を導入して次の切り換え関数を定義する．

$$\sigma(t) = \alpha x(t) + z(t) \tag{1.45}$$

不連続入力 $u_1(t)$ は，この切り換え関数を用いて，次のように発生させる．

$$u_1(t) = -\gamma \, \mathrm{sgn}(\sigma) \tag{1.46}$$

補助変数 $z(t)$ は，スライディングモード状態で $u_1(t)$ の等価制御入力 $u_{1eq}(t)$ が外乱項を除去するように決める．そこで，切り換え関数の導関数を 0 とおくと次式を得る．

$$\dot{\sigma}(t) = \alpha[f(x) + b(x)u_0(x,r) + b(x)u_{1eq}(t) + \xi(x,t)] + \dot{z} = 0 \tag{1.47}$$

ここで，等価制御入力が外乱項を除去し，上式が成立するためには，外乱がマッチング条件を満たし，すなわち q を定数として

$$\xi(x,t) = qb(x) \tag{1.48}$$

かつ，式 (1.47) を $\dot{z}(t)$ について解いて，補助変数が次式を満足すれば良いことがわかる．

$$\dot{z}(t) = -\alpha[f(x(t)) + b(x)u_0(x,r)] \tag{1.49}$$

すなわち，切り換え関数を算出するための補助変数は，次の積分計算によって得られる．

$$z(t) = -\alpha \int_0^t [f(x(\tau)) + b(x(\tau))u_0(x(\tau), r(\tau))]d\tau \tag{1.50}$$

本制御器の実システムへの適用にあたっては，前述の連続化関数と比例到達則は用いることができるが，等価制御入力は外乱であり未知なため用いることができない．逆に，等価制御入力が外乱を打ち消す働きをしていることから，本制御器を一種の外乱推定器とみなすこともできる．

インテグラルスライディングモード制御器は，モデル追従型と同様に，基本的に制御対象と同一次元の制御器となる．しかし，モデル追従型はスライディングモード状態で追従誤差のダイナミクスがロバストであるのに対して，インテグラルスライディングモード制御では，スライディングモード状態で外乱を除去した理想的な閉ループ特性が実現できることに注意しよう．

1.2.3　積分器付加型スライディングモード制御器

前述の二つの制御器も，積分器を伴う動的制御器であるが，ここでは線形制御論とのアナロジーで，追従誤差の積分を用いた設計法を紹介する．簡単のため，制御対象は次式に示す零点のない可制御正準系とし，外乱・モデル化誤差はマッチング条件を満たすとする．

$$\dot{x}(t) = \begin{bmatrix} 0 & 1 & 0 & \cdots & 0 \\ \vdots & 0 & \ddots & \ddots & \vdots \\ \vdots & & \ddots & \ddots & 0 \\ 0 & \cdots & \cdots & 0 & 1 \\ -a_1 & \cdots & \cdots & -a_{n-1} & -a_n \end{bmatrix} x(t) + \begin{bmatrix} 0 \\ \vdots \\ \vdots \\ 0 \\ b_n \end{bmatrix} u(t) + \begin{bmatrix} 0 \\ \vdots \\ \vdots \\ 0 \\ 1 \end{bmatrix} \xi \tag{1.51}$$

$$y = x_1 \tag{1.52}$$

状態変数として，あらたに追従誤差積分を加えて，

$$z(t) = \begin{bmatrix} \int y - r & x(t) \end{bmatrix} = \begin{bmatrix} z_1 & z_2 & \cdots & z_{n+1} \end{bmatrix} \tag{1.53}$$

とし，次の拡大系を構成する．

$$\dot{z}(t) = \begin{bmatrix} 0 & 1 & 0 & \cdots & 0 \\ \vdots & 0 & \ddots & \ddots & \vdots \\ \vdots & & \ddots & \ddots & 0 \\ 0 & 0 & \cdots & 0 & 1 \\ 0 & -a_1 & \cdots & -a_{n-1} & -a_n \end{bmatrix} z(t) + \begin{bmatrix} 0 \\ \vdots \\ \vdots \\ 0 \\ b_n \end{bmatrix} u(t) + \begin{bmatrix} -1 \\ 0 \\ \vdots \\ \vdots \\ 0 \end{bmatrix} r(t) + \begin{bmatrix} 0 \\ \vdots \\ \vdots \\ 0 \\ 1 \end{bmatrix} \xi \tag{1.54}$$

以下はレギュレータ設計と同様であり，まず切り換え関数を定義する．

$$\sigma(t) = \begin{bmatrix} \alpha_1 & \cdots & \alpha_n & 1 \end{bmatrix} z(t) = \alpha z(t) \tag{1.55}$$

次に，$\dot{\sigma} = 0$ から等価制御入力を求めると，

$$u_{eq} = \frac{1}{b_n}(-\begin{bmatrix} 0 & \alpha_1 - a_1 & \cdots & \alpha_n - a_n \end{bmatrix} z + \alpha_1 r - \xi) \tag{1.56}$$

となり，外乱および制御対象のパラメータを完全に消去するように働くことがわかる．実際，スライディングモードは次のように表される．

$$\dot{z}(t) = \begin{bmatrix} 0 & 1 & 0 & \cdots & 0 \\ \vdots & 0 & \ddots & \ddots & \vdots \\ \vdots & & \ddots & \ddots & 0 \\ 0 & 0 & \cdots & 0 & 1 \\ 0 & -\alpha_1 & \cdots & -\alpha_{n-1} & \alpha_n \end{bmatrix} z(t) + \begin{bmatrix} -1 \\ 0 \\ \vdots \\ \vdots \\ \alpha_1 \end{bmatrix} r(t) \tag{1.57}$$

これより，r と z_1 の間の $(n+1)$ 階微分方程式

$$z_1^{(n+1)} + r^{(n)} = -\alpha_1(\dot{z}_1 + r) - \alpha_2(\ddot{z}_2 + \dot{r}) - \cdots - \alpha_n(z_1^{(n)} + r^{(n-1)}) + \alpha_1 r \tag{1.58}$$

を得る．そこで，$z_1 = \int y - r$ の関係を用いると，次の n 次伝達関数を得る．

$$\frac{Y(s)}{R(s)} = \frac{\alpha_1}{s^n + \alpha_n s^{n-1} + \alpha_{n-1} s^{n-2} + \cdots + \alpha_1} \tag{1.59}$$

このように，伝達特性は切り換え関数のパラメータのみで決定され，DC ゲインが 1 であることから，一定値をとる参照入力に対して定常誤差がない．また，原点での極零相殺によって低次元化されており，これは前述のように等価制御入力によるアプローチに起因している．

線形制御器の設計と同様に，ランプ参照入力に対して定常誤差なく追従するためには，積分器をさらに追加すればよい．しかし，ケーススタディで述べるように，追従誤差とその積分を状態変数とすることで，これを達成することも可能である．

1.3 ケーススタディ

自動車の電子制御化は，近年著しく発展している．自然環境の中で酷使される自動車の制御システムには，極めて強いロバスト性能が要求される．そこで本節では，自動車の電子制御化を中心に，スライディングモード制御理論を適用した実例を紹介する．

1.3.1 セミアクティブサスペンション

セミアクティブサスペンションには，可変オリフィス，ER (Electrorheological) 流体，MR (Magnetrorheological) 流体などを応用した可変ダンパが用いられる．しかし，これらのダンパは厳密なモデル化が困難であり，モデル化誤差に対してロバストな制御アルゴリズムが必要になる．ここでは，モデル追従型スライディングモード制御器設計を応用した例を紹介する．また，可変ダンパとして，Lord 社が市販している MR ダンパを用いる．

図 1.3 左側は，セミアクティブサスペンションの 1/4 車体モデルを表し，運動方程式は次のようになる．

$$m_u \ddot{z}_u(t) = -k_t(z_s(t) - d(t)) - c_t(\dot{z}_s(t) - \dot{d}(t))$$
$$+ k_s(z_s(t) - z_u(t)) - f_d(t) \quad (1.60)$$
$$m_s \ddot{z}_s(t) = -k_s(z_s(t) - z_u(t)) + f_d(t) + w(t) \quad (1.61)$$

可変ダンパの減衰力は，ピストン速度と制御入力である MR ダンパのコイル

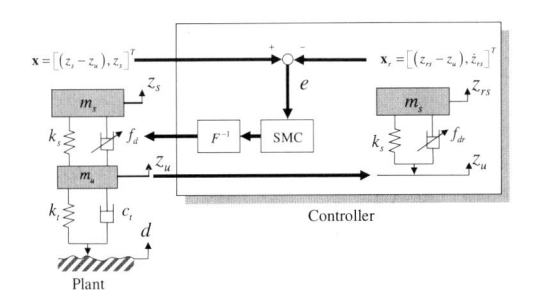

図 **1.3** セミアクティブサスペンション制御

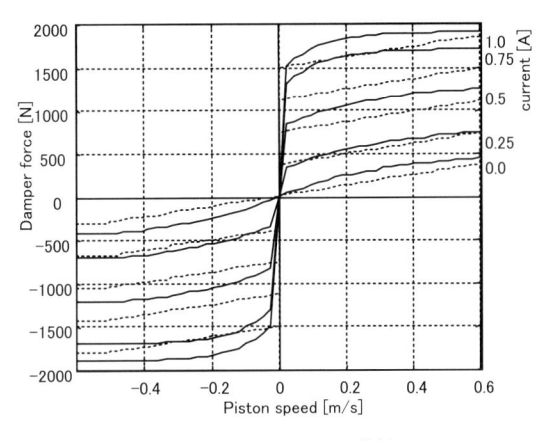

図 **1.4** MR ダンパの特性

電流 $u(t)$ の非線形関数で決定されると仮定する．すなわち，

$$f_d(t) = F(\dot{z}_s(t) - \dot{z}_u(t), u(t)) \tag{1.62}$$

図 1.4 はダンパの特性例であり，いくつかのコイル電流に対するピストン速度と減衰力の関係を表す．ただし，実線は，実際の減衰力特性であるが，破線は後述する逆モデルに対応する特性を表す．現実のダンパの特性は，ヒステリシス特性を有するなど非常に複雑であることが知られているが，制御器設計のためにこのような単純モデルを用いる．さらに，この単純モデルを用いても，制御電流とピストン速度に関する非線形特性を有することになるため，制御電流を入力とする制御器設計は複雑となる．そこで，望ましい減衰

力を制御入力としてスライディングモード制御器を設計することとし，制御電流はダンパ特性の逆モデルを用いて決定する方針をとる．すなわち，次式を用いる．

$$u(t) = \hat{F}^{-1}(\bar{f}_d(t), \dot{z}_s(t) - \dot{z}_u(t)) \tag{1.63}$$

ここで，$\hat{F}^{-1}$ はダンパ特性 F の逆関数モデルを表し，$\bar{f}_d$ は制御器内で決定される望ましい減衰力を表し，指令減衰力と呼ぶことにする．したがって，$\hat{F}^{-1}$ を構築する必要があるが，コンピュータへの実装を考慮すると，計算量の少ない単純なモデルが望ましい．そこで，例えば，指令減衰力およびピストン速度に関して一次関数となるように決める．この逆モデルに対応する順モデルを図 1.4 に破線で示す．

図 1.3 にモデル追従型スライディングモード制御の概念図を示す．参照モデルは制御対象と同じ 2 自由度振動系とすることが望ましいが，現実に測定困難な路面変動などの外乱情報が必要になる．そこで，1 自由度振動系を参照モデルとし，参照モデルへの入力として制御対象のばね下質量速度を用いる．状態変数として，ばね上下質量の相対変位とばね上質量速度を採用し，制御対象の 1 自由度状態空間モデルを次のように表す．

$$\dot{x}(t) = Ax(t) + bf_d(t) + b_r\dot{z}_u(t) + bw(t) \tag{1.64}$$

ここで，

$$x(t) = \begin{bmatrix} z_s(t) - z_u(t) \\ \dot{z}_s(t) \end{bmatrix}, \ A = \begin{bmatrix} 0 & 1 \\ -\dfrac{k_s}{m_s} & 0 \end{bmatrix}, \ b = \begin{bmatrix} 0 \\ \dfrac{1}{m_s} \end{bmatrix}, \ b_r = \begin{bmatrix} -1 \\ 0 \end{bmatrix}$$

同様に，参照モデルの状態方程式を次のように表す．

$$\dot{x}_r(t) = Ax_r(t) + bf_{dr}(t) + b_r\dot{z}_u(t) \tag{1.65}$$

ここで，$x_r(t) = [z_{rs}(t) - z_u(t), \dot{z}_{rs}(t)]^T$，$f_{dr}(t)$ は参照モデルの望ましい減衰力を表す．

そこで次に，参照モデルの望ましい減衰力を考える．参照モデルが 1 自由度振動系であるため，近似スカイフックダンパ，すなわちばね上質量の絶対

速度フィードバックが考えられるが，2 自由度振動系にこの制御則を適用するとばね下振動が劣化する．そこで，スカイフックダンパ力に，ばね下速度フィードバックを加えることによって，ばね上下質量振動のトレードオフを図る．すなわち，

$$f_{dr}(t) = \begin{cases} c_s \dot{z}_{rs}(t) - c_g \dot{z}_u(t) & \text{for } (c_s \dot{z}_{rs} - c_g \dot{z}_u)(\dot{z}_{rs} - \dot{z}_u) > 0 \\ 0 & \text{for } (c_s \dot{z}_{rs} - c_g \dot{z}_u)(\dot{z}_{rs} - \dot{z}_u) < 0 \end{cases} \tag{1.66}$$

上式は，$f_{dr} = (c_s - c_g)\dot{z}_{rs} + c_g(\dot{z}_{rs} - \dot{z}_u)$ と表すことができることから，近似スカイフックダンパに通常のパッシブダンパを付加したことに対応する．

状態変数の追従誤差ベクトルを $e(t) = x(t) - x_r(t)$ で定義すると，誤差ダイナミクスは

$$\dot{e}(t) = Ae(t) + b(f_d(t) - f_{dr}(t) + w(t)) \tag{1.67}$$

となる．これより，明らかに力外乱 $w(t)$ はマッチング条件を満たしていることがわかる．切り換え関数を $\sigma(t) = [\alpha, 1]e(t) = \alpha e(t)$ とし，外乱を無視した等価制御入力を求めると次のようになる．

$$f_{deq}(t) = [-k_s \ m_s \alpha_1]e(t) + f_{dr}(t) \tag{1.68}$$

そこで，指令減衰力として，リレー入力と受動性と制約条件を加えた次式を用いる．

$$\bar{f}_d(t) = \begin{cases} f_{deq} + \gamma \operatorname{sgn}(\sigma) & \text{for } (f_{deq} + \gamma \operatorname{sgn}(\sigma))(\dot{z}_s - \dot{z}_u) > 0 \\ 0 & \text{for } (f_{deq} + \gamma \operatorname{sgn}(\sigma))(\dot{z}_s - \dot{z}_u) < 0 \end{cases} \tag{1.69}$$

最終的なダンパへの入力電流値は，逆モデルを用いた式 (1.63) によって算出する．

図 1.5～1.7 にシミュレーション結果を示す．パラメータ値は，普通乗用車を想定した値とし，ばね上およびばね下固有振動数は，それぞれ約 1 [Hz] と 10 [Hz] である．また，路面変位をガウス性白色雑音とした（実際の路面変位は高周波でスペクトルが下がる）．設計したスライディングモード制御器との比較として，ばね上絶対速度フィードバックを指令減衰力とした近似スカイフックダンパ則を用いた結果も破線で示した．

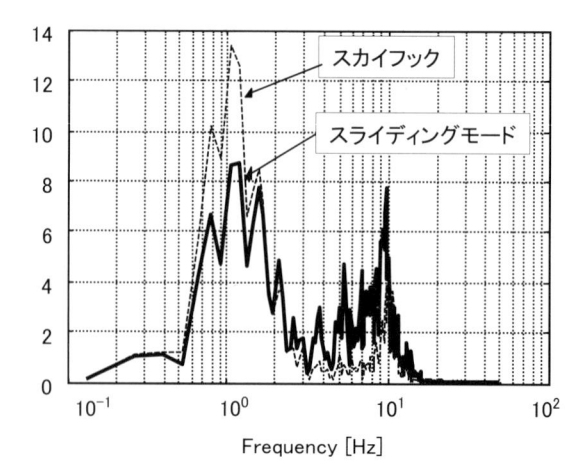

図 1.5 車体加速度のスペクトル密度

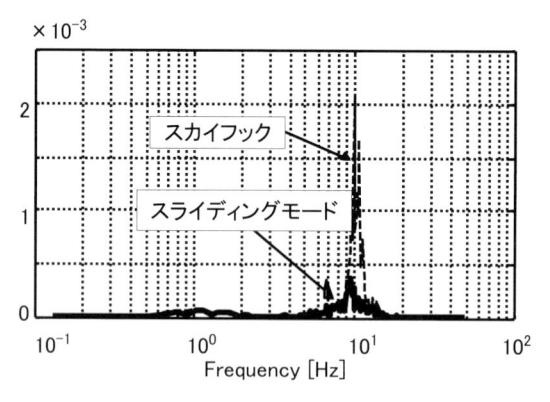

図 1.6 車輪路面間の相対変位のスペクトル密度

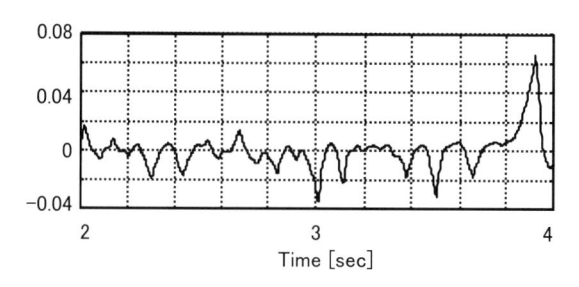

図 1.7 切り換え関数

figure 1.5 の車体加速度に示すように，近似スカイフックダンパ則では，ダンパのモデル化誤差による力外乱によって 1 [Hz] 近傍のスペクトルが大きい．一方，スライディングモード制御によると，高周波数帯域で若干スペクトルが大きいが，1 [Hz] 近傍のスペクトルは大幅に低減されている．図 1.6 に示すタイヤと路面の相対変位のスペクトルは，主に操縦安定性（路面接地性）の指標になり，小さい程操縦安定性がよい．ばね下速度フィードバックを入れたことで，10 [Hz] 近傍のピークが著しく改善されていることがわかる．ここには示していないが，このスペクトルは，ダンパのモデル化誤差がない場合とほとんど同じであることを確認している．図 1.7 に示すように切換関数がほぼ 0 になっていることから，参照モデルへの追従誤差が擬似的スライディングモードにあり，このようなロバスト性能が得られていると言える．

1.3.2　電動パワーアシスト装置

従来主流であった自動車の油圧パワーステアリングに替わり，DC モータを用いた電動パワーステアリングが普及し始めている．一般に，パワーアシスト装置は，工場内での組み立て作業，医療・介護など様々な分野で用いられているが，制御器設計論が十分に確立されていないようである．ここでは，簡単なマニピュレータ型アシスト装置に対して，インテグラルスライディングモード制御器を設計するが，パワーステアリングに対しても適用可能である．

図 1.8 に制御対象のパワーアシスト装置の概略図を示す．操作者は，肘を

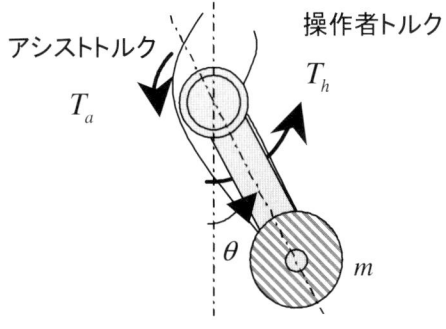

図 1.8　電動パワーアシスト装置

支点とした回転運動を行って負荷質量を持ち上げる．アシスト装置は，アーム，モータ，減速器で構成され，モータへの供給電圧によって制御されたアシストトルクを発生する．モータの機械的時定数を考慮すると，本装置の数学モデルは次のようになる．

$$J_e \ddot{\theta}(t) = -n^2 \frac{K_v K_t}{R} \dot{\theta}(t) - W \sin\theta(t) + T_h(t) + T_d(t) + \frac{nK_t}{R} u(t) \quad (1.70)$$

ここで，

θ：アーム回転角変位，J_e：等価慣性モーメント，n：減速比，

K_v：逆起電圧定数，K_t：トルク定数，R：モータ電気抵抗，

W：負荷とアシスト装置による重力トルク，T_h：操作者トルク，

T_d：外乱トルク，u：制御電圧

右辺第2項に，重力による非線形性を有する．状態変数ベクトルとして，$x(t) = [\ \theta\ \ \dot{\theta}\ ]^T$ を定義すると，状態方程式は次のように書ける．

$$\dot{x}(t) = \begin{bmatrix} x_2 \\ \dfrac{-W}{J_e}\sin x_1(t) - \dfrac{n^2 K_v K_t}{R J_e} x_2 \end{bmatrix} + \begin{bmatrix} 0 \\ \dfrac{1}{J_e} \end{bmatrix}(T_h(t)+T_d(t)) + \begin{bmatrix} 0 \\ \dfrac{nK_t}{RJ_e} \end{bmatrix} u(t)$$

$$= f(x(t)) + b_0(T_h(t) + T_d(t)) + bu(t) \quad (1.71)$$

次に，公称制御入力を決定するために，望ましい閉ループ特性を考える．前節の参照入力 $r(t)$ が，操作者トルク $T_h(t)$ に対応していることに注意しよう．理想的なアシスト状態は，操作者がアシスト装置の存在を感じず，かつ質量 m の負荷をより小さな質量 αm $(0 < \alpha < 1)$ の負荷として操作できることである．このときの運動方程式は，

$$ml^2 \ddot{\theta}(t) = -mgl \sin\theta(t) + \frac{1}{\alpha} T_h(t) \quad (1.72)$$

となる．ここで，l はアーム長さ，g は重力加速度を表し，$1/\alpha$ をパワー増幅率と呼ぶことにする．これまでの研究によると，この理想状態は減衰項（エネルギ散逸）がないため，モデル化誤差や観測雑音による制御性能の低下が

大きく，安全性の観点からは適切な閉ループモデルとは言いがたい．そこで，まず操作者トルクからアーム回転角への伝達特性として，次式で表される減衰率 1 の 2 次線形系を考える．

$$\ddot{\theta}(t) = -\omega_0^2 \theta(t) - 2\omega_0 \dot{\theta}(td) + GT_h(t) \tag{1.73}$$

ここで，パラメータ ω_0 は作業内容（速度）を考慮して決定する．また，パラメータ G は，理想モデル式を線形近似して得られる DC ゲインと一致するよう，$G = \omega_0^2/\alpha mgl$ とする．次に，自然な重力感を与えるために，上式ばね項の $\theta(t)$ を $\sin\theta(t)$ に変更して，以下の非線形モデルを望ましい閉ループ特性とする．

$$\ddot{\theta}(t) = -\omega_0^2 \sin\theta(t) - 2\omega_0 \dot{\theta}(t) + GT_h(t) \tag{1.74}$$

さらに，状態変数モデルで次のように表す．

$$\dot{x}(t) = \begin{bmatrix} x_2 \\ -\omega_0^2 \sin x_1 - 2\omega_0 x_2 \end{bmatrix} + \begin{bmatrix} 0 \\ G \end{bmatrix} T_h(t) \tag{1.75}$$

これを実現する公称制御入力は，式 (1.71) において $T_d = 0$ とし，式 (1.75) と比較することによって次のように得られる．

$$u_0(t) = \frac{R}{nK_t} \left\{ \left(\frac{n^2 K_v K_t}{R} - 2J_e\omega_0 \right) x_2 + (W - J_e\omega_0^2)\sin x_1 + (J_eG - 1)T_h(t) \right\} \tag{1.76}$$

すなわち，操作者トルクと状態変数の非線形フィードバックになっている．

以上の設計に続いて，前節で述べた手順に従ってインテグラルスライディングモード制御器が設計できるが，ここではさらに到達フェイズも利用した設計を紹介する．前述のように，スライディングモード状態では，マッチング条件を満たす外乱・モデル化誤差に対して不変であるため，不意の衝突などによる外乱入力（環境情報）が操作者に伝わらない．そこで，摩擦トルクなどの比較的小振幅の外乱に対してはスライディングモード状態を保持し，衝突などによる大振幅の外乱に対しては到達フェイズになるように制御器を設計する．

到達フェイズでは，制御入力は公称制御入力とリレーゲインの和 ($u_0(x, T_h) + \gamma$) となっていることに注意すると，到達フェイズを設計する入力 $u_2(t)$ を新たに加えた次の制御入力を考える．

$$u(t) = u_0(x, T_h) + u_1(t) + u_2(t) \tag{1.77}$$

1.2.2 項と同様に，切り換え関数 $\sigma(t) = \alpha x(t) + z(t)$，リレー入力 $u_1(t) = -\gamma \, \mathrm{sgn}(\sigma)$ とする．補助変数 $z(t)$ のダイナミクスは，スライディングモード状態の等価制御入力が外乱と $u_2(t)$ を消去するように決定する．すなわち，

$$u_{1eq}(t) = -(R/nK_t)T_d - u_2(t) \tag{1.78}$$

$$\dot{\sigma}(t) = \alpha[f(x) + b_0(T_h + T_d) + b(u_0(x, T_h) + u_2(t) + u_{1eq}(t))] + \dot{z} = 0 \tag{1.79}$$

これより，

$$\dot{z}(t) = -\alpha[f(x(t)) + b_0 T_h + b u_0(x, T_h)] \tag{1.80}$$

となり，補助変数のダイナミクスは，1.2.2 項で述べた通常のインテグラルスライディングモード制御と変わらない．パワーアシスト装置に対する $u_2(t)$ として，例えば，到達モードを線形化するように，

$$u_2(t) = \frac{R}{nK_t} J_e \omega_0^2 \sin x_1 \tag{1.81}$$

とすることが考えられる．

現在製作中の実験装置の緒元を用いて行ったシミュレーション結果を図 1.9 と図 1.10 に示す．操作者トルクをステップ関数とし，アームが約 90 度まで回転する大きさとした．操作途中で，図 1.9(a) に示す小振幅の外乱と，図 1.10(a) に示す大振幅の外乱を与えた場合のアーム回転角と切り換え関数の時刻暦を図 1.9 および図 1.10 の (b), (c) にそれぞれ示す．小振幅外乱の場合は，切り換え関数がほぼ零でスライディングモード状態にあり，アームの回転が外乱の影響を全く受けていない．一方，不意の衝突に相当する大振幅外乱の場合は，スライディングモードから到達モードへと移行し，その間アーム回転角が小さくなっている．このことは，操作者に外乱トルクが伝達されたことを意味している．

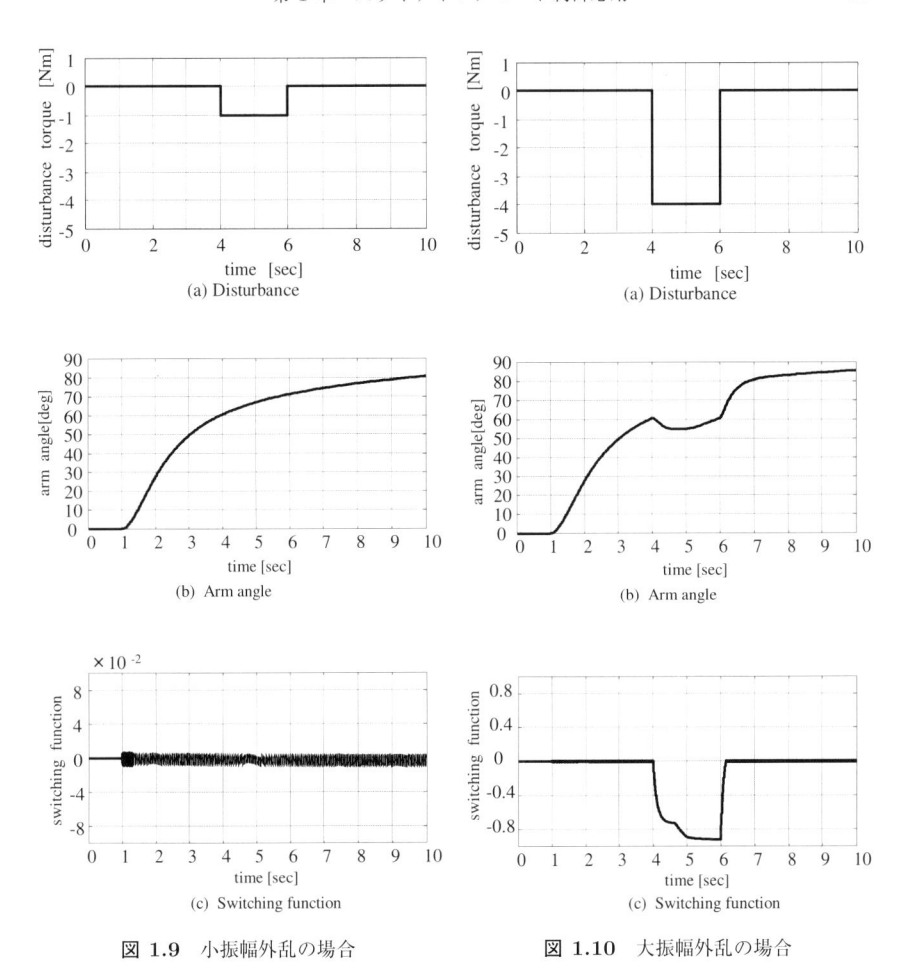

図 1.9　小振幅外乱の場合　　　　図 1.10　大振幅外乱の場合

1.3.3　アンチロックブレーキシステム (ABS)

　制動時に車輪と路面の間に働く重要な力は，制動力と横抗力であり，前者は制動距離を，後者は操舵性を支配する．そして，これらの力は，図 1.11 に示されるように，次式で定義される「スリップ率」の非線形関数として表される．

$$\lambda(t) = \frac{V(t) - V_w(t)}{V(t)}$$

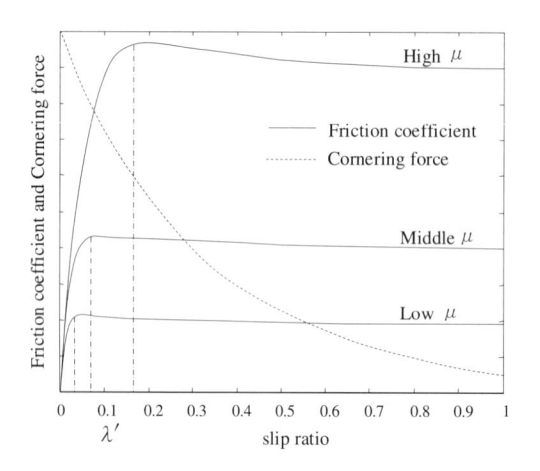

図 1.11 スリップ率と摩擦係数・横抗力の関係

ここで $V(t)$ は車体速度，$V_w(t)$ は車輪速度を表す．例えば，スリップ率1は，車輪の回転が完全に停止しているロック状態を意味する．ABSの目的は，操舵性を確保しつつ制動距離をより短くすることである．そのためには，図1.11より，路面状態に依存して決まる最大スリップ率（目標スリップ率 λ' とおく）となるようにブレーキ圧力を制御すればよい．すなわち，この目標スリップ率と車体速度から決定される車輪速度を目標速度とする「車輪速度サーボシステム」を設計する問題に帰着される．現実には，スリップ中の車体速度を推定する必要があるが，ここでは既知と仮定する．また，目標スリップ率を決定するためには，路面状態を推定する必要があるが，これも既知とする．可変構造オブザーバを応用した路面状態推定法は参考文献を参照されたい．

制動時の一車輪の動特性は，以下のように与えられる．

$$I\frac{dV_w(t)}{dt} = R_w^2 Q(t) - R_w T_b(t), \qquad M\frac{dV(t)}{dt} = -Q(t),$$
$$T_b(t) = KP(t), \qquad K = \mu_b A_b R_b, \qquad Q(t) = \mu(\lambda)W$$

ここで，各変数は以下の量を表す．

第1章 スライディングモード制御応用

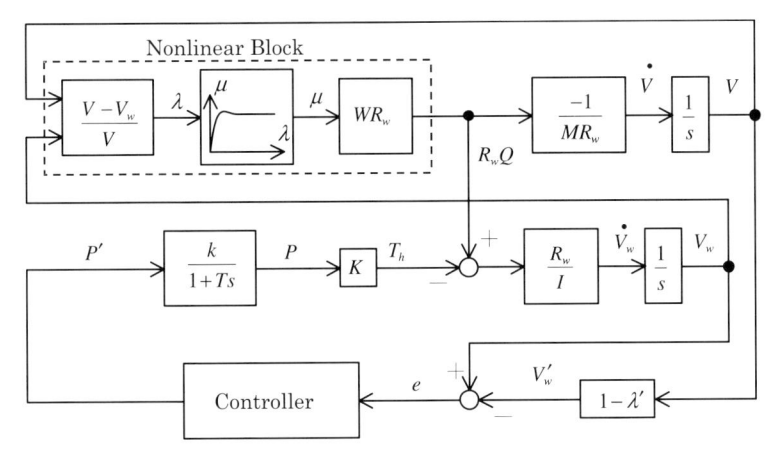

図 1.12 ABS のブロック線図

R_w：車輪有効半径 I：車輪慣性モーメント
$Q(t)$：制動力 $T_b(t)$：制動トルク
M：車体質力 μ_b：ブレーキパッドの摩擦係数
A_b：ホイールシリンダ面積 R_b：ブレーキロータ半径
$\mu(\cdot)$：車輪と路面間の摩擦係数 W：車輪軸加重 (Mg)
$P(t)$：ブレーキ圧力

さらに，ブレーキ圧力を発生するアクチュエータの動特性は，以下のように1次遅れで近似できるものとする．

$$T\frac{dP(t)}{dt} + P(t) = kP'(t) \tag{1.82}$$

ここで，$P'(t)$ は指令ブレーキ圧力を表す．以上の関係式に基づいた，ABS のブロック線図を図 1.12 に示す．

制御器の設計指針を考えよう．まず，ブロック線図上部に示す制動力 $Q(t)$ は，強い非線形ダイナミクスを有しているため，これを外乱として扱い，制御対象の公称モデルは車輪の線形ダイナミクスのみとする．また，スリップ率が目標スリップ率となっている理想的な状態を考えると，摩擦係数は一定となり，制動力も一定となる．したがって，車体速度および車輪速度は共にラ

ンプ関数となる．以上のことから，車輪速度サーボ制御に与えられる設計仕様は，線形制御理論の用語で述べると，目標入力に対してII型，外乱に対してI型となる．スライディングモード状態でこれを達成するためには，1.2.3項の設計法に準じて積分器を2個付加することが考えられるが，以下では追従誤差とその積分を状態変数に取る手法を紹介する．

状態変数として，目標車輪速度と実車輪速度の誤差，その積分値，および車輪加速度をとり，

$$x(t) = [V_w(t) - V'_w(t) \quad \int V_w(t) - V'_w(t) \quad \dot{V}_w(t)]^T \tag{1.83}$$

目標車輪速度を

$$V'_w(t) = (1 - \lambda')V(t) \tag{1.84}$$

とすると，状態方程式は次のように書ける．

$$\dot{x}(t) = Ax(t) + bu(t) + b_r \dot{r}(t) + G\xi(t) \tag{1.85}$$

ただし，

$$A = \begin{bmatrix} 0 & 0 & 1 \\ 1 & 0 & 0 \\ 0 & 0 & -\dfrac{1}{T} \end{bmatrix}, \quad b = \begin{bmatrix} 0 & 0 & -\dfrac{R_w K k}{IT} \end{bmatrix}^T$$

$$b_r = \begin{bmatrix} -1 & 0 & 0 \end{bmatrix}^T, \quad G = \begin{bmatrix} 0 & 0 \\ 0 & 0 \\ \dfrac{R_w^2}{IT} & \dfrac{R_w^2}{I} \end{bmatrix}$$

$$w(t) = P'(t), \quad r(t) = V'_w(t), \quad \xi(t) = [\ Q(t) \quad \dot{Q}(t)\ ]$$

式(1.85)の右辺第4項が制動力による非線形性を表しているが，係数行列Gの列ベクトルがbのレンジスペースにあり，マッチング条件を満たしている．

切り換え関数を状態変数の線形結合として次のように定義する．

$$\sigma = [\ \alpha_1 \quad \alpha_2 \quad 1\ ]x = \alpha x \tag{1.86}$$

ABSのほとんどの油圧制御装置は，単純なオンオフ弁で構成されているため，任意の油圧力を発生することができない．そこで，ドライバーの踏力による油圧力を γ として，次のリレー入力のみを用いることにする．

$$u(t) = \begin{cases} \gamma & \text{for } \sigma > 0 \\ 0 & \text{for } \sigma < 0 \end{cases} \tag{1.87}$$

等価制御入力を求めて式 (1.85) に代入すると，スライディングモード状態の方程式が次のように得られる．

$$\begin{aligned}\dot{x}(t) &= [I_n - b(\alpha b)^{-1}\alpha][A_m x(t) + b_r \dot{r}(t)] \\ &= \begin{bmatrix} 0 & 0 & 1 \\ 1 & 0 & 0 \\ -c_2 & 0 & -c_1 \end{bmatrix} x + \begin{bmatrix} -1 \\ 0 \\ c_1 \end{bmatrix} \dot{r}(t)\end{aligned} \tag{1.88}$$

マッチング条件を満たしているため，外乱モデル化誤差に対して不変となる．また，目標車輪速度から実車輪速度への伝達関数を求めると，

$$\frac{V_w(s)}{V'_w(s)} = \frac{c_1 s + c_2}{s^2 + c_1 s + c_2} \tag{1.89}$$

となり，ランプ入力に対して定常偏差のないサーボ系が構成されている．

図 1.13 に，最適制御理論によって設計した線形制御器を用いた場合と比較したシミュレーション結果を示す．線形制御器は，スライディングモード制御器と同じ状態変数の線形フィードバックである．同図 (a) は，制御対象の公称モデルに対する車体および車輪の速度を示し，スライディングモード制御では，車輪速度に若干チャタリングが見られるが，車体速度への影響はない．これは，車体慣性が車輪慣性に比べて極めて大きいためであり，いずれの制御器を用いた場合も，車体速度変動はほとんど同じであった．したがって，車体速度および目標車輪速度は，図中 1 本の線で表されている．同図 (b) は，車輪の慣性モーメントを公称値の約 8 倍に変動させたときの結果である．車輪の慣性モーメントは，駆動輪と被駆動輪に加えて車種が異なると，この程度の違いがあると考えられる．本図より，スライディングモード制御器を用いた場合には，パラメータ変動によって到達フェイズが若干長くなりオー

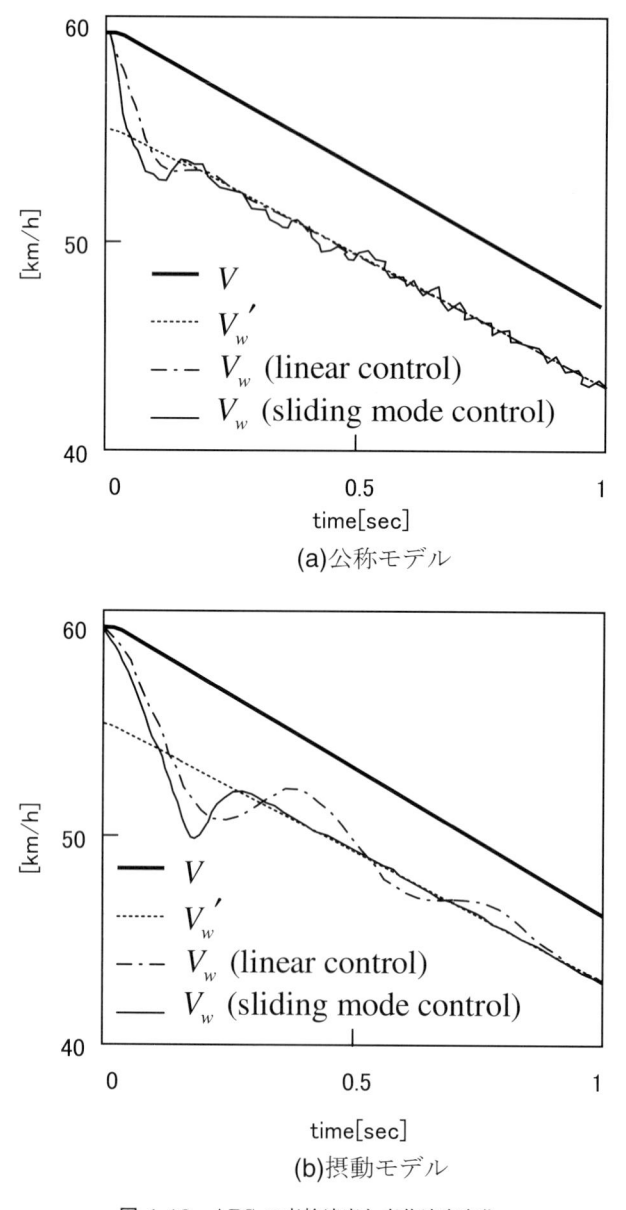

図 1.13 ABS の車輪速度と車体速度変化

(a) 公称モデル

(b) 摂動モデル

バーシュートが見られるが，約 0.3 秒後からはスライディングモードに入りパラメータ変動の影響をほとんど受けていないことがわかる．

参考文献

(1) Utkin, V. *Sliding Modes in Control Optimization*, Springer-Verlag (1992).
(2) Utkin, V., Guldner, J. and Shi, J., *Sliding Mode Control in Electromechanical Systems*, Taylor & Francis (1999).
(3) Edward, C. and Spurgeon, S. K., *Siding Mode Control*, Taylor & Francis (1998).
(4) 野波健蔵・田宏奇，スライディングモード制御，コロナ社 (1994).
(5) 横山誠・岩田義明・片寄真二・今村政道・新部誠，スライディングモード制御によるアンチロックブレーキシステム，日本機械学会論文集（C 編），**63**-611 (1997)，114–119.
(6) 横山誠, Hedrick, J.K., 外山茂浩，セミアクティブサスペンションのスライディングモード制御，日本機械学会論文集（C 編），**67**-657 (2001)，1449–1454.
(7) 横山誠，電動スロットルのスライディングモード制御，日本機械学会論文集（C 編），**68**-670 (2002)，1759–1767.
(8) Yokoyama, M., Koike, Y., Kakuta, N. and Toyama, S., Practical Model Following Sliding Mode Control of Semi-Active Suspensions, 7th International Conference on Motion & Vibration Control (2004).
(9) Yokoyama, M. and Kawasaki, K., Sliding Mode Control for Power Assist Systems, 7th International Conference on Mechatronics Technology, (CDROM), (2003).
(10) Yokoyama, M. ,Tohta, Y. and Saitoh, K., A Design Method of Sliding Mode Controller for Servo-systems Subject to Actuator Saturation, *JSME International Journal*, Series C, **46**-3 (2003), 960–966.

第2章　ゲインスケジュールド制御の応用

西村秀和

2.1　はじめに

　制御対象があるパラメータによって変動するものと見なせることは多い．この変動を構造化摂動として考慮して設計する μ 設計手法[1]が知られているが，性能が保守的になることもある．実時間で変動パラメータを得ることができるならば，その情報を活かした制御系設計を行うことによって制御性能の向上が期待できる．スケジューリングパラメータによって制御系を変動させるゲインスケジュールド制御[2]～[5]はこのような目的に合致した手法である．制御系設計ソフトウェア MATLAB には LMI Control Toolbox[6]があり，この Toolbox を用いれば比較的容易にゲインスケジュールド制御系を設計することができる．本章では，ゲインスケジュールド制御系設計の基本的な考え方を示すとともに，その適用に際してキーポイントとなるモデリング，すなわち非線形性を有するシステムを線形パラメータ変動系へ変換する手法，制御系の実装方法について述べる．そして，アンチワインドアップ制御[7]～[12]，振幅・制御入力の制約を考慮したアクティブ動吸振器[13],[14]，セミアクティブサスペンション[16]におけるゲインスケジュールド制御理論の応用を示す．

2.2　ゲインスケジュールド制御系設計

2.2.1　線形パラメータ変動系

　線形パラメータ変動系（以下，LPV システムと呼ぶ）は

$$\dot{x} = A(\theta_t)x + B(\theta_t)u$$
$$y = C(\theta_t)x + D(\theta_t)u \tag{2.1}$$

と表される．ここで，x, u, y はそれぞれ n 次元状態ベクトル，m 次元制御入力ベクトル，l 次元出力ベクトルを表す．θ_t は時変プラントのパラメータベクトルである．とくに θ_t がある値 θ で固定されれば式 (2.1) は線形時不変系（以下，LTI システムと呼ぶ）となる．

$A(\theta_t), B(\theta_t), C(\theta_t), D(\theta_t)$ がパラメータベクトル $\theta_t = (\theta_{t1}, \theta_{t2}, \ldots)$ にアフィンに依存し，

$$\begin{pmatrix} A(\theta_t) & B(\theta_t) \\ C(\theta_t) & D(\theta_t) \end{pmatrix} = \begin{pmatrix} A_0 & B_0 \\ C_0 & D_0 \end{pmatrix} + \theta_{t1} \begin{pmatrix} A_1 & B_1 \\ C_1 & D_1 \end{pmatrix} \\ + \theta_{t2} \begin{pmatrix} A_2 & B_2 \\ C_2 & D_2 \end{pmatrix} + \cdots \tag{2.2}$$

と表されるモデルのことをアフィンパラメータ依存モデルという．

アフィンパラメータ依存モデルで，式 (2.3) のように時変パラメータ θ_t が端点を $\omega_1, \omega_2, \ldots, \omega_r$ とするあるポリトープ Θ 中にあり，

$$\theta_t \in \Theta = \mathrm{Co}\{\omega_1, \omega_2, \ldots, \omega_r\} \tag{2.3}$$

ただし

$$\mathrm{Co}\{\omega_i, i=1,\ldots,r\} := \left\{ \sum_{i=1}^{r} \alpha_i \omega_i : \alpha_i \geq 0, \sum_{i=1}^{r} \alpha_i = 1 \right\} \tag{2.4}$$

状態空間行列が

$$\begin{pmatrix} A(\theta_t) & B(\theta_t) \\ C(\theta_t) & D(\theta_t) \end{pmatrix} \in \mathrm{Co}\left\{ \begin{pmatrix} A_i & B_i \\ C_i & D_i \end{pmatrix} := \begin{pmatrix} A(\omega_i) & B(\omega_i) \\ C(\omega_i) & D(\omega_i) \end{pmatrix}, \right. \\ \left. i = 1, \ldots, r \right\} \tag{2.5}$$

となる LPV モデルのことをポリトピックモデルという．

2.2.2 ゲインスケジュールド H_∞ 制御

式 (2.1) の LPV システムは，もし

$$\begin{pmatrix} A(\theta_t)^T X + X A(\theta_t) & X B(\theta_t) & C(\theta_t)^T \\ B(\theta_t)^T X & -\gamma I & D(\theta_t)^T \\ C(\theta_t) & D(\theta_t) & -\gamma I \end{pmatrix} < 0 \quad (2.6)$$

を満たす行列 $X > 0$ が存在するならば，すべての θ_t に対し 2 次 H_∞ 性能 γ をもつ．このとき，リアプノフ関数 $V(x) = x^T X x$ は大域的安定性を達成し，すべての θ_t に対し次式が成り立つ．

$$||y||_2 < \gamma ||u||_2 \quad (2.7)$$

一般的な LPV システムでは，条件式 (2.6) を満たすことは困難であるが，ポリトピックモデルでは，この制約を有限個の LMI（線形行列不等式）にすることができる．もし，式 (2.6) が端点モデル (A_i, B_i, C_i, D_i) に対して成り立つならば，すべての $(A(\theta), B(\theta), C(\theta), D(\theta))$ に対して成立する．

パラメータベクトル θ_t を実時間で把握できれば図 2.1 のように相互接続することができ，パラメータベクトル θ_t によって，制御器はゲインスケジュールされる．w, u, z, y をそれぞれ外乱入力ベクトル，制御入力，制御量，測定された出力ベクトルとし，次の仮定 (A1) $D_{22} = 0$，(A2) 行列 B_2, C_2, D_{12}, D_{21} は θ に依存しないこと，(A3) すべての Θ で $(A(\theta), B_2)$ が 2 次安定化可

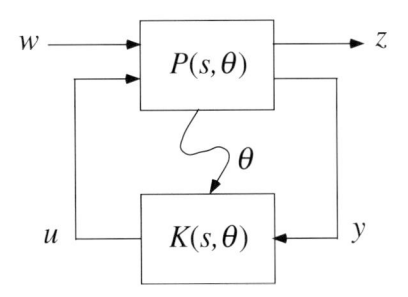

図 2.1 ゲインスケジュールド制御系

能, $(A(\theta), C_2)$ が 2 次検出可能, をおいて, 次式のようなポリトピックモデルを考える.

$$\begin{pmatrix} \dot{x} \\ z \\ y \end{pmatrix} = \begin{pmatrix} A(\theta_t) & B_1(\theta_t) & B_2 \\ C_1(\theta_t) & D_{11}(\theta_t) & D_{12} \\ C_2 & D_{21} & 0 \end{pmatrix} \begin{pmatrix} x \\ w \\ u \end{pmatrix} \qquad (2.8)$$

ここで, 仮定 (A2) は一般的には満たされないが, 制御対象のアクチュエータおよびセンサの特性が十分広い帯域幅を持つフィルタ特性を有するものと仮定することで回避できる.

このとき, 図 2.1 の閉ループ系の 2 次 H_∞ 性能 γ を保証する制御器

$$\begin{pmatrix} \dot{x}_k \\ u \end{pmatrix} = \begin{pmatrix} A_k(\theta_t) & B_k(\theta_t) \\ C_k(\theta_t) & D_k(\theta_t) \end{pmatrix} \begin{pmatrix} x_k \\ y \end{pmatrix} \qquad (2.9)$$

が求まれば, この閉ループ系は 2 次安定であり, すべての θ_t に対し

$$||z||_2 < \gamma ||w||_2 \qquad (2.10)$$

となる. 閉ループ系は式 (2.11) のように表される.

$$\begin{pmatrix} \dot{x}_{cl} \\ z \end{pmatrix} = \begin{pmatrix} A_{cl}(\theta) & B_{cl}(\theta) \\ C_{cl}(\theta) & D_{cl}(\theta) \end{pmatrix} \begin{pmatrix} x_{cl} \\ w \end{pmatrix} \qquad (2.11)$$

ここで,

$$\begin{pmatrix} A_{cl}(\theta) & B_{cl}(\theta) \\ C_{cl}(\theta) & D_{cl}(\theta) \end{pmatrix} = \begin{pmatrix} A_0(\theta) + \bar{B}\Omega(\theta)\bar{C} & B_0(\theta) + \bar{B}\Omega(\theta)\bar{D}_{21} \\ C_0(\theta) + \bar{D}_{12}\Omega(\theta)\bar{C} & D_{11}(\theta) + \bar{D}_{12}\Omega(\theta)\bar{D}_{21} \end{pmatrix},$$

$$\begin{pmatrix} A_0(\theta) & B_0(\theta) & \bar{B} \\ C_0(\theta) & D_{11}(\theta) & \bar{D}_{12} \\ \bar{C} & \bar{D}_{21} & \Omega(\theta) \end{pmatrix} = \begin{pmatrix} A(\theta) & 0 & B_1(\theta) & 0 & B_2 \\ 0 & 0 & 0 & I_k & 0 \\ \hline C_1(\theta) & 0 & D_{11}(\theta) & 0 & D_{12} \\ \hline 0 & I_k & 0 & A_k(\theta) & B_k(\theta) \\ C_2 & 0 & D_{21} & C_k(\theta) & D_k(\theta) \end{pmatrix}$$

である. $\Omega(\theta)$ は制御器である.

2.2.3 ゲインスケジュールド H_∞ 制御器の計算

2次 H_∞ 性能問題式 (2.10) が解かれて k 次の LPV 制御器が存在することは,

$$\begin{pmatrix} A_{cl}^T(\omega_i)X_{cl} + X_{cl}A_{cl}(\omega_i) & X_{cl}B_{cl}(\omega_i) & C_{cl}^T(\omega_i) \\ B_{cl}^T(\omega_i)X_{cl} & -\gamma I & D_{cl}^T(\omega_i) \\ C_{cl}(\omega_i) & D_{cl}(\omega_i) & -\gamma I \end{pmatrix} < 0 \quad (2.12)$$

を満たす $(n+k) \times (n+k)$ 次の正定な行列 X_{cl} と LTI 端点制御器 Ω_i が存在することと等価である[3],[6]. また,

$$\left(\begin{array}{c|c} N_R & 0 \\ \hline 0 & I \end{array}\right)^T \left(\begin{array}{cc|c} A_i R + RA_{cl}^T & RC_{1i}^T & B_{1i} \\ C_{cl}R & -\gamma I & D_{11i} \\ \hline B_{1i}^T & D_{11i}^T & -\gamma I \end{array}\right) \left(\begin{array}{c|c} N_R & 0 \\ \hline 0 & I \end{array}\right) < 0,$$
$$i = 1, \ldots, r \quad (2.13)$$

$$\left(\begin{array}{c|c} N_S & 0 \\ \hline 0 & I \end{array}\right)^T \left(\begin{array}{cc|c} A_i^T S + SA_{cl} & SC_{1i}^T & C_{1i}^T \\ B_{cl}^T S & -\gamma I & D_{11i}^T \\ \hline C_{1i} & D_{11i} & -\gamma I \end{array}\right) \left(\begin{array}{c|c} N_S & 0 \\ \hline 0 & I \end{array}\right) < 0,$$
$$i = 1, \ldots, r \quad (2.14)$$

$$\begin{pmatrix} R & I \\ I & S \end{pmatrix} \leq 0 \quad (2.15)$$

の3つの不等式を満たし,さらに

$$\mathrm{rank}(I - RS) \leq k \quad (2.16)$$

を満たすある対称行列 (R, S) が存在することとも等価である. ただし, N_R, N_S はそれぞれ (B_2^T, D_{12}^T) と (C_2, D_{21}) の零空間を表す. R, S から X_{cl} を求め, LTI 端点制御器 Ω_i を求める手順 1)〜3) は次のとおりである.
1)
$$MN^T = I - RS \quad (2.17)$$

となるような行列 M, N を計算する．ただし，M, N はフルランクである．
2)
$$\Pi_2 = X_{cl}\Pi_1 ,\ \Pi_1 := \begin{pmatrix} I & R \\ 0 & M^T \end{pmatrix},\ \Pi_2 := \begin{pmatrix} S & I \\ N^T & 0 \end{pmatrix} \quad (2.18)$$

より，X_{cl} を計算する．

3) 求められた X_{cl} に対し不等式 (2.12) の解から $\Omega_i = \begin{pmatrix} A_{ki} & B_{ki} \\ C_{ki} & D_{ki} \end{pmatrix}$ を得る．

LTI 端点制御器が求まり，θ_t の実測値が制御中に実時間で得られるならば，そのときの制御器の状態空間行列は次式のように与えられる．

$$\Omega(\theta) := \sum_{i=1}^{r} \alpha_i \Omega_i = \sum_{i=1}^{r} \alpha_i \begin{pmatrix} A_{ki} & B_{ki} \\ C_{ki} & D_{ki} \end{pmatrix} \quad (2.19)$$

たとえば変動パラメータ p および v によって変動する制御器 $K(p, v)$ の計算では，サンプリング周期ごとに，変動パラメータ p および v の値に基づき端点制御器の凸補間

$$\begin{aligned}
\hat{K}(p,v) = &\frac{p_{max}-p}{p_{max}-p_{min}} \cdot \frac{v_{max}-v}{v_{max}-v_{min}} \hat{K}(p_{min},v_{min}) \\
&+ \frac{p-p_{min}}{p_{max}-p_{min}} \cdot \frac{v_{max}-v}{v_{max}-v_{min}} \hat{K}(p_{max},v_{min}) \\
&+ \frac{p_{max}-p}{p_{max}-p_{min}} \cdot \frac{v-v_{min}}{v_{max}-v_{min}} \hat{K}(p_{min},v_{max}) \\
&+ \frac{p-p_{min}}{p_{max}-p_{min}} \cdot \frac{v-v_{min}}{v_{max}-v_{min}} \hat{K}(p_{max},v_{max})
\end{aligned} \quad (2.20)$$

を行う．なお，パラメータ p, v の実時間での変動がそのレンジを超えた場合には，その最大値または最小値を代用して制御器を求める．

制御器式 (2.20) のコンピュータへの実装に際してはサンプリング時間ごとに離散化する必要がある．離散化の方法には 0 次ホールド，双一次変換による方法や Padé 近似[17]を用いる方法などがある．文献[18]では Padé 近似

$$A_{kd} = I + \Delta t A_k \left(I - \frac{\Delta t}{2}A_k\right)^{-1}, B_{kd} = (\Delta t \cdot B_k)\left(I - \frac{\Delta t}{2}A_k\right)^{-1} \quad (2.21)$$

を用いた．

2.3 制御対象のモデリング

2.3.1 拡張線形化と定点まわりでの線形化

拡張線形化によって，重力を受ける振子モデル（図 2.2）を線形化する．振子モデルの運動方程式は，角度 ν に関して拡張線形化[19]すると

$$I\ddot{\nu} = -mgl\sin\nu + u \quad \to \quad I\ddot{\nu} = -mgl\frac{\sin\nu}{\nu}\cdot\nu + u \quad (2.22)$$

ただし，$\nu = 0$ ならば $\frac{\sin\nu}{\nu} = 1$ となる．状態方程式表現は，

$$\frac{d}{dt}\begin{bmatrix} \nu \\ \dot{\nu} \end{bmatrix} = \begin{bmatrix} 0 & 1 \\ p(v) & 0 \end{bmatrix}\begin{bmatrix} \nu \\ \dot{\nu} \end{bmatrix} + \begin{bmatrix} 0 \\ 1/I \end{bmatrix}u, \quad (2.23)$$

$$p(\nu) = -\frac{mgl}{I}\frac{\sin\nu}{\nu} \quad (2.24)$$

次に，同様に振子モデルにおいて，ある角度 $\bar{\nu}$ まわりで線形化する場合を考える．振子は重力を受けているから，角度 $\bar{\nu}$ を保持するに見合うトルク $\bar{u} = mgl\sin\bar{\nu}$ を用いて，$\nu = \delta\nu + \bar{\nu}, u = \delta u + \bar{u}$ とすると，

$$I\delta\ddot{\nu} = -mgl\sin(\delta\nu + \bar{\nu}) + \delta u + \bar{u} \quad (2.25)$$

$$= -mgl\cos\bar{\nu}\cdot\delta\nu + \delta u \quad (2.26)$$

と変形することができる．ここで，$\delta\nu$ が微少であることと

$$\sin(A+B) = \sin A\cos B + \cos A\sin B$$

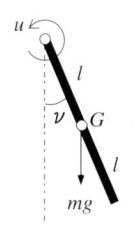

図 2.2 振子モデル

を用いた．状態方程式表現は以下のようになる．

$$\frac{d}{dt}\begin{bmatrix} \delta\nu \\ \delta\dot{\nu} \end{bmatrix} = \begin{bmatrix} 0 & 1 \\ q(\bar{\nu}) & 0 \end{bmatrix} \begin{bmatrix} \delta\nu \\ \delta\dot{\nu} \end{bmatrix} + \begin{bmatrix} 0 \\ 1/I \end{bmatrix} \delta u, \qquad (2.27)$$

$$q(\bar{\nu}) = -\frac{mgl}{I}\cos\bar{\nu} \qquad (2.28)$$

この定点まわりでの線形化をブロック線図で示せば，図 2.3 のようになる．定点まわりの線形化では，重力の影響がある場合にはフィードフォワード入力を必要とすることと，$\delta\nu$ が微少と仮定していることに注意されたい．

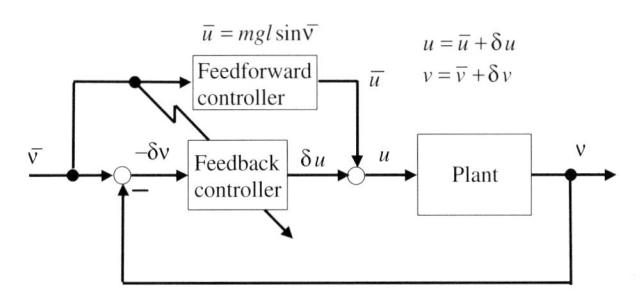

図 2.3 定点まわりでの線形化に基づく 2 自由度制御系

2.3.2 飽和関数のモデル化

アクチュエータ出力に制約がある場合，文献[7]などアンチワインドアップ制御を行う際には制御入力 u_i は

$$\begin{cases} u_{si} = u_i, & |u_i| < \alpha_i \\ u_{si} = \alpha_i, & |u_i| \geq \alpha_i \end{cases}, \quad (i=1,2,\ldots,m) \qquad (2.29)$$

と制約される．ここで，α_i は i 番目のアクチュエータに関する入力制約の大きさである．図 2.4(a) の破線で示されるように式 (2.29) は制約以上の入力を一定値とする微分不可能な関数である．

制御対象 G の状態方程式を

$$\dot{x} = Ax + Bu_s, \; u_s = [u_{s1}, u_{s2}, \ldots, u_{sm}]^T \qquad (2.30)$$

とすると，式 (2.29) を用いて次のように変形することができる．

$$\dot{x} = Ax + \tilde{B}_s(\tilde{p})u, \tag{2.31}$$

ただし，$\tilde{B}_s(\tilde{p}) = [B \cdot \mathrm{diag}(\tilde{p}_1, \tilde{p}_2, \cdots, \tilde{p}_m)]$，$\tilde{p}_i = u_{si}/u_i$ は制御入力に関する変動パラメータで，その変動範囲は式 (2.32) となる．

$$\tilde{p}_{i\,\min} \leq \tilde{p}_i \leq \tilde{p}_{i\,\max}, \tag{2.32}$$

ここで，$\tilde{p}_{i\min} = \alpha_i/u_{i\max}$，$\tilde{p}_{i\max} = 1$ で，$\tilde{p}_i(=u_{si}/u_i)$ と u_i/α_i の関係は図 2.4(b) の破線となる．図 2.4(a), (b) の破線より，変動パラメータ $\tilde{p}_i$ は制御器出力が制約内のときは変動しないため，制御器出力が飽和するまで制御器はスケジューリングされず，制御器出力の飽和後に制御器が変動する．これに対して，双曲線正接関数 tanh を用いれば制御入力の飽和に近づくにしたがい徐々にスケジューリングされる[10],[11]．

双曲線正接関数を用いると，制御入力 u_i は，

$$u_{si} = \alpha_i \tanh\left(\frac{u_i}{\alpha_i}\right) \tag{2.33}$$

と制約される（図 2.4(a) の実線）．この場合，変動パラメータ $\tilde{p}_i$ の変動範囲は式 (2.32) となるが，$\tilde{p}_i(=u_{si}/u_i)$ と u_i/α_i の関係は図 2.4(b) の細線となる．

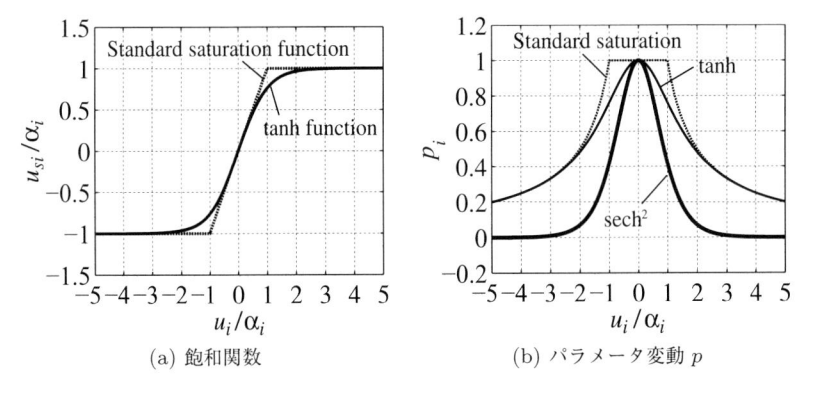

(a) 飽和関数

(b) パラメータ変動 p

図 **2.4** 飽和関数

関数 tanh が微分可能であることから，制御入力の時間微分を新たな入力とすることによりサーボ系設計が可能となる[11]．式 (2.33)u_{si} の時間微分は，

$$\frac{du_{si}}{dt} = \frac{du_{si}}{du_i}\frac{du_i}{dt} = \mathrm{sech}^2(\frac{u_i}{\alpha_i})\frac{du_i}{dt} = p_i\frac{du_i}{dt} \tag{2.34}$$

と表される．ここで，$p_i = \mathrm{sech}^2(u_i/\alpha_i)$ は制御入力 u_i に関する変動パラメータである．この変動パラメータを図 2.4(b) に実線（太線）で示す．式 (2.34) の関係をブロック線図で表すと，図 2.5(b) 中の (a) 部のようになる．この状態方程式表現は式 (2.35) となる．

$$\dot{u}_s = A_s u_s + B_s(p)\dot{u}, \; u_s = C_s u_s \tag{2.35}$$

ここで，$A_s = 0_{m \times m}$，$B_s(p) = \mathrm{diag}(p_1, p_2, \cdots, p_m)$，$C_s = I_{m \times m}$ である．

2.4 アンチワインドアップ制御

制御に用いられるアクチュエータにはその出力や振幅に制約がある．サーボ系による位置決め制御ではアクチュエータの飽和によるワインドアップ現象を避けるため，図 2.5 のように構成されるアンチワインドアップ制御が提案されている．本節では，まず，アンチワインドアップ制御へのゲインスケジュールド制御の応用事例[7]~[11]を紹介するとともに，学習付き終端状態制御の適用によるフィードフォワード入力を用いた 2 自由度制御系設計法[12]を示す．

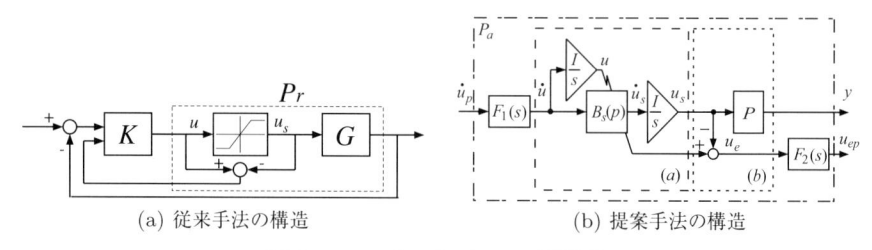

図 2.5 アンチワインドアップ制御系

2.4.1 台車-倒立振子系の安定化制御

図 2.6(a) に示される台車-倒立振子系にアンチワインドアップ制御を適用する．アンチワインドアップ制御では図 2.5(a) のとおり飽和関数前後の信号の差を制御器にフィードバックする構成をとる[7]．出力に u と u_s の入力誤差 u_e を含ませた出力方程式 (2.36) を導入する．ブロック線図では図 2.5(b) 中の (b) 部のように表される．

$$y_{fe} = C_{fe}x_f + D_{fe}(z)u_s, \tag{2.36}$$

$$y_{fe} = \begin{bmatrix} y_f \\ u_e \end{bmatrix}, C_{fe} = \begin{bmatrix} C_f \\ 0_{1\times 4} \end{bmatrix}, D_{fe}(z) = \begin{bmatrix} 0_{2\times 1} \\ u/u_s - 1 \end{bmatrix}$$

以上よりこの系は，p_i と z_i の変動パラメータをもつ線形パラメータ変動系となる．十分に広い帯域幅を持つローパスフィルタ F_1 と F_2 を付加し図 2.5(b) に示す拡大系を構成すると，システム行列のみがパラメータ依存となる線形パラメータ変動系 $P_a(p, z)$（式 (2.37)）が構成できる．

$$\dot{x}_a = A_a(p,z)x_a + B_a \dot{u}_p, \; y_a = C_a x_a \tag{2.37}$$

$$x_a = \begin{bmatrix} x_{p2} \\ x \\ u_s \\ x_{p1} \end{bmatrix}, B_a = \begin{bmatrix} 0 \\ 0 \\ 0 \\ B_p \end{bmatrix},$$

$u_p = [u_{p1}, u_{p2}, \cdots, u_{pm}]^T$, $u_{ep} = [u_{ep1}, u_{ep2}, \cdots, u_{epm}]^T$

(a) モデル (b) 一般化プラント G_{zw}

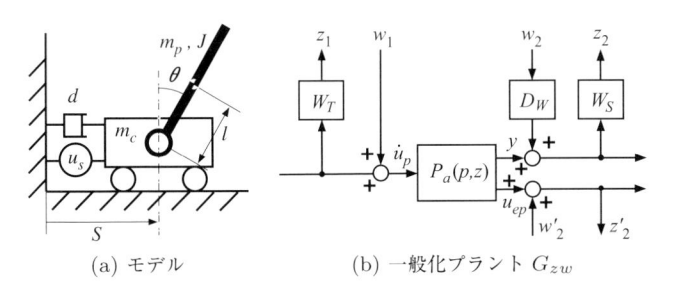

図 2.6 台車-倒立振子系

$$A_a(p,z) = \begin{bmatrix} A_p & 0 & B_p D_l(z) C_p & 0 \\ 0 & A & BC_s & 0 \\ 0 & 0 & A_s & B_s(p) C_p \\ 0 & 0 & 0 & A_p \end{bmatrix},$$

$$y_a = \begin{bmatrix} y \\ u_{ep} \end{bmatrix}, \quad C_a = \begin{bmatrix} 0 & C & 0 & 0 \\ C_p & 0 & 0 & 0 \end{bmatrix},$$

z_i の変動範囲は次のとおりである．

$$z_{i\min} \leq z_i \leq z_{i\max} \tag{2.38}$$

$$z_{i\min} = 0, \quad z_{i\max} = \frac{u_{i\max}}{\alpha_i \tanh\left(\dfrac{u_{i\max}}{\alpha_i}\right)} - 1$$

また，変動パラメータ p_i と z_i には連成があり，$p_i = p_{i\min}$ のとき $z_i = z_{i\max}$ で，$p_i = p_{i\max}$ のとき $z_i = z_{i\min}$ である．さらに，変動パラメータ p_i, z_i は制御器出力 u_i の連続関数であるので，LPV システム $P_a(p,z)$ は飽和が生じる前から変動する．図 2.4(b) 実線で示したとおり，変動パラメータ p の sech^2 関数は 0 への漸近が急なため制御入力の最大値 $u_{\max}$ を制約 α の 2 倍と設定する．これより $u_{\max}$ と変動パラメータ p, z の変動範囲は次のとおりとなる．

$$u_{\max} = 2\alpha = 4V, \; p \in [\mathrm{sech}^2(2), 1], z \in \left[0, \frac{2}{\tanh(2)} - 1\right] \tag{2.39}$$

この拡大系の線形パラメータ変動系 $P_a(p,z)$ に対し，図 2.6(b) に示すような一般化プラント G_{zw} を構成し，LMI に基づくゲインスケジュールド制御器を設計する．重み関数は次のとおり設定した．

$W_{S1} = 25, \; W_{S2} = 1.75, \; W_T = 0.1, \; D_{W1} = 0.001, \; D_{W2} = 0.005$

ここで，W_{S1}, W_{S2} はそれぞれ台車の変位，振子の角度に対する重み関数である．また，提案手法では LPV システム $P_a(p,z)$ が積分器を含んでいるので，W_{S1} に積分特性をもたせることなく，得られた端点制御器は積分特性をもつ．制御器の次数は 6 次で，$||G_{zw}||_\infty < \gamma = 1.774$ である．求められた端

第 2 章 ゲインスケジュールド制御の応用

点制御器からゲインスケジュールド制御器 $K(p,z)$ は式 (2.20) と同様の凸補間により求められる．

台車に $-10\,\mathrm{N}$ の外乱を $0.2\,\mathrm{s}$ 間印加するシミュレーションを行った結果，プラントの手前に積分器を入れない設計法では制御入力が正側で飽和した後，負側でさらに飽和してしまうこと，またプラントの手前に単に積分器を加えただけでは，制御入力の飽和により振動的な応答となってしまうこと，これに対して，提案手法の整定性能の劣化は小さいことを確認している[10],[11]．

外乱応答実験を行った結果を図 2.7 に示す．$0.1\,\mathrm{s}$ 時に台車に $-10\,\mathrm{N}$ の外乱を $0.2\,\mathrm{s}$ 間印加した結果である．提案手法を実線で，台車変位の感度関数に積分特性を持たせた従来の方法を破線で示す．提案手法は従来法に比べて台車位置のオーバーシュートを約 30% ほど抑え，振子角度については，従来法で見られる逆ぶれが，約 75% ほど抑えられ，ワインドアップ現象を抑制してい

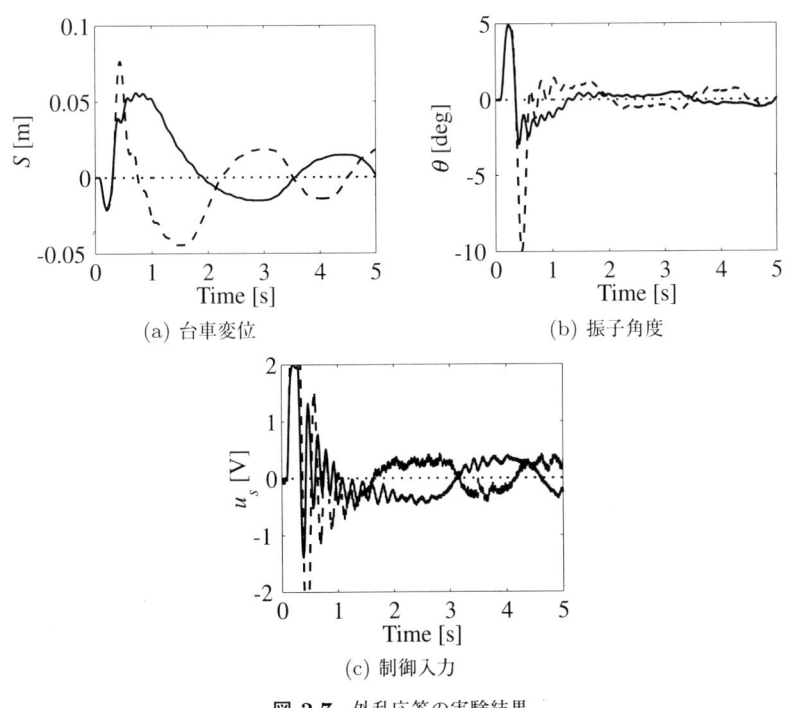

(a) 台車変位

(b) 振子角度

(c) 制御入力

図 2.7　外乱応答の実験結果

る．提案手法では正側で飽和した後，負側では飽和せずに急激な変化を抑制して整定している．また，最大外乱耐力を調べた結果，提案手法は $-14\,\mathrm{N}$ まで耐えられ，従来法より 40% ほど大きかった．

2.4.2　フィードフォワード制御の併用

目標値が定められている場合には，フィードフォワード制御を併用した2自由度制御系が効果的である．制御入力と状態に制約があることを考慮し，目標値への追従性に関する評価関数を用いた目標値生成法[20]や，拘束条件の達成を保証するオフラインでの処理によるリファレンスガバナの実現法[21]などさまざまな方法が提案されている．筆者は前節で示した手法にさらにフィードフォワード制御を併用することにより所望の目標値へ持って行くための方法を提案している[12]．図2.8(a)に制御系の構成を示す．この方法によれば，誤差学習付き終端状態制御[22],[23]を用いて，目標値信号 r を生成することにより，アクチュエータ出力に飽和が生じる場合にも定められた時間に目標値へ到達させることができ，なおかつ，外乱が印加された場合には，前節で設計したゲインスケジュールドフィードバック制御系が効果的に働く．図 2.8(a)

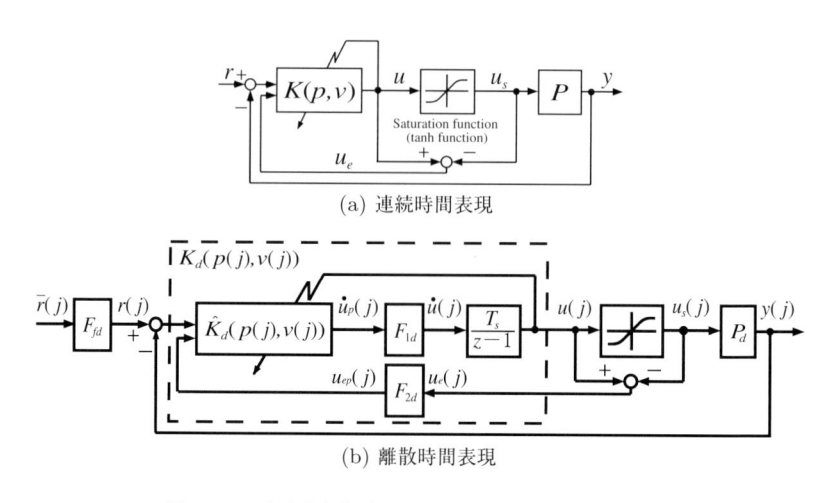

(a) 連続時間表現

(b) 離散時間表現

図 2.8　2自由度制御系によるアンチワインドアップ制御

を離散化して得られるシステム

$$\bar{x}(j+1) = \bar{A}(p(j), v(j))\bar{x}(j) + \bar{B}\bar{r}(j), \tag{2.40}$$

$\bar{x}(j) = [\ x(j)^T,\ x_c(j)^T,\ r(j)^T\ ]^T,\ \bar{B} = [\ 0_{n\times k}^T,\ 0_{l\times k}^T,\ T_s I_{k\times k}^T\ ]^T,$

$$\bar{A}(p(j), v(j)) = \begin{bmatrix} A_d & B_d\phi(j)C_{cd} & 0_{n\times k} \\ -B_{rd}(p(j),v(j))C_d & E_d(p(j),v(j)) & B_{rd}(p(j),v(j)) \\ 0_{k\times n} & 0_{k\times l} & (1-\bar{a}T_s)I_{k\times k} \end{bmatrix},$$

$E_d(p(j), v(j)) = A_{cd}(p(j), v(j)) + B_{ed}(p(j), v(j))v(j)\phi(j)C_{cd},$

$\phi(j) = \mathrm{diag}(\phi_1(j), \phi_2(j), \cdots, \phi_m(j)),\ \phi_i = \dfrac{u_{si}}{u_i}$

が可制御ならば，初期状態 $\bar{x}(0)$ のもとで適当な入力 $\bar{r}$ を与えることにより，N ステップ目の状態は以下のように表される．

$$\bar{x}(N) = \bar{A}_{N-1}\bar{A}_{N-2}\cdots\bar{A}_0\bar{x}(0) + U_0 V, \tag{2.41}$$

ここで，$U_0 = [\bar{A}_{N-1}\cdots\bar{A}_1\bar{B}, \bar{A}_{N-1}\cdots\bar{A}_2\bar{B}, \cdots, \bar{A}_{N-1}\bar{B}, \bar{B}],$
$V = \mathrm{col}(\bar{r}(0), \bar{r}(1), \cdots, \bar{r}(N-1)),\ \bar{A}(p(j), v(j)) = \bar{A}_j,\ j = 0, 1, 2, \ldots, N-1,\ N = F_t/T_s,\ F_t$ は終端時間である．

式 (2.41) より目標の終端状態を $\bar{x}(N) = \bar{x}^0$ とすると，フィードフォワードの入力 V' は次のように与えられる．

$$V' = U_0^T(U_0 U_0^T)^{-1}(\bar{x}^0 - \bar{A}_{N-1}\bar{A}_{N-2}\cdots\bar{A}_0\bar{x}(0)) \tag{2.42}$$

フィードフォワード入力 V' を用いると，終端状態は

$$\bar{x}'(N) = \bar{A}'_{N-1}\bar{A}'_{N-2}\cdots\bar{A}'_0\bar{x}(0) + U'_0 V', \tag{2.43}$$

となる．ここで，$'$ は状態遷移が変化したことを表している．このような変化は終端誤差 $e_f = \bar{x}^0 - \bar{x}'(N)$ を招く．この誤差を修正するには以下のような補償入力を V' に追加することが考えられるが，

$$\Delta V = U_0'^T(U_0' U_0'^T)^{-1} e_f \tag{2.44}$$

図 2.9 のグラフ

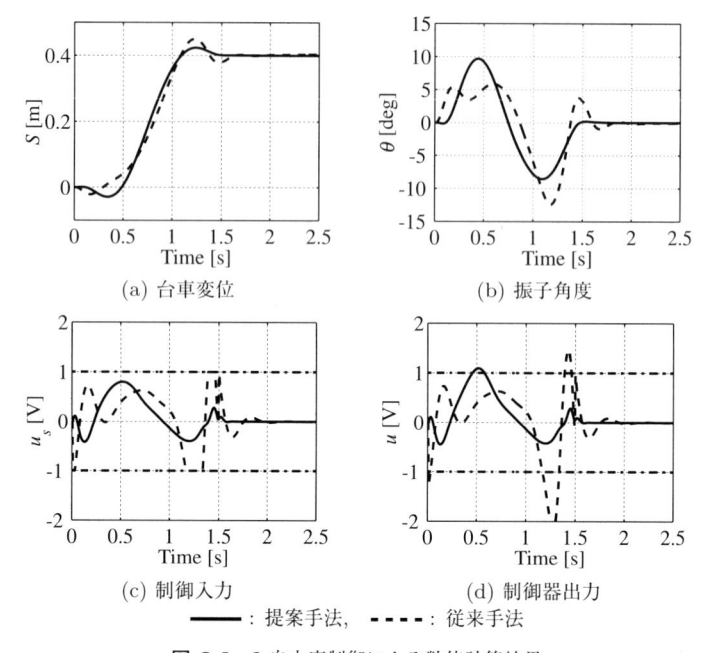

(a) 台車変位　(b) 振子角度　(c) 制御入力　(d) 制御器出力

──：提案手法，- - - -：従来手法

図 2.9　2 自由度制御による数値計算結果

もし，入力 $V'+\varDelta V$ が V' と大きく異なるならば，再び状態遷移に変化が生じ，終端誤差は収束しない．そこで，学習係数 $\lambda\ (0<\lambda<1)$ を導入し，

$$V' \Rightarrow V' + \lambda \varDelta V \tag{2.45}$$

によって誤差が十分に収束するまで繰り返す．なお，この学習は収束することが保証されている[23]．

　数値計算結果図 2.9 から，実線で示される提案手法は入力の飽和が生じても振子を安定化しつつ，所望の時間 (1.5 s) に台車変位の目標値 (0.4 m) へ持って行くことができることがわかる．従来手法では，制御入力の飽和によって指定された時間に目標値へ到達できない．

　制御実験を行った結果を図 2.10 に示す．実験では台車を支持するスライドベアリングから発生する摩擦の影響で，入力電圧の飽和の度合いが増す．しかしながら，フィードバック制御が適切に働くことにより，システムの安定

(a) 台車変位 (b) 振子角度

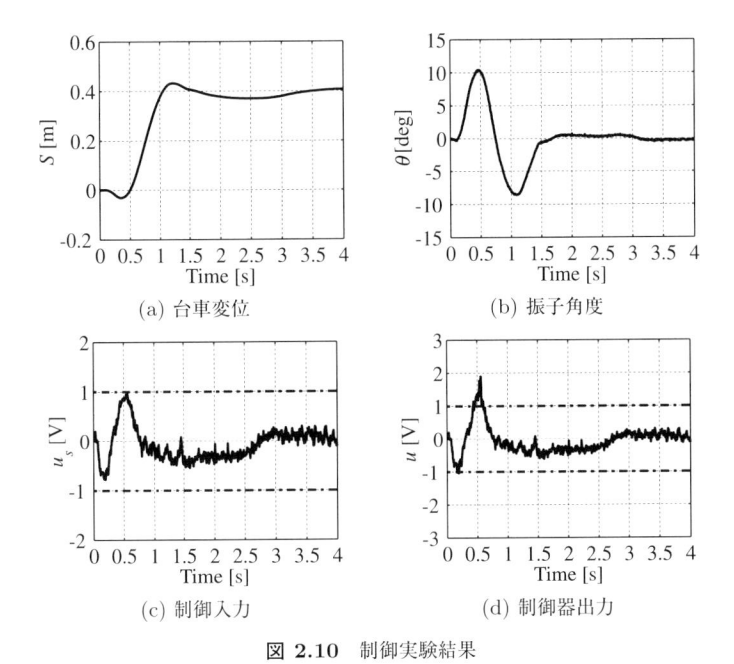

(c) 制御入力 (d) 制御器出力

図 **2.10** 制御実験結果

性が保持されるばかりでなく，台車位置と振子角度は目標時間から大きく遅れることなく，目標値に到達できる．

2.5 制振制御・セミアクティブ制御

2.5.1 アクティブ動吸振器

A ストローク制約の考慮

アクティブ動吸振器 (Active Dynamic Vibration Absorber: ADVA) は構造系の制振に用いられ，建築・土木構造物に対する風外乱や中小地震による応答抑制のための多くの実用例がある．ADVA の設計に際しては，アクチュエータ自身の推力の制約よりはむしろ吸振器質量の変位に対する制約が大きい．そこで，吸振器質量の変位制約の範囲内でアクチュエータ推力を最大限に有効利用することが重要となる．吸振器質量の変位に制約があることと，

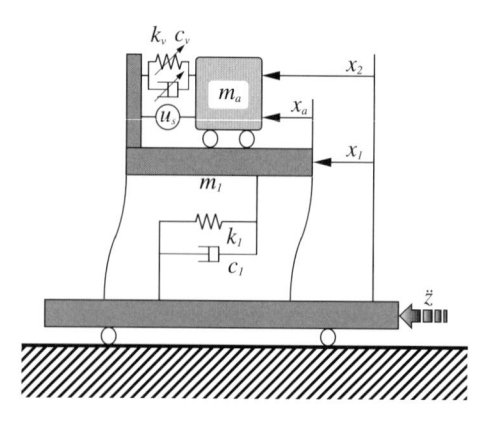

図 2.11 ADVA を有する 1 自由度振動系

アクチュエータの発生する推力にも制約があることをあらかじめ考慮に入れて制御系を設計する方法[13],[14]を示す.

まず,吸振器質量の変位については,ハードニング型の非線形ばねを与えることで制約する.そして,制御入力についてはストローク限界でこのばねの発生する力と釣り合う程度の推力を限界とし,2.3.2 項と同様に双曲線正接関数を用いて制約を与える.こうして定式化された制御対象モデルを線形パラメータ依存モデルへ変形し,ゲインスケジュールド制御系を適用する.

ここでは,簡単のため,図 2.11 に示すばねおよびダンパを有する ADVA を設置した 1 自由度の構造物モデルを制御対象とする.吸振器質量の変位 x_a に関する制約を例えばハードニング型の非線形ばね

$$k_v = \frac{k_{vl} \cdot \tanh^{-1}\left(\dfrac{x_a}{\eta}\right)^5}{\left(\dfrac{x_a}{\eta}\right)^5}, \ \eta = \text{const.} \tag{2.46}$$

を用いて与える.振幅が小さいときには最適同調された線形なばね定数 k_{vl}

$$k_{vl} = \frac{k_1 \cdot \mu}{(1+\mu)^2}, \tag{2.47}$$

が働く.ここで,$\mu = m_a/m_1$ は質量比を表す.吸振器質量の変位は設計上の可動範囲 $\pm \eta$ m で制約される.次に,アクチュエータの推力に関する制約

(a) ばね定数

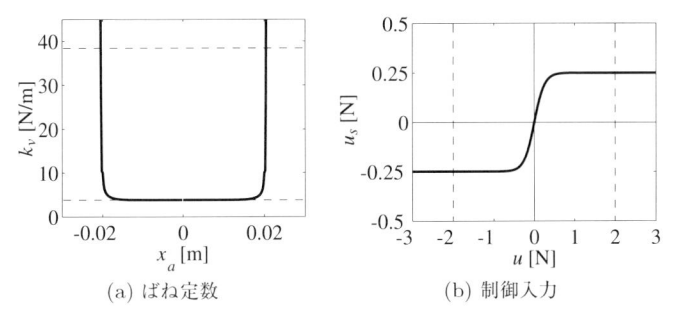

(b) 制御入力

図 **2.12** アクチュエータ制約を表す非線形関数

範囲を $\pm\alpha$ N とすると，制御器出力を u として，制御入力 u_s は以下のように双曲線正接関数によって制約を与えられる．

$$u_s = \alpha \tanh\left(\frac{u}{\alpha}\right), \ \alpha = \text{const.} \tag{2.48}$$

なお，ダンパについては吸振器質量の可動範囲内では前節で求めた線形なダンパ定数を用いる．式 (2.46) の非線形ばねを用いた場合，k_v の値には上限があるためアクチュエータ推力によっては，吸振器質量は可動範囲 $\pm\eta$ m をごくわずかに越えてしまうことがある．そこで，吸振器質量が設計上の可動範囲を越えた際には，式 (2.46) の関数の連続性を保持するように高次関数を用いて補間するとともに，緩衝器に衝突することとする．すなわち，

$$c_v = \begin{cases} c_{vl} & (\,|x_a| < \eta\,) \\ 100 \cdot c_{vl} & (\,|x_a| \geq \eta\,) \end{cases} \tag{2.49}$$

$$c_{vl} = 2\sqrt{m_a \cdot k_{v\,l}} \cdot \sqrt{\frac{3\mu}{8(1+\mu)^3}} \tag{2.50}$$

とする．ただし，制御系設計が複雑となることを避けるため，このダンパの非線形性は制御系設計用の線形パラメータ依存モデルには考慮しないこととする．ここで，α, η は任意の定数であり，使用するアクチュエータが許容する吸振器質量変位および推力の最大値に応じて設定できるパラメータである．相対変位ベクトルを $x_s = [x_1 \ x_2]^T$，M, C, K を質量行列，減衰行列，剛性

行列とし，状態量を $x = [x_s^T \ \dot{x}_s^T]^T$ とおくと，構造物の状態方程式は，

$$\dot{x} = Ax + B_u u_s + B_z \ddot{z} \qquad (2.51)$$

$$A = \begin{bmatrix} 0_{2\times 2} & I_{2\times 2} \\ -M^{-1}K & -M^{-1}C \end{bmatrix}, \ B_u = \begin{bmatrix} 0_{2\times 1} \\ M^{-1}F \end{bmatrix}, \ B_z = \begin{bmatrix} 0_{2\times 1} \\ H \end{bmatrix}$$

となる．u_s は制御入力（アクチュエータ推力），$\ddot{z}$ は外乱入力である．また，主構造物および吸振器質量の相対変位を観測出力とすると出力方程式は，

$$y = [x_1 \ x_a]^T = Cx \qquad (2.52)$$

となる．$\alpha = 0.25\,\mathrm{N}$，$\eta = 0.02\,\mathrm{m}$ とし，非線形ばねおよび入力飽和の関係式を式 (2.51) に代入すると，

$$\dot{x} = A\Big(p(x_a)\Big)x + B_u \cdot v(u)u + B_z \ddot{z} \qquad (2.53)$$

$$p(x_a) = \frac{\tanh^{-1}\left(\dfrac{x_a}{\eta}\right)^5}{\left(\dfrac{x_a}{\eta}\right)^5}, \ v(u) = \frac{\alpha \tanh\left(\dfrac{u}{\alpha}\right)}{u}$$

となり，p と v を時変パラメータとする線形パラメータ依存モデルへと変形することができる．

さらに条件 (A2) を満たすため，十分広い帯域幅を持つローパスフィルタを入力端に付加し拡大系を構成すると，その状態方程式は，

$$\dot{x}_w = A_w(p,v)x_w + B_{wu}e + B_{wz}\ddot{z} \qquad (2.54)$$

となり，式 (2.54) は

$$\dot{x}_w = (A_0 + pA_1 + vA_2)x_w + B_{wu}e + B_{wz}\ddot{z} \qquad (2.55)$$

とアフィンパラメータ依存モデルに変形できる．x_a, u がそれぞれ図 2.12 の破線の範囲で変動すると仮定したとき，

$$x_a \in \begin{bmatrix} -0.02, 0.02 \end{bmatrix}\,\mathrm{m}, \ u \in \begin{bmatrix} -2, 2 \end{bmatrix}\,\mathrm{N} \qquad (2.56)$$

であり，時変パラメータ p, v は次の範囲で変化することになる．

$$p \in \begin{bmatrix} 1, 10 \end{bmatrix}, v \in \begin{bmatrix} 0.125, 1 \end{bmatrix} \tag{2.57}$$

B　ゲインスケジュールド制御系設計

前項で求めた線形パラメータ依存モデルに対して，ゲインスケジュールド制御系を設計する．一般化プラントを図 2.13 のように構成する．ここで e は制御入力，w_1 は外乱入力，y は観測量，z は制御量である．周波数重み関数は以下のように選んだ．

$W_T = 0.1 \cdot \dfrac{s^2 + 2 \cdot 0.6 \cdot 30\,s + 30^2}{s^2 + 2 \cdot 0.6 \cdot 100\,s + 100^2}$, $W_{S1} = 2000 \cdot \dfrac{1}{s^2 + 2 \cdot 0.5 \cdot 30\,s + 30^2}$

$W_{S2} = 0.01 \cdot \dfrac{1}{s^2 + 2 \cdot 0.7 \cdot 80\,s + 80^2}$, $W_S = \mathrm{diag}[W_{S1} \;\; W_{S2}]$,

$W_d = \mathrm{diag}[0.07 \;\; 0.005]$

MATLAB LMI Control Toolbox[6] を用いてパラメータ p, v それぞれの最大値，最小値である 4 つの端点に対応した LTI 端点制御器が求まる．このとき，評価関数値 $\|G_{zw}\|_\infty < \gamma = 1.6 \times 10^{-1}$ となった．制御器の次数は 12 次である．

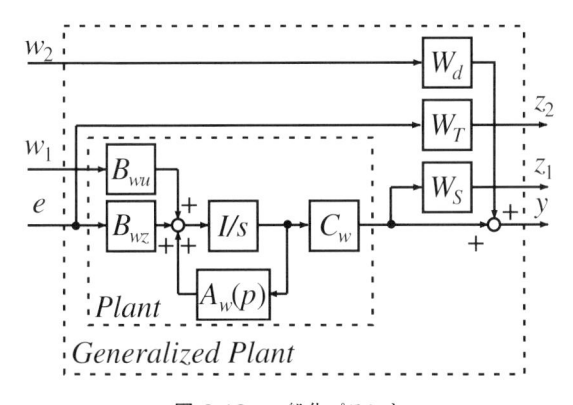

図 2.13　一般化プラント

C 数値計算結果

本提案手法により設計されたゲインスケジュールド制御器と，受動的な線形ばね，ダンパを併用するハイブリッド動吸振器に対して設計した通常の H_∞ 固定制御器について，飽和が生じる大きな地震外乱を与えた場合の時刻歴応答を図 2.14 に示す．なお，外乱が小さく制約を越えることのない範囲内で，両者はほぼ同等の制御性能を有する．

図 2.14 中，破線は H_∞ 固定制御器による応答，実線はゲインスケジュールド制御器による応答である．H_∞ 固定制御器では，吸振器質量の変位に飽和が生じ，吸振器質量が制振力を確保するための充分な変位を得ることができないため，制振性能が劣化する．特に 2.5 秒付近で吸振器質量の変位に飽和が生じ，その直後のみではなく，その後 1.5 秒間の応答の劣化をも招いていることがわかる．これに対してゲインスケジュールド制御器による応答は制約の範囲内で与えた外乱応答とほぼ同等の制振性能を維持しており，過大な外乱に対して十分な制振性能を有することが確認できる．制御器のゲインをスケジューリングすることにより，大きな外乱に対しては制御器の特性がハ

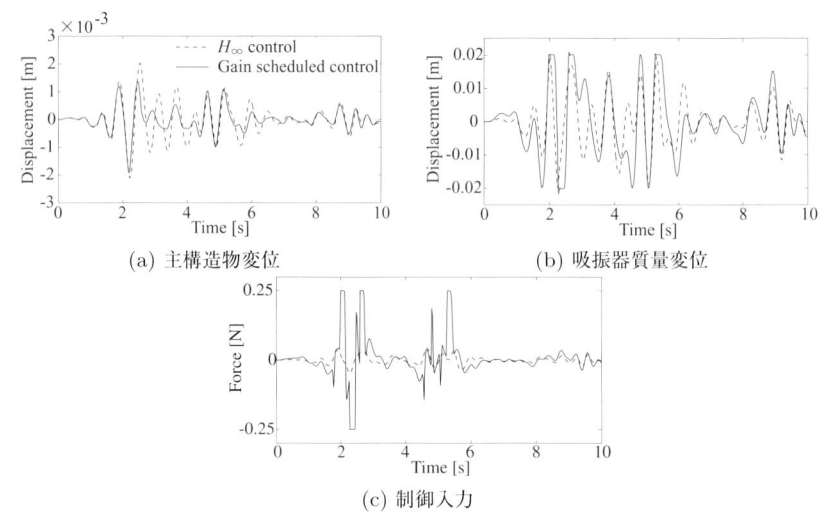

(a) 主構造物変位

(b) 吸振器質量変位

(c) 制御入力

図 **2.14** アクチュエータ飽和が生じる場合の応答

イゲインとなり，吸振器質量変位およびアクチュエータ推力の飽和に対応する制御入力を瞬時に得ることができ，そのために飽和が生じているにも関わらず，所望の制振性能を得ることが可能となっている．文献[14]では本手法を多自由度構造物に適用できることを実験で示している．

2.5.2 セミアクティブサスペンション

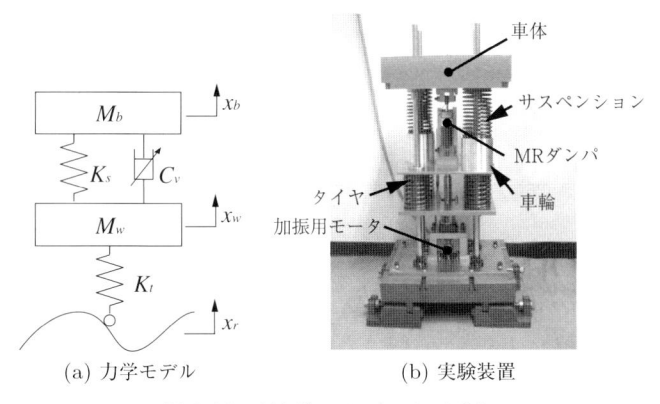

A　1/4サスペンションモデルへの適用

減衰係数を可変とすることで受動型の制振性能を向上させるセミアクティブ制御はさまざまな分野で研究が行われている[25]〜[32]．特に建築分野への応用では本書の第1編第1章で示されるセミアクティブ免震が世界で初めて実用化されている[31]．本節では，車両用サスペンションを一例としてゲインスケジュールド制御を適用する方法[15],[16]を示す．

車両用 1/4 サスペンションの力学モデルを図 2.15(a) に，実車両の質量約 1/4 を目安に製作した実験装置の全体図を図 2.15(b) に示す．ばね上質量（車体 $M_b = 91.0\,\mathrm{kg}$）とばね下質量（車輪 $M_w = 11.8\,\mathrm{kg}$）の間にサスペンションばね $K_s = 5520\,\mathrm{N/m}$ とセミアクティブダンパとしてMR (Magneto-Rheological Fluid) ダンパ C_v が接続されている．また，タイヤ剛性をばね

図 2.15　1/4 サスペンションモデル
(a) 力学モデル　(b) 実験装置

$K_t = 62980\,\mathrm{N/m}$ としている．

セミアクティブダンパの可変減衰係数を C_v とすると制御入力 u は

$$u = C_v(\dot{x}_w - \dot{x}_b) \tag{2.58}$$

となり，状態量 $x_p = \begin{bmatrix} x_r - x_w & x_w - x_b & \dot{x}_w & \dot{x}_b \end{bmatrix}^T$ を用いて，

$$\dot{x}_p = A_p x_p + B_w \dot{x}_r + B_u u \tag{2.59}$$

$$y = C_p x_p + D_p u = \begin{bmatrix} \dot{x}_w - \dot{x}_b & \ddot{x}_b & \dot{x}_b \end{bmatrix}^T \tag{2.60}$$

図 2.15(a) に示した力学モデルの状態方程式表現が得られる．制御系設計に際して，観測出力はばね上加速度 $\ddot{x}_b$ のみを用い，制御量には，ストローク速度 $\dot{x}_w - \dot{x}_b$，ばね上加速度 $\ddot{x}_b$，ばね上速度 $\dot{x}_b$ を採用する．なお，ゲインスケジュールド制御にはパラメータ p のストローク速度の情報が必要となるためカルマンフィルタを用いてストローク速度を推定する．

B セミアクティブダンパモデル

セミアクティブダンパを有するシステムは，可変減衰係数と状態変数の一部であるダンパのストローク速度の双方に線形な双線形システムとなる．双線形システムには従来の線形制御系設計手法をそのまま適用することができない．そこで，制御系設計の際に図 2.16(a) に示すバルブ機構を有するダンパモデルを想定する[16]．制御入力を e，バルブ開度を x_a とし，その支配方

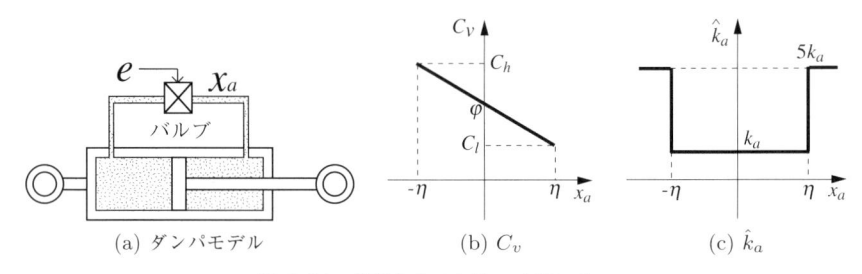

図 2.16 仮想セミアクティブダンパ
(a) ダンパモデル (b) C_v (c) $\hat{k}_a$

程式を式 (2.61) の 2 次系と仮定し，

$$m_a \ddot{x}_a + \hat{c}_a \dot{x}_a + \hat{k}_a x_a = k_a e \tag{2.61}$$

$$C_v = -\kappa x_a + \varphi \quad (-\eta \leq x_a \leq \eta) \tag{2.62}$$

に示すように，セミアクティブダンパの減衰係数 C_v は $\pm\eta$ の範囲内でバルブ開度 x_a に比例して可変であるものとする．この関係を図 2.16(b) に示す．ここでは，$\eta = 0.01$, $\kappa = 50000$, $\varphi = 750$ とし，C_v は 250〜1250 Ns/m の範囲で変動させる．また，バルブ開度 x_a に $|x_a| < \eta$ の制約を与えるために，式 (2.63) に示す非線形ばね $\hat{k}_a$ を用いる．この関係を図 2.16(c) に示す．

$$\hat{k}_a = \begin{cases} k_a & (|x_a| < \eta) \\ 5 \cdot k_a & (|x_a| \geq \eta) \end{cases} \tag{2.63}$$

$\hat{k}_a$ は $|x_a| < \eta$ の範囲では k_a の値をとり $|x_a| \geq \eta$ の範囲ではその 5 倍の値をとるものとする．これにより，バルブ開度 x_a が $\pm\eta$ を越えるとこれ以上開きにくくなるという制約を加えることができる．またダンパ $\hat{c}_a$ についても同様にバルブ開度 x_a が $\pm\eta$ を超えるとその減衰係数が大きな値をとるものとする．ただし，制御系設計が複雑になるのを避けるため，ダンパの非線形性は制御系設計用の線形パラメータ依存モデルには考慮しない．この制約とサスペンションのストローク速度の 2 つをパラメータとして用い，システムを線形パラメータ依存モデルへと変形する．

状態ベクトルを $x_s = \begin{bmatrix} x_r - x_w & x_w - x_b & \dot{x}_w & \dot{x}_b & x_a & \dot{x}_a \end{bmatrix}^T$ とし拡大系の状態方程式を構成すると，状態方程式および出力方程式は次式となる．

$$\dot{x}_s = A_s(p,v)x_s + B_{sw}\dot{x}_r + B_{su}e, \, y = C_s(p)x_s \tag{2.64}$$

$$p = \dot{x}_w - \dot{x}_b, \quad v = \frac{\hat{k}_a}{k_a} \tag{2.65}$$

は変動パラメータである．さらに，プラントの出力端に十分広い帯域幅をもつローパスフィルタを付加することで出力方程式の $C_s(p)$ のパラメータ依存性をなくし，拡大系の状態方程式を構成すると，

$$\dot{x}_w = A_w(p,v)x_w + B_{ww}\dot{x}_r + B_{uw}e, \, y_w = C_w x_w \tag{2.66}$$

と変形できる．ただし，$p = 0$ においてこのモデルは不可制御となるため，$|p| \leq 0.001$ の範囲では制御入力 e を 0 とし，p の範囲を以下のように正負2つにわけ，それぞれについてパラメータ依存モデルを求める．これによりスケジューリングパラメータ p, v は次の範囲で変化することとなる．

$$p^- \in [\,-0.20, -0.001\,],\ p^+ \in [\,0.001, 0.20\,],\ v \in [1, 5] \quad (2.67)$$

得られた線形時不変端点モデルは p の正負で対称性があり，p^- の最大値と p^+ の最小値，および p^- の最小値と p^+ の最大値において，ゲインが同じで位相が 180 度ずれたモデルとなる．路面速度外乱（振幅 0.1 m/s）に対するばね上加速度の周波数応答を図 2.17 に示す．ゲインスケジュールド制御の結果はスカイフックダンパによる結果とほぼ同程度の性能となっていることがわかる．なお，スカイフックダンパではダンパストローク速度の正負が切り替わる際に急激な減衰力変化を生じる[25]が，提案したゲインスケジュールド制御では滑らかになる．

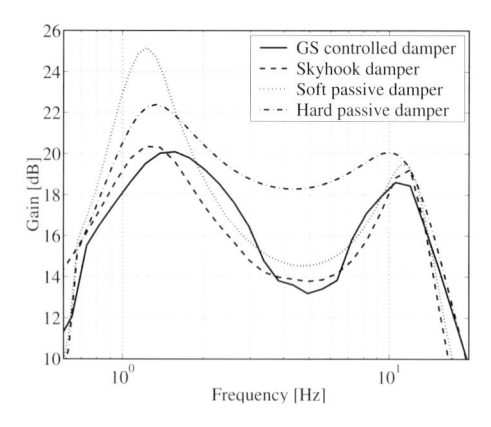

図 **2.17** 周波数応答 $(\ddot{x}_b / \dot{x}_r)$

C　MR ダンパを用いた制御実験

実験で使用する MR ダンパの概略図を図 2.18(a) に示す．シリンダー内に磁気粘性流体が封入されており，ピストン内に設けられたオリフィスにより

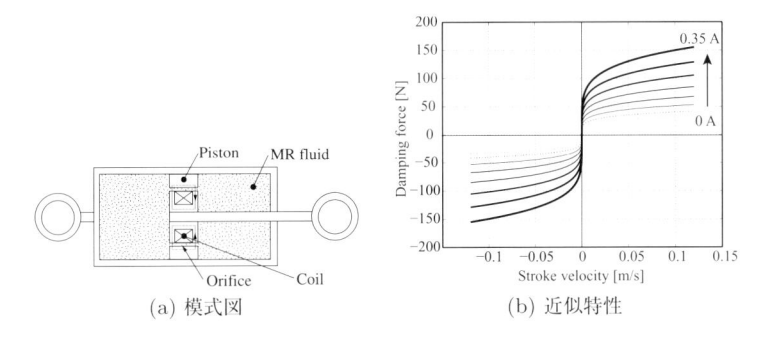

図 2.18 MR ダンパ

流体が行き来できる．ピストン内部にあるコイル電流により，磁界が発生し磁気粘性流体が磁化され減衰特性が変化する[30]．入力電流とストローク速度，減衰力の関係を実験的に求め，関数近似した（図 2.18(b)）．

文献[29],[30]より MR ダンパの発生減衰力 u は式 (2.68) で近似できる．$\hat{C}_v(i)$ は電流 i の 2 次関数とする．

$$\begin{aligned} u &= \mathrm{sgn}(\dot{\hat{x}}_w - \dot{\hat{x}}_b)\hat{C}_v(i) \left|\dot{\hat{x}}_w - \dot{\hat{x}}_b\right|^{0.2} \\ \hat{C}_v(i) &= ai^2 + bi + c \end{aligned} \quad (2.68)$$

a, b, c はそれぞれ，$a = 902.6$，$b = 217.29$，$c = 50.394$ とした．また，入力電流の変化による減衰力の時間遅れは無視できるものとし考慮しない．

次にゲインスケジュールド制御で出力される減衰係数 C_v から MR ダンパへ与えるべき入力電流 i を求める．式 (2.58) と式 (2.68) の関係から

$$\hat{C}_v(i) = \begin{cases} C_v \left|(\dot{\hat{x}}_w - \dot{\hat{x}}_b)\right|^{0.8} & ((\dot{\hat{x}}_w - \dot{\hat{x}}_b) \geq 0 \text{ のとき}) \\ -C_v \left|(\dot{\hat{x}}_w - \dot{\hat{x}}_b)\right|^{0.8} & ((\dot{\hat{x}}_w - \dot{\hat{x}}_b) < 0 \text{ のとき}) \end{cases} \quad (2.69)$$

となる．式 (2.69) を用いて式 (2.68)，式 (2.69) より MR ダンパへ与えるべき入力電流は，

$$i = \frac{-b \pm \sqrt{b^2 - 4a(c - C_v \left|\dot{\hat{x}}_w - \dot{\hat{x}}_b\right|^{0.8})}}{2a} \quad (2.70)$$

となる．ただし $C_v \left|\dot{\hat{x}}_w - \dot{\hat{x}}_b\right|^{0.8} < c = 50.394$ の場合，$i = 0$ とする．

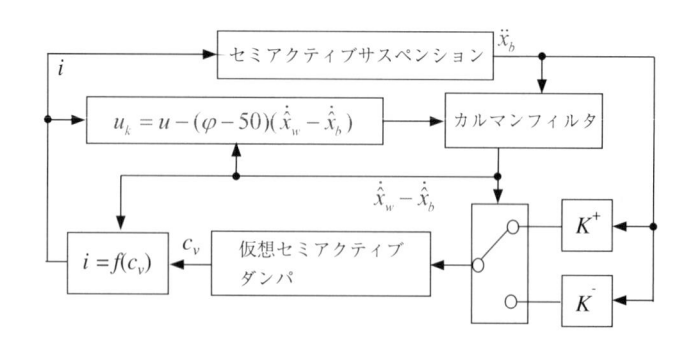

図 2.19 MR ダンパ制御システムの概略図

　MR ダンパ制御システムの概略図を図 2.19 に示す．フィードバック信号であるばね上加速度を PC 内に取り込み，設計したゲインスケジュールド制御器に入力する．またカルマンフィルタを用いストローク速度の推定を行い，推定値の正負により制御器を切り替え，仮想的に考えたバルブ機構のセミアクティブダンパモデルを介して制御に必要な減衰係数を出力させる．この減衰係数に見合う入力電流を式 (2.70) により求め，MR ダンパに印加する．さらに，入力電流から発生減衰力を求めカルマンフィルタに印加する．

　周波数 1.2 Hz の正弦波速度外乱に対する時刻歴応答の実験結果を図 2.20 に示す．速度外乱の振幅は 0.10 m/s である．図 2.20 より，数値計算結果とほぼ一致していることがわかる．他の周波数でも同様の結果である．

　凹凸のある路面を走行した場合を仮定した数値計算結果を図 2.21 に示す．この路面外乱は時速 40 km/h で走行した場合，長手方向約 5.6 m で 30 cm の高低差を持つ路面に相当する．図 2.21(a) より，本提案手法を用いることにより，ソフト固定，ハード固定のパッシブダンパに比べて，バネ上加速度の応答振幅がそれぞれ，20%～30% 程度抑えられ，振動絶縁性能が改善されていることがわかる．また，図 2.21(b) の 3 秒以降の応答から，路面の凹凸がなくなった後の残留振動の減衰はハード固定のパッシブダンパなみに十分な減衰性能を有することがわかる．

　提案した MR ダンパによるセミアクティブサスペンションは，全周波数帯

(a) 車体加速度　　　(b) ダンパストローク速度

(c) 減衰係数　　　(d) 入力電流

―――：実験結果，- - - -：シミュレーション結果

図 2.20　正弦波加振応答 (1.2Hz)

(a) 車体加速度　　　(b) ダンパストローク速度

―――：ゲインスケジュールド制御，　- ・ -：受動型ダンパ (ハード)，
- - - -：受動型ダンパ (ソフト)

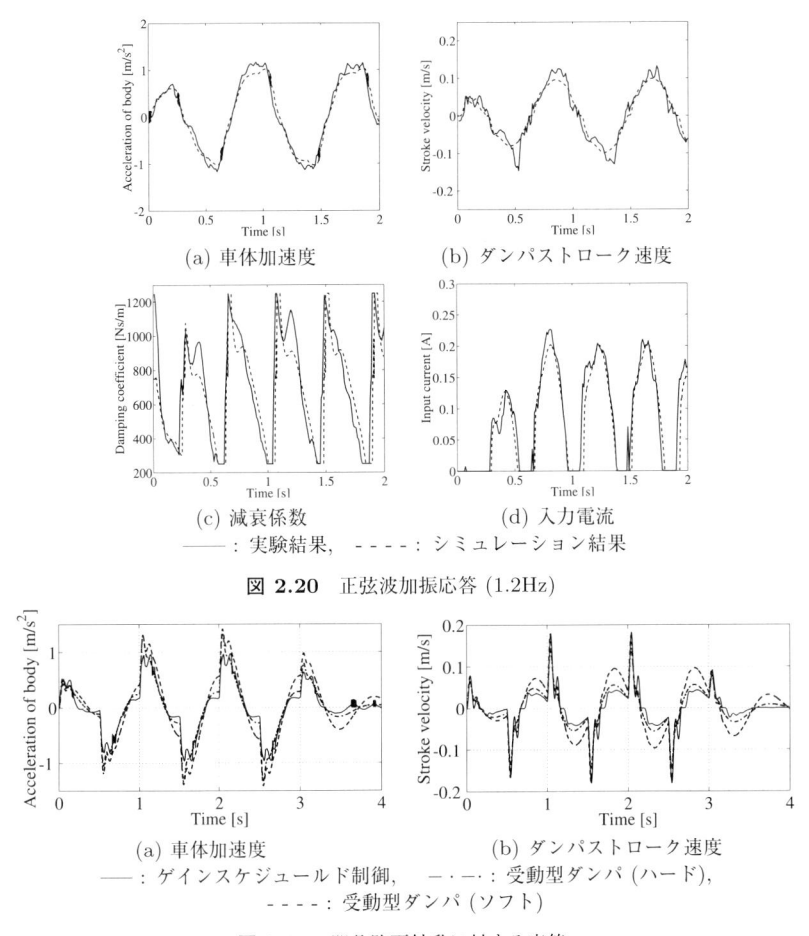

図 2.21　凹凸路面外乱に対する応答

域でバネ上加速度応答を抑制できるので，周波数帯域の広い外乱に対して，良好な応答結果を得ることができる．なお，本手法はセミアクティブダンパとして MR ダンパのみを限定するものではないことに注意されたい．

2.6 おわりに

具体的な対象を取り上げ，ゲインスケジュールド制御系設計を行うための基本的な考え方，手順，手法などを示した．ゲインスケジュールド制御を実現するためにはモデリングが極めて重要となる．非線形性のある制御対象に対して，モデリングを少し工夫して実時間で得られる変動パラメータを陽に抽出することができるならば，ゲインスケジュールド制御は実用的で有力な設計手法である．今後，ゲインスケジュールド制御の応用がますます広がることを期待したい．なお，著者は，ここに挙げた事例以外にタワークレーンの操縦系[18],[33]や二輪自動車（バイク）のアシスト制御[34],[35]，アクティブ免震の飽和制御[36],[37]などへ応用している．また，線形分数変換を用いたパラメータ変動表現に基づくゲインスケジュールド制御手法[38]もある．紙面の都合でここでは取り上げなかったことをお断りしておく．

参考文献

(1) 野波健蔵・西村秀和・平田光男，MATLAB による制御系設計，東京電機大学出版局．

(2) Hyde, A. and Glover, K., The Application for Scheduled H_∞ Controllers to a VSTOL Aircraft, *IEEE Transaction on Automatic Control*, **38**-7 (1993), 1021–1039.

(3) Apkarian, P., Biannic, J.-M. and Gahinet, P., Self-Scheduled H_∞ Control of Missile via Liner Matrix Inequalities, *Journal of Guidance, Control, and Dynamics*, **18**-3 (1995), 532–538.

(4) Apkarian, P., Gahinet, P. and Becker, G., Self-Scheduled H_∞ Control of Linear Parameter-varying Systems, A Design Example, *Automatica*, **31**-9 (1998), 1251–1261

(5) Packard, A., Gain Scheduling via Linear Fractional Transformations, *Systems and Control Letters*, **22**, (1994), 79–92.

(6) Gahinet, P., Nemirovski, A., Laub, A.J. and Chilali, M., *LMI Control Toolbox, For Use with MATLAB*, The MATHWORKS INC. (1995).

(7) Wu, F., Grigoriadis, K. M. and Packard, A., Anti-windup Controlller Synthesis via Linear Parameter-varying Control Design Methods, *Proceedings of the American Control Conference*, (1998), 343–347.

(8) 高木清志・西村秀和，入力制約を考慮したフィードバック補償器の一設計法，第 37 回計測自動制御学会学術講演会予稿集，**2**, (1998), 331–332.

(9) Nishimura, H., Takagi, K. and Yamamoto, K., Gain-Scheduled Control of a System with Input Constraint by Suppression of Input Derivatives, *Proceedings of the 1999 IEEE International Conference on Control Applications*, (1999), 287.pdf.

(10) 板垣紀章・西村秀和・高木清志，アクチュエータの飽和を考慮したゲインスケジュールド制御系の一設計法（台車-倒立振子系に対する実験的検証），日本機械学会論文集（C編），**69**-681 (2003), 1301–1308.

(11) Itagaki, N., Nishimura, H. and Takagi, K., Design Method of Gain-Scheduled Control Systems Considering Actuator Saturation (Experimental Verification for Cart and Inverted Pendulum System), *JSME International Journal*, Series C, **46**-3 (2003), 953–959.

(12) 板垣紀章・西村秀和・高木清志，アクチュエータの飽和を考慮した2自由度制御系設計，第3回SICEシステムインテグレーション部門講演会，講演論文集 (I), (2002), 115–116.

(13) 西村秀和・尾家直樹・高木清志，アクチュエータの制約を考慮に入れたアクティブ動吸振器による構造物の振動制御，日本機械学会論文集（C編），**66**-641 (2000), 53–59.

(14) 尾家直樹・西村秀和・下平誠司，アクチュエータの制約を考慮に入れたアクティブ動吸振器による構造物の振動制御（多自由度構造物に対する実験的検証），日本機械学会論文集（C編），**68**-665 (2002), 52–59.

(15) 西村秀和・佐野雅泰・尾家直樹，ゲインスケジュールド制御によるセミアクティブサスペンションの制御系設計，日本機械学会論文集（C編），**67**-662 (2001), 78–84

(16) 西村秀和・加山竜三，MRダンパを用いたセミアクティブサスペンションのゲインスケジュールド制御，日本機械学会論文集（C編），**68**-676 (2002), 3644–3651.

(17) 渡辺嘉二郎・小林尚登・須田義大，パソコンによる制御工学，海文堂 (1989), 61–64.

(18) 高木清志，西村秀和，タワークレーンの吊り荷ロープ長変動に対する起伏・旋回方向のゲインスケジュールド分散制御（操縦者の任意指令に対応する制御系設計），日本機械学会論文集（C編），**69**-680 (2003), 914–922.

(19) Friedland, B., *Advanced Control System Design*, Prentice Hall Inc. (1996).

(20) 杉江俊治・山本浩之，入力および状態の制約を考慮した閉ループ系の目標値生成，第29回制御理論シンポジウム，(2000), 79–82.

(21) 平田研二・小木曽公尚，拘束条件の達成を考慮したリファレンスガバナの実現，システム制御情報学会論文誌，**14**-11 (2001), 554–559.

(22) Totani, T. and Nishimura, H., Final-State Control Using Compensation Input, 計測自動制御学会論文集，**30**-3 (1994), 253–260.

(23) Nishimura, H., Motion Control of an Inverted Pendulum via Final-State Control, *Japan Society of Mechanical Engineers International Journal*, Series C, **43**-3 (2000), 625–631.

(24) Karnopp, D., Crosby, M. J. and Harwood, R. A., Vibration Control Using Semi-Active Force Generators, *Trans. ASME, J. of Eng. for Industry*, (1974), 619–626.

(25) 三平満司・大作覚・上村一整，非線形 H_∞ 制御理論の限界と可能性—セミアクティブサスペンションへの応用，システム/制御/情報，**43**-10 (1999), 544–552.

(26) 横山誠・J. K. Hedrick・外山茂浩，セミアクティブサスペンションのスライディングモード制御，日本機械学会論文集（C編），**67**-657 (2001), 231–236.

(27) 横山誠・外山茂浩・ほか2名，ニューラルネットワークを利用したセミアクティブサスペンション，日本機械学会論文集（C編），**67**-663 (2001), 35–42.

(28) 潘公宇・松久寛・本田善久，磁気粘性流体を用いた減衰可変ダンパに関する基礎研究，日本機械学会論文集（C編），**67**-660 (2001), 112–118.

(29) 袖山博・砂子田勝昭, セミアクティブ制振構造用 300kN 級 MR ダンパ, 日本機械学会 D&D Conference 2001 CD-ROM 論文集, No.507 (2001).

(30) 袖山博・砂子田勝昭・ほか 3 名, 高知能建築構造システムに関する日米共同構造実験研究 (その 14) 2kN 級, 20kN 級 MR ダンパの開発, 日本建築学会大会学術講演梗概集, No.21459 (2000).

(31) 吉田和夫, 世界初のセミアクティブ免震ビル, 日本機械学会誌, **104**-995 (2001-10), 698–702.

(32) 宮原悠・西村秀和・岩田直樹, MR ダンパを用いた多自由度構造物に対するセミアクティブ免震, 日本機械学会 D&D Conference 2005 CD-ROM 論文集, (2005), 438.pdf.

(33) 高木清志・西村秀和, タワークレーンの吊り荷ロープ長変動を考慮したゲインスケジュールド制御, 日本機械学会論文集 (C 編), **64**-626 (1998), 3805–3812.

(34) 鎌田豊・西村秀和, 計算機支援機構解析による二輪車のモデル同定と前輪操舵制御, 日本機械学会論文集 (C 編), **69**-681 (2003), 1309–1316.

(35) 鎌田豊・西村秀和・飯田英邦, 二輪車のシステム同定と前輪操舵制御, 日本機械学会論文集 (C 編), **69**-688 (2003), 3191–3197

(36) 板垣紀章・西村秀和, アクチュエータ飽和を考慮したアクティブ免震制御, 日本機械学会論文集 (C 編), **71**-702 (2005), 426–433

(37) 板垣紀章・西村秀和, 外乱包含ゲインスケジュールド制御によるアクティブ免震, 日本機械学会論文集 (C 編), **71**-711 (2005), 3107–3114.

(38) 岩崎徹也, LMI と制御, 昭晃堂 (1997).

第3章 サンプル値制御応用

平田光男

3.1 サンプル値制御

近年の計算機やマイクロプロセッサの普及により，今やコンピュータ制御が当たり前となっている．オペアンプなどを組み合わせたアナログ制御器に比べ，計算機を用いたディジタル制御器はアナログ素子の経年変化による性能劣化が少ない．また，計算精度も高く，複雑な制御アルゴリズムの実装が容易で，プログラムを書き換えるだけで制御アルゴリズムのアップデートが可能など，いろいろと利点が多い．コンピュータは内部クロックに同期して離散的に時間が進むので，時間が連続的に推移する現実のシステムを制御するためには，一定時間ごとに観測量をサンプルして制御入力を計算し出力する，という動作を繰り返すことになる．そして，このような制御系をサンプル値制御系と呼んでいる．つまり，サンプル値制御とは，連続時間で動作する制御対象に対し，離散時間で動作する離散時間制御器を用いて制御を行うことである．

サンプル値制御系では，連続時間系と離散時間系が混在したハイブリッド系になっているために，理論的な取り扱いが難しい．しかし，近年になってこのような系を取り扱うための新しい理論の枠組みがいくつか提案され，理論的な整備が進んだ．最近の成果でもっとも重要な点は，サンプル点間応答を陽に考慮した解析および設計ができる，というところにある[1]~[5]．最近では，応用例も多く報告され，MATLAB で動作する Sampled-Data Control Toolbox といったサンプル値制御系設計のためのソフトウエアも発売されるなど，サンプル値制御系設計のための環境が整いつつある[6],[7]．

従来，サンプル値制御器の設計法には大きく分けて次の2通りの方法が

あった．

離散時間設計

最初に制御対象を離散化し，離散時間制御理論により離散時間制御器を設計する方法．サンプル値制御系の安定性と，サンプル点上の制御性能が考慮できる．しかし，制御対象を離散化した時点でサンプル点間の情報が失われるため，サンプル点間応答を考慮した設計が難しく，サンプル点間にリップルと呼ばれる振動的な応答が現れる場合がある．

連続時間設計と制御器の離散化

連続時間制御理論を用いて連続時間制御器を設計し，双一次変換（Tustin変換）などを用いて制御器を離散化する．この方法は，サンプリング周波数を制御帯域に対して十分高くできる場合，もとの連続時間制御器にかなり近い性能が得られる．しかし，サンプリング周波数が低いと，サンプル値制御系の安定性すら保証されない．

これらに対し，サンプル値制御理論の最近の成果を用いると，連続時間制御対象と離散時間制御器で構成されるハイブリッド系において，サンプル点間に加わる連続時間外乱の影響をサンプル点間まで含めて考慮し，かつ，一切の近似なしに離散時間制御器を求めることができるようになる．

3.2 サンプル値 H_∞ 制御

3.2.1 サンプル値 H_∞ 制御の定式化

H_∞ 制御は制御対象と制御器の両方が連続時間システムの場合がよく知られている．制御器が連続時間システムなので，ディジタル制御器として実装する場合には，双一次変換などによる離散化が必要となる．その際，前で述べたように，サンプリング周期を短くできない場合，当初の性能を達成することが難しくなり，時に，閉ループ系が不安定になることさえある．そこで，サンプル値 H_∞ 制御が提案された．ハイブリッド系に対する H_∞ ノルムを考え，それを最小化する離散時間制御器を直接求めることができるので，制御対象や連続時間制御器の離散化に伴う近似誤差の影響を考える必要がなくな

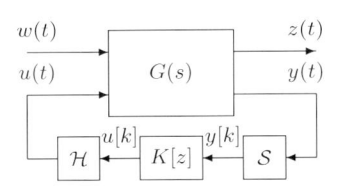

図 3.1 サンプル値 H_∞ 制御問題

り，実装時の制御性能を設計の段階から考慮できる．したがって，サンプリング周波数を十分高くできない場合でも，そのサンプリング周波数に見合った適切な制御性能を得ることができる．

サンプル値 H_∞ 制御では，H_∞ 制御の一般化プラントにサンプラ $\mathcal{S}$ とホールド $\mathcal{H}$ を導入し，連続時間信号 $w(t)$, $z(t)$, $y(t)$, $u(t)$ と離散時間信号 $y[k]$, $u[k]$ が混在する図 3.1 のハイブリッド系を考える．ここで $G(s)$ は一般化プラントを表し，その状態空間表現は次式で表されるものとする．

$$\begin{bmatrix} z \\ y \end{bmatrix} = G(s) \begin{bmatrix} w \\ u \end{bmatrix}, \quad G(s) := \left[\begin{array}{c|cc} A & B_1 & B_2 \\ \hline C_1 & 0 & D_{12} \\ C_2 & 0 & 0 \end{array} \right] \tag{3.1}$$

サンプル値 H_∞ 制御では，問題が可解となるための必要条件として，$w(t)$ から $y(t)$ までの直達項が 0 という仮定が加わっていることに注意する．この点が連続時間 H_∞ 制御と大きく異なる．この仮定は，$y(t)$ にナイキスト周波数以上の信号をカットするアンチエイリアシングフィルタを導入することにより満たすことができるが，パルスエンコーダや後述するハードディスクドライブのように，観測出力として離散化された信号しか得られない場合，工夫が必要となる．

さて，$w(t)$ から $z(t)$ までの H_∞ ノルムを定義したいが，連続時間系と離散時間系が混在するハイブリッド系では，伝達関数（行列）に基づく H_∞ ノルムの定義が直接使えない．そこで，時間域における H_∞ ノルムの解釈である $\mathcal{L}^2$ 誘導ノルムを用いて次式で定義する．

$$J = \sup_{w(t) \in \mathcal{L}^2} \frac{\|z(t)\|_2}{\|w(t)\|_2} \tag{3.2}$$

すると，サンプル値 H_∞ 制御問題は，一般化プラント $G(s)$ とある与えられ

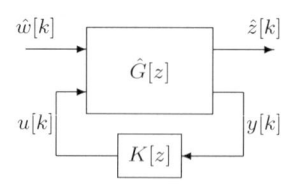

図 3.2 ノルム等価な離散時間システム

(a) 一般化プラント I　　**(b)** 一般化プラント II

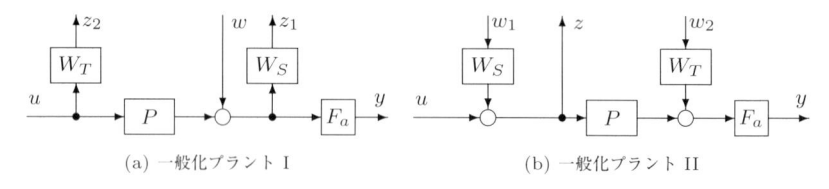

図 3.3 混合感度問題

たレベル γ に対して $J < \gamma$ を満たす離散時間の内部安定化補償器 $K[z]$ を求める問題として定式化される．これにより，連続時間信号として加わる実外乱 $w(t)$ をサンプル点間を含む連続時間信号 $z(t)$ で評価し，それを最小化する離散時間補償器を直接求めることができる．本手法を用いれば，与えられたサンプリング周期と達成可能な制御性能の限界の評価も可能となる．

サンプル値 H_∞ 制御問題の解法としては，代表的なものとして文献 (2)〜(4) が知られる．これらはいずれも，図 3.1 とノルム等価な図 3.2 の離散時間システムを導出することで，解を求める手法である．この，ノルム等価という意味は，同じ離散時間制御器 $K[z]$ が図 3.1 の $\mathcal{L}^2$ 誘導ノルムと図 3.2 の H_∞ ノルムをともに 1 未満とする，ということである．図 3.2 の仮想的な一般化プラント $\hat{G}[z]$ は，単なる離散時間時不変システムなので，図 3.2 を 1 未満とする H_∞ 制御器は既存の方法で求めることができる．そして，求まった H_∞ 制御器はもとの問題に対する解となる．なお，$\hat{G}[z]$ の計算方法は手法によって異なるため，得られる離散時間制御器も同一にはならないが，いずれもサンプル値 H_∞ 制御問題の解となる．$\hat{G}[z]$ の計算は行列の指数関数やその積分などを行うことで求められるが，必ずしも簡単ではない．しかし，MATLAB で動作する Sampled-Data Control Toolbox などを用いれば，専門的な知識がなくとも比較的容易に解を得ることができる[7]．

3.2.2　一般化プラントの構成法

連続時間 H_∞ 制御と同様，サンプル値 H_∞ 制御でも，設計に用いる一般化プラントの選択と重み関数のチューニングが得られる性能を左右する．これらを決定する際の基本的な考え方は連続時間 H_∞ 制御問題と同じであるが，サンプラとホールドの存在により連続時間 H_∞ 制御とは異なる部分もあるので注意が必要である．例として，図 3.3(a) の一般化プラントを考えよう．ただし，簡単のため P は 1 入出力系と仮定する．図 3.3(a) で F_a はアンチエイリアシングフィルタであるが，これを除けば，通常の混合感度問題型の一般化プラントであり，W_S が感度関数に対する重み，W_T が相補感度関数に対する重みとなっている．一方，図 3.3(b) の一般化プラントは，重み関数を外部入力 w に導入したものであるが，連続時間 H_∞ 制御では，$F_a = 1$ のもとで，両者の可解条件は完全に一致することが容易に確かめられる．しかしながら，サンプル値 H_∞ 制御の場合，u と y にホールドおよびサンプラという性質の異なるブロックが加わるために，両者の可解条件は一致しない．特に，サーボ系設計のために $W_S = 1/s$ という不安定重みを選ぶと[1)]，一般化プラント II では可解となるのにもかかわらず，一般化プラント I では可解にならないことが知られている[(8)]．また，文献 (9) では，安定な重みに対して両者が可解になる場合でも，一般化プラント II の方が保守性の少ない結果になる例が示されている．このように，サンプル値 H_∞ 制御では，一般化プラントの構成に注意が必要であり，多少の試行錯誤が必要になる場合がある．

3.2.3　ハードディスクのフォロイング制御への応用[(11)]

A　モデリング

図 3.4 に示すハードディスクドライブでは，記録密度の向上に伴い磁気ヘッドの位置決め精度に対する要求がますます厳しくなっており，現在では，トラック幅は $0.5\,\mu\mathrm{m}$ 以下となっている．トラックに書き込まれているデータを正しく読み書きするためには，磁気ヘッドとトラックとの相対変位を常にト

[1)] H_∞ 制御では不安定重み $1/s$ を導入することで 1 型のサーボ系が設計できるが，この場合，内部安定性の概念を拡張する必要がある．興味ある読者は文献 (10) などを参照されたい．

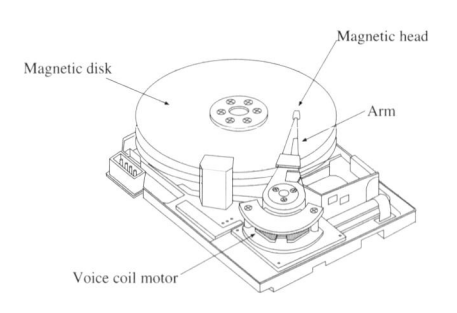

図 3.4 ハードディスク装置

ラック幅の 1/10 程度に制御する必要がある．この追従制御はフォロイング制御と呼ばれている．トラックと磁気ヘッドとの相対変位は，ディスク上に書き込まれている位置信号から得られるが，そのサンプリング周期は，ディスクの回転数と 1 周当たりの位置信号の数（セクター数）で決まる．したがって，セクター数を増やせば，サンプリング周波数も高くなり，制御性能も向上する．しかしながら，ユーザデータの記録容量とセクター数の間にはトレードオフが存在し，セクター数を任意に増やすことはできない．そのため，与えられたセクター数，つまり与えられたサンプリング周波数で，いかに制御性能を向上させるか，という点が重要になる．

本制御対象は，VCM 駆動アンプへの印加電圧 [V] が制御入力 u，ヘッド位置 [track] が観測出力 y となっており，図 3.5 に示す周波数特性からわかるように低周波域で 2 重積分器特性，高周波域で機械共振特性を示す．しかしながら，高周波域の機械共振モードを正確にモデル化することは難しく，また，個体間でばらつくため，制御系設計のためのノミナルモデルは摩擦のない慣性系を仮定し，伝達関数を次式で与えた．

$$P_n := \frac{k_p}{s^2}, \quad y = P_n u \tag{3.3}$$

ただし，$k_p = 3.87 \times 10^7$．また，式 (3.3) の周波数応答を図 3.5 に破線で示した．なお，モデル化誤差は加法的誤差 Δ_m として見積もり，それらに対し制御系がロバスト安定となるよう設計時に考慮することとする．

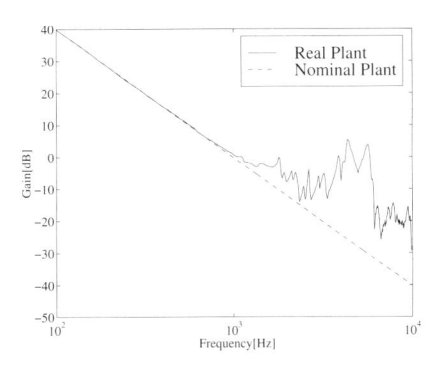

図 **3.5**　制御対象の周波数応答

B　制御系設計

制御器設計においては，高周波域に存在する機械共振モードに対するロバスト安定性を確保しながら，外乱抑圧特性を高めた設計を行う．このとき，以下の点に注意する必要がある．

- ハードディスクの場合，ヘッドの位置信号はディスクに記録された位置情報を離散的に読むことで得られる．よって，アンチエイリアシングフィルタを導入することができず，前述した w から y への直達項が 0 という仮定は無条件には満たされない．

- サンプル値 H_∞ 制御の場合，スモールゲイン定理によるロバスト安定化条件は保守的な結果となることが知られている[5]．よって，摂動の見積もりはできるだけ厳密に行う．

- 3.2.2 項で述べたように，保守性を少しでも低減できるよう，図 3.3(b) に示すような入力端重み型の一般化プラントを用いる．

これらを考慮し，図 3.6 に示す一般化プラントを構成した．一般化プラントの構造と重み関数の選択指針について，外乱抑圧特性およびロバスト安定性の観点から以下に述べる．

外乱抑圧特性　ディスクの偏心による同期振動や風乱などすべての外乱は，等価的に制御対象の入力端に加わるとみなし，w_1 から z_1 までの H_∞ ノルムを最小化する．重み関数 W_{s1}, W_{s2} は得られる制御器の次数と制御性能との

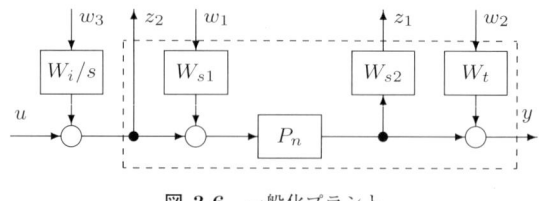

図 3.6　一般化プラント

トレードオフを考慮し定数とした．また，定常外乱を抑圧するために制御器が積分器を持つよう，新たな外部入力 w_3 を加えて積分重み W_i/s を導入した．

ロバスト安定性　3.2.2 項で述べたように，得られる性能が保守的にならないよう，周波数依存の重み関数は入力端 w に導入し，w_2 から z_2 のパスで加法的誤差を評価することにする．その際，ハードディスクでは位置データは離散情報なので，アンチエイリアシングフィルタの導入ができない．そこで，w から y への直達項が 0 になるよう，$W_t(s)$ は厳密にプロパーな伝達関数とした．さらに，W_t は観測ノイズのモデルと考えることもできるので，W_t が高周波域で大きなゲインを持つと，高周波域の外乱が必要以上にサンプラに入力される問題を想定していることになり，エイリアシングの影響で w から z までの H_∞ ノルムの最小化が困難となる．よって，高周波域で重みのゲインを下げることにした．

以上の指針に従って重み関数を調整し，$\tau = 50, 200, 400\,\mu s$ の 3 種類のサンプリング周期に対してサンプル値 H_∞ 制御器を求めた．ただし，サンプリング周期ごとに，得られる性能が良好になるよう重み関数の微調整を行っている．一例として，$\tau = 200, 400\,\mu s$ における W_t のボード線図を加法的誤差と共に図 3.7 に示す．また，得られた制御器のボード線図を図 3.8 に示す（図中の縦の点線はナイキスト周波数を表す）．$\tau = 50\,\mu s$ のゲイン線図における 2 kHz 付近のノッチ特性は制御対象の共振モードに対応している．一方，$\tau = 200, 400\,\mu s$ の場合には 800 Hz 付近にもノッチ特性が若干現れている．しかしながら，制御対象はこの付近に共振モードを持っておらず，先ほどの 2 kHz や 5 kHz の共振モードがエイリアシングにより折り返されたものと考えられる．このように，サンプル値 H_∞ 制御器にはエイリアシングの影響が自然に考慮されていることがわかる．

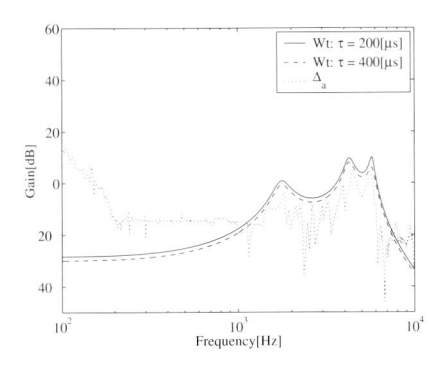

図 3.7 重み関数 W_t

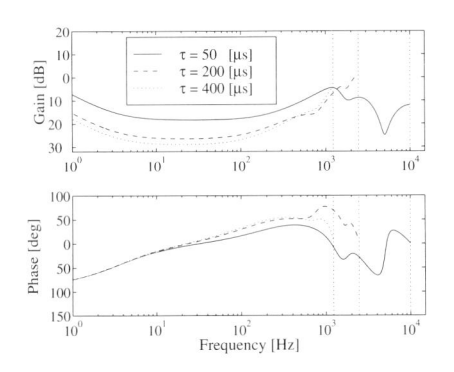

図 3.8 サンプル値 H_∞ 制御器のボード線図

C 実験結果

まず従来法として連続時間 H_∞ 設計で求めた制御器を双一次変換で離散化して実装し，フォロイング制御実験を行った．結果を図 3.9(a) に示す[12]．フォロイング制御で支配的な外乱はディスクの偏心による同期外乱や風乱である．この結果から，サンプリング周期 $\tau = 50\,\mu s$ では，連続時間域での設計法でも十分な性能が得られることがわかる．しかし，その 4 倍の $\tau = 200\,\mu s$ を用いると，応答が振動的となり性能が著しく悪化している．このときの振動の周波数は約 700 Hz であり，これは制御対象が 5.7 kHz に持つ振動モードがエイリアシングにより折り返される周波数である．このことから，エイリアシングが制御性能の劣化に大きな影響を与えていると考えられる．なお，

(a) 連続時間 H_∞ 制御系設計 + 双一次変換 (b) サンプル値 H_∞ 制御

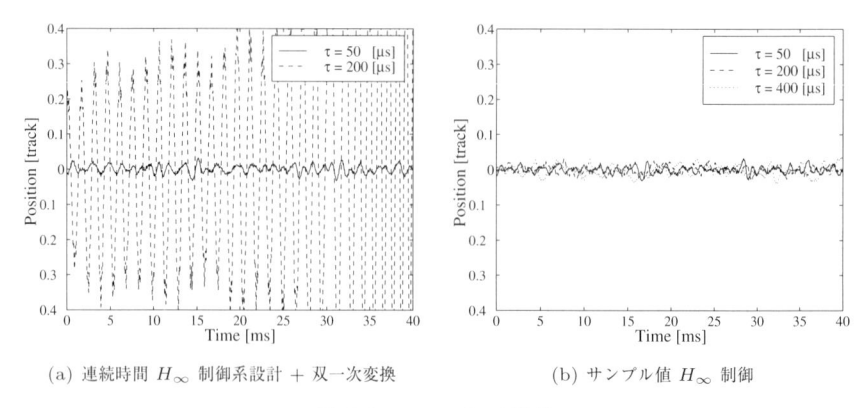

図 3.9 フォロイング性能

$\tau = 400\,\mu\mathrm{s}$ では安定化すらできなかった．

次に，サンプル値 H_∞ 制御器によるフォロイング制御実験の結果を図 3.9(b) に示す．この結果を見てみると，サンプリング周期が 50, 200, 400 μs のいずれの場合も十分な制御性能を示している．実際には，サンプリング周期が長くなるにつれ性能劣化が起きているが，その差はわずかでありわかりづらい．そこで，追従誤差の確率分布を図 3.10(b) に示した．横軸は追従誤差 [track]，縦軸は正規化された確率密度を表す．この図から，サンプリング周期が 200, 400 μs と長くなるにつれて，多少追従性能が劣化することがわかる．しかし，その差はわずかであり，$\tau = 400\,[\mu\mathrm{s}]$ の場合でもフォロイング制御系として十分な制御性能が維持されている．表 3.1 には，追従誤差に対する 3σ 値（標準偏差の 3 倍値）を示した．$\tau = 50\,\mu\mathrm{s}$ では，サンプル値 H_∞ 制御の方が若干よく，$\tau = 200\,\mu\mathrm{s}$ の場合でも $\tau = 50\,\mu\mathrm{s}$ の連続時間 H_∞ 制御結果と比べて遜色無いものであることが分かる．

(a) $\tau = 50\,\mu s$ の場合 　　　　(b) サンプル値 H_∞ 制御での比較

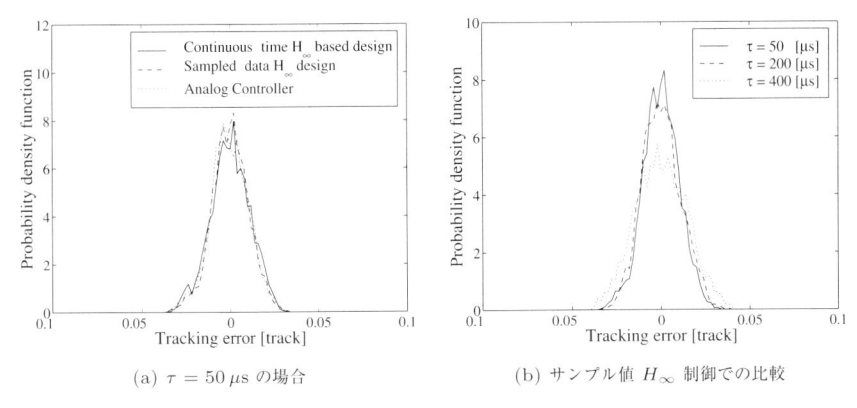

図 3.10　フォロイング精度

表 3.1　追従誤差（3σ 値）

τ	$50\,\mu s$	$200\,\mu s$	$400\,\mu s$
連続時間 H_∞ 制御	0.0339	×	×
サンプル値 H_∞ 制御	0.0309	0.0331	0.0432

※単位は [track]

3.3　マルチレートサンプル値 H_∞ 制御

3.3.1　マルチレートサンプル値制御系

　実システムの中には，制御入力の周期（以下，制御周期）と観測出力のサンプリング周期（観測周期）が異なるものがある．複数の異なるセンサーを使用した制御対象の場合，各センサーのサンプリング周期が異なることなど良くある．また，アクチュエータの動作周期とセンサーのサンプリング周期を同一に選べない場合もある．このように，サンプル値制御系において周期の異なる離散信号が混在するシステムをマルチレートサンプル値制御系と呼ぶ（以下，マルチレート制御系と略す）．

　マルチレート制御系であっても，周期の異なる信号をリサンプリングするなどして，同一のサンプリング周期にそろえてから制御系を設計する場合が多い．しかし，マルチレート制御系を直接取り扱うことができれば，制御性能の向上が期待できる．また，制御対象をあえてマルチレート制御系にして，

性能改善を目指すこともある.たとえば,観測周期が自由に選べないという制約を持つハードディスクの制御系では,制御周期を観測周期の 1/2 もしくは 1/4 に設定することで,性能改善を図ることが当たり前のように行われている[13].一方,マルチレート制御系だけが達成可能な制御目的を実現するために,意図的にマルチレート制御を導入することもある[14].

上記で述べたように,マルチレート制御系にはさまざまなバリエーションが存在し,少ない紙面ですべてを紹介することは到底不可能である.そこで,本書では,ハードディスクへの適用を念頭におき,観測周期が制御周期の整数倍になるマルチレート制御系を中心に説明する.

3.3.2 離散時間リフティング

1 入出力系の連続時間状態方程式を次式で与える.ただし,次数は n とする.

$$\dot{x}(t) = Ax(t) + Bu(t), \quad y(t) = Cx(t) \tag{3.4}$$

また,$y(t)$ のサンプリング周期を T_y,$u(t)$ の制御周期を T_u とし,$u(t)$ は時間 T_y の間に M 回切り替わるものとする.つまり,$M = T_y/T_u$ とする.この時,制御入力にゼロ次ホールドを仮定して式 (3.4) を周期 T_u で離散化すると次式を得る.

$$x[k+1] = A_{T_u} x[k] + B_{T_u} u[k], \quad k = Mi + j \tag{3.5}$$

ただし,$A_{T_u} = e^{AT_u}$,$B_{T_u} = \int_0^{T_u} e^{A\tau} B d\tau$ で,$i = 0, 1, 2, \ldots$ および $j = 0, \ldots, M-1$ とする.観測出力は M 回に 1 回 $j = 0$ の時に得られるので,

$$y[i] = Cx[Mi] \tag{3.6}$$

となる.しかし,式 (3.5),(3.6) で表されるシステムは,$j = 0$ の時とそうでない時で挙動が異なる周期 T_y の線形時変周期システムになっており,取り扱いにくい.そこで,周期の遅いほう,つまり,観測周期 T_y で記述することを考えよう.すると,簡単な計算から次式を得る.

$$\underline{x}[i+1] = A_{T_y} \underline{x}[i] + B_{T_y} \underline{U}[i], \quad y[i] = C\underline{x}[i] \tag{3.7}$$

ただし,

$$A_{T_y} := e^{AT_y}, \quad B_{T_y} := \begin{bmatrix} A_{T_u}^{M-1}B_{T_u} & A_{T_u}^{M-2}B_{T_u} & \ldots & B_{T_u} \end{bmatrix} \quad (3.8)$$

$$\underline{x}[i] := x[Mi], \quad \underline{U}[i] := \begin{bmatrix} u[Mi] & u[Mi+1] & \ldots & u[M(i+1)-1] \end{bmatrix}^T \quad (3.9)$$

つまり,T_u と T_y が混在する 1 入出力のマルチレートシステムは,周期 T_y の M 入力 1 出力の線形時不変シングルレートシステムで表現できる.このとき,$u[k]$ から $\underline{U}[i]$ を作り出す操作

$$\{u[0],\ u[1],\ u[2],\ldots\} \mapsto \left\{ \begin{bmatrix} u[0] \\ \vdots \\ u[M-1] \end{bmatrix}, \begin{bmatrix} u[M] \\ \vdots \\ u[2M-1] \end{bmatrix}, \ldots \right\} \quad (3.10)$$

を離散時間リフティングもしくはブロッキングと呼ぶ.

式 (3.7) は単なる線形時不変離散時間システムであるので,何らかの手法を用いて形式的な制御器 $\underline{K_d}$ が設計できる.したがって,この制御器が実現可能かどうかが問題となるが,$\underline{K_d}$ は 1 入力 M 出力系であり,M 個の制御入力(現時刻から M ステップ先の未来の入力までを含む)は現時刻における観測値 $y[i]$ にのみ依存するので,因果性が満たされ実現できる.なお,今とは逆の $T_u = MT_y$ の場合では,現時刻の制御入力は未来の観測値に依存することになるので,形式的に得られた $\underline{K_d}$ が常に実現できるとは限らない.このような場合は,因果性が満たされるための条件を制御器に付加して問題を解く必要がある.

3.3.3 マルチレートサンプル値 H_∞ 制御の解法

3.3.2 項で述べた離散時間リフティングは,離散信号を形式的にサイズ M のベクトルにまとめるだけなので,リフティングされる前と後の信号の ℓ^2 ノルムは変わらない.したがって,入出力信号の ℓ^2 ノルムの比で定義される H_∞ ノルムも,リフティングによって不変である.この性質を使うと,マルチレートサンプル値 H_∞ 制御問題はシングルレートサンプル値 H_∞ 制御問題

に帰着できる．解法の大まかな流れは次の通りである．ただし，$T_y = MT_u$ を仮定する．

1. マルチレートサンプル値 H_∞ 制御の一般化プラント $G(s)$ を，サンプリング周期 T_u のシングルレート問題の一般化プラントとみなし，サンプル値 H_∞ 制御の結果を用いて，図 3.2 のノルム等価な離散時間一般化プラント $\hat{G}[z]$ を導出する．
2. 実際には，$\hat{G}[z]$ の観測出力 $y[k]$ は M 個おきにしか得られないので，マルチレートシステムである．よって，$\hat{G}[z]$ が持つ周期 T_u の離散信号 $w[k]$, $z[k]$, $u[k]$ を離散時間リフティングして周期 T_y の信号に変換し，離散時間時不変システム $\hat{\bar{G}}[z]$ を導出する．
3. $\hat{\bar{G}}[z]$ に対し離散時間 H_∞ 制御理論を適用し，離散時間制御器 $\underline{K_d}$ を求める．$\underline{K_d}$ は $T_y > T_u$ より因果性を満たすので実現可能である．

3.3.4　ハードディスクのフォロイング制御への応用[15]

3.2.3 項と同じハードディスクドライブに対して，シングルレートサンプル値 H_∞ 制御とマルチレートサンプル値 H_∞ を適用する．観測周期は $200\,\mu\mathrm{s}$ で固定とし，制御周期は，シングルレートの場合 $200\,\mu\mathrm{s}$, マルチレートの場合 $100\,\mu\mathrm{s}$ とした．一般化プラントは 図 3.11 のように選んだ．W_s は外乱の重み，W_t は加法的誤差に対するロバスト性を保証するための重みである．d はスケーリング定数で，ロバスト性に対する保守性を取り除くために導入した．制御入力に対する重み W_u は，マルチレート設計において制御入力が振動的になるのを防ぐために導入したものであり，ハイパスフィルターの特性を持つ．ただし，シングルレート設計では $W_u = 0$ としている．

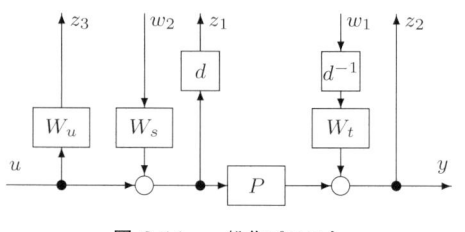

図 3.11　一般化プラント

(a) シングルレートサンプル値 H_∞ 制御   (b) マルチレートサンプル値 H_∞ 制御

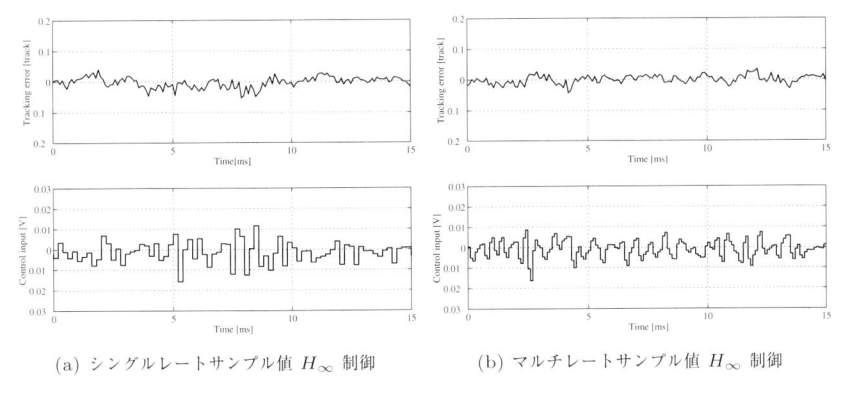

図 **3.12** 追従誤差と制御入力

図 3.11 の一般化プラントを用いて，シングルレートおよびマルチレートサンプル値 H_∞ 制御器を求めてフォロイング実験を行った．得られた追従誤差信号と制御入力を図 3.12 に示す．まず，マルチレート制御では，制御入力がより細かく変化しているのが確認できる．そして，追従誤差についても図 3.12(b) の方が若干性能が向上している．制御入力の大きさも，最大振幅で比べると図 3.12(b) の方が小さく，改善が見られる．図は載せていないが，追従誤差のパワースペクトル密度を調べると，マルチレート化によって，特に低周波域の追従精度が改善される事もわかった．

3.4 サンプル値制御系における制振軌道設計

3.4.1 制振軌道設計

外乱や観測ノイズのように，あらかじめ予測できない外部入力に対してフィードバック制御は非常に有効であるが，軌道追従制御のように，目標軌道がわかっている場合は，最適な制御入力をあらかじめ計算して，フィードフォワード入力として与えたほうが，高速な応答を得やすい．たとえば，質点を原点から目標位置まで移動させることを考えると，最大加速したあとに最大減速する，いわゆる Bang-bang 型のフィードフォワード入力が最短時間での移動を達成することはよく知られている（最短時間制御）．

しかし現実のメカニカルシステムでは，少なからず機械共振を持つため，Bang-bang 型のように急激に制御入力が変化すると位置決め後に残留振動が生じ，最終的な位置決め時間が長くなってしまう．そこで，残留振動と高速性のトレードオフを考慮し，高速性を失わない範囲で滑らかな入力を求める必要がある．また，ハードディスクドライブのように高速アクセスを追及すると，制御対象の移動に要する時間がサンプリング周期の数ステップ程度になるため，サンプル値制御系としての取り扱いが必要となってくる．

3.4.2 終端状態制御による制振軌道設計

終端状態制御は，あるシステムに対し，フィードフォワード入力を与えることで有限時間内に指定した終端状態に持ってゆく制御法である[16]．古典的には，最適制御における 2 点境界値問題として定式化できるが[17]，対象が離散時間システムの場合，最小ノルムのフィードフォワード入力を仮定すると問題は比較的易しくなる[16],[18]．そこで，図 3.13 に示すように，1 入出力系の連続時間制御対象 $P_c(s)$ をゼロ次ホールドで離散化したシステム $P_d[z]$ を考えよう．まず，連続時間制御対象 $P_c(s)$ の状態空間実現を次式で定義する．

$$\dot{x}(t) = A_c x(t) + B_c u(t), \quad y = C_c x(t) \tag{3.11}$$

ただし，$A_c \in \mathcal{R}^{m \times m}, B_c, C_c^T, x(t) \in \mathcal{R}^m, u(t), y(t) \in \mathcal{R}$．また，$\tau$ はサンプリング周期を表す．すると，$P_d[z]$ の状態方程式は

$$x[k+1] = A_d x[k] + B_d u[k], \quad y[k] = C_d x[k] \tag{3.12}$$

となる．ただし，$A_d := e^{A_c \tau}, B_d := \int_0^\tau e^{A_c t} B_c dt, C_d := C_c$．このとき，$x[k] = x(k\tau), y[k] = y(k\tau)$ が成り立ち，$u(t)$ は $\theta \in [0, \tau)$ に対し

$$u(k\tau + \theta) = u[k] \tag{3.13}$$

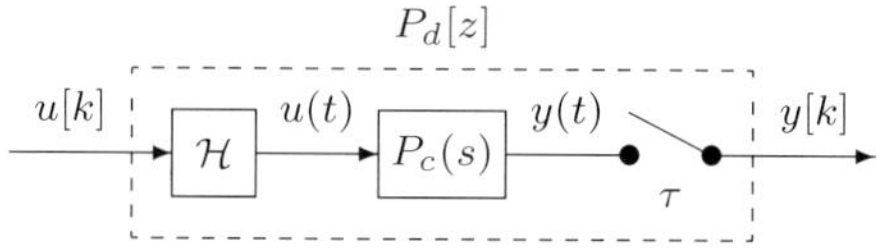

図 3.13　制御対象

を満たす．なお，(A_c, B_c), (A_d, B_d) 共に可制御とする．

以上の準備のもと，初期状態 $x[0]$ から終端状態 $x[N]$ へ N ステップで到達する制御入力 $u[k]$ を求める問題を考えよう．一般にそのような入力は唯一に定まらないので

$$J = U^T Q U, \quad Q > 0 \tag{3.14}$$

を最小とする $u[k]$ を求めることにする．ただし

$$U := \begin{pmatrix} u[0] & u[1] & \dots & u[N-1] \end{pmatrix}^T$$

とした．このとき，

$$\Sigma = \begin{bmatrix} A_d^{N-1} B_d & A_d^{N-2} B_d & \dots & B_d \end{bmatrix}$$

を定義すると次の結果を得る．

定理 1 式 (3.12) に対して，初期状態 $x[0]$ から N ステップ後の終端状態 $x[N]$ へ到達させる入力 $u[k]$ のうち，式 (3.14) を最小とするものは次式で与えられる[18]．

$$U = Q^{-1} \Sigma^T (\Sigma Q^{-1} \Sigma^T)^{-1} (x[N] - A_d^N x[0])$$

ただし，$N \geq m$ を満たすものとする．

(証明) 終端状態 $x[N]$ は初期状態 $x[0]$ と U および Σ を用いて次式で表現できる．

$$x[N] - A_d^N x[0] = \Sigma U \tag{3.15}$$

このとき，(A_d, B_d) 可制御かつ $N \geq m$ が成り立つので，Σ は横長行フルランク行列となり式 (3.15) を満たす U は必ず存在する．しかし唯一には定まらないので，式 (3.15) の下で式 (3.14) の J を最小化する U を求める問題を考えよう．そのため，ラグランジェの未定定数法を適用する．2λ を未定定数ベクトルとすると，

$$J = U^T Q U + 2\lambda (X - \Sigma U)$$

が成り立つ．ただし，$X := x[N] - A_d^N x[0]$．Q は正定より，J の最小値は常に存在し，

$$\frac{\partial J}{\partial U} = 2QU - 2\Sigma^T \lambda^T = 0$$

が成り立つので

$$U = Q^{-1}\Sigma^T \lambda^T \tag{3.16}$$

を得る．さらに，$X - \Sigma U = 0$ と式 (3.16) から

$$X - \Sigma Q^{-1}\Sigma^T \lambda^T = 0$$

が成り立つ．(A_d, B_d) 可制御から Σ は行フルランクなので $|\Sigma Q^{-1}\Sigma^T| \neq 0$ が成り立ち

$$\lambda^T = (\Sigma Q^{-1}\Sigma^T)^{-1} X \tag{3.17}$$

となる．式 (3.16), (3.17) より最終的に

$$U = Q^{-1}\Sigma^T (\Sigma Q^{-1}\Sigma^T)^{-1}(x[N] - A_d^N x[0]) \tag{3.18}$$

を得る．■

　機械共振を加振しないためには，制御入力の急激な変化を避けた滑らかな入力がよいことは直感的に理解できる．そこで，図 3.14 に示すように，ゼロ次ホールド $\mathcal{H}$ の手前に離散時間系の積分器である和分器 $1/(z-1)$ をつなぎ，$u[k]$ の 2 乗和が最小になる軌道を求めることを考えよう．まず，図 3.13 の離散時間システム $P_d[z]$ を和分器で拡大したシステム $P[z]$ の状態方程式を求めると次式となる．

$$x[k+1] = Ax[k] + Bu[k], \quad y[k] = Cx[k] \tag{3.19}$$

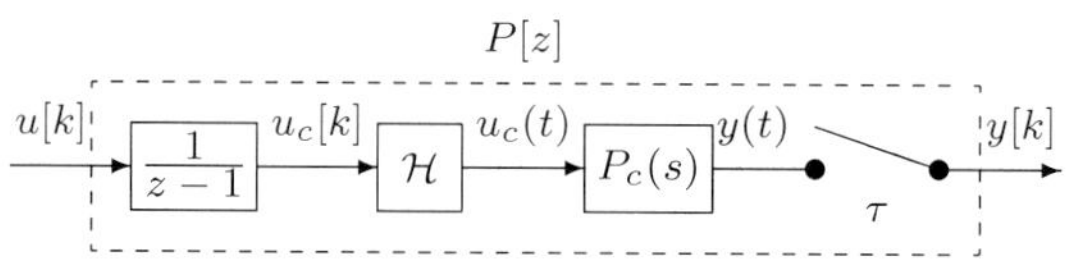

図 3.14　拡大系

ただし，$x[k] := [x_d^T[k] \quad u_d^T[k]]^T$ および

$$A = \begin{bmatrix} A_d & B_d \\ 0 & 1 \end{bmatrix}, \quad B = \begin{bmatrix} 0 \\ 1 \end{bmatrix}, \quad C = \begin{bmatrix} C_d & 0 \end{bmatrix} \quad (3.20)$$

したがって，制御対象の初期状態 $x_d[0] = 0$ を終端状態 $x_d[N] = x_N$ に遷移させ，かつ，$u[k]$ の2乗和 $\sum_{k=0}^{N-1} u^2[k]$ を最小とする軌道は，式 (3.19) の拡大系を図 3.13 の $P_d[z]$ とみなして終端状態制御を適用すればよいことがわかる．このとき，実際の制御入力 u_c が $u_c[0] = 0, u_c[N] = 0$ を満たすように，初期状態と終端状態については，

$$x[0] = O_{(n+1) \times 1}, \quad x[N] = \begin{bmatrix} x_d[N] \\ 0 \end{bmatrix} \quad (3.21)$$

と与えることとする．このようにして求めたフィードフォワード入力を FSC (Final-State Control) 入力，また，FSC 入力によって得られる軌道を FSC 軌道と呼ぶことにする．

さて，FSC 軌道では，制御入力 $u_c[k]$ の差分値 $u[k]$ を評価することで滑らかな軌道を求め，それにより終端到達後の残留振動の低減をねらっている．しかし，滑らかな軌道は，高速性を犠牲にする恐れがある．高速性と制振性を高い次元で両立させるためには，機械共振が存在する周波数帯域でのみ制御入力の周波数成分が低減できるとよい．そこで，制御入力 $u_c(t)$ のフーリエ変換 $\hat{U}_c(\omega)$ を次式で定義し，

$$\hat{U}_c(\omega) = \int_0^{N\tau} u_c(t) e^{-j\omega t} dt \quad (3.22)$$

そのゲイン（スペクトル）を，任意に選んだ周波数点 ω_i $(i = 1, \ldots, \ell)$ で最小化する事を考え，次の評価関数を導入する．

$$J_w = \sum_{k=0}^{N-1} u[k]^2 + \sum_{i=1}^{\ell} q_i |\hat{U}_c(\omega_i)|^2 \quad (3.23)$$

右辺第1項は FSC 軌道と同様なめらかな制御入力を生成するための項，第2項は $u_c(t)$ のスペクトルを評価する項である．なお，q_i は重み定数で正の実

数とする．評価する周波数 ω_i を制御対象が持つ機械共振の共振周波数に合わせて選べば，その帯域の周波数成分が低減できる．

式 (3.23) を式 (3.14) の形式で表現するために，和分器の状態空間実現を

$$\frac{1}{z-1} = \{1,1,1,0\} =: \{A_z, B_z, C_z, D_z\}$$

で定義し，$u_c[k]$ を縦に並べたベクトルを

$$U_c = \begin{bmatrix} u_c[0] & \ldots & u_c[N-1] \end{bmatrix}^T \tag{3.24}$$

で定義する．すると，$u_c[0] = 0$ のもとで $U_c = \Omega_z U$ を得る．ただし，

$$\Omega_z := \begin{bmatrix} D_z & 0 & \ldots & 0 \\ C_z B_z & D_z & \ddots & \vdots \\ \vdots & \ddots & \ddots & 0 \\ C_z A_z^{N-2} B_z & \ldots & C_z B_z & D_z \end{bmatrix} \tag{3.25}$$

補題 1 式 (3.23) は次式で定義する $Q_w > 0$ を用いて $J_w = U^T Q_w U$ と表現できる[18]．

$$Q_w = I_N + \sum_{i=1}^{\ell} q_i Q_U(\omega_i) \tag{3.26}$$

ただし，

$$Q_U(\omega_i) = |\hat{U}_1(\omega_i)|^2 \cdot \Omega_z^T (S_R^T S_R + S_I^T S_I) \Omega_z$$

また，

$$\hat{U}_1(\omega_i) := \frac{2\sin(\omega_i \tau/2)}{\omega_i} \tag{3.27}$$

$$S_R(\omega_i) := \begin{bmatrix} \cos(0) & \cos(\omega_i \tau) & \ldots & \cos((N-1)\omega_i \tau) \end{bmatrix}$$

$$S_I(\omega_i) := \begin{bmatrix} \sin(0) & \sin(\omega_i \tau) & \ldots & \sin((N-1)\omega_i \tau) \end{bmatrix}$$

(証明) $u_c(t)$ はゼロ次ホールドの出力なので

$$u_c(t) = \sum_{k=0}^{N-1} P_i(t) u_c[k] \tag{3.28}$$

ただし，
$$P_i(t) := \begin{cases} 1, & i\tau \le t < (i+1)\tau \\ 0, & t < i\tau \text{ or } t \ge (i+1)\tau \end{cases} \quad (3.29)$$
ここで，$u_c(t)$ のフーリエ変換 $\hat{U}_c(\omega)$ を求めよう．
$$\hat{U}_c(\omega) = \int_0^{N\tau} u_c(t)e^{-j\omega t}dt = \sum_{k=0}^{N-1} \int_{k\tau}^{(k+1)\tau} u_c[k]e^{-j\omega t}dt$$
$$= \frac{2\sin(\omega\tau/2)}{\omega}e^{-j\omega\tau/2} \cdot \sum_{k=0}^{N-1} u_c[k]e^{-j\omega\tau k}$$
よって，$|\hat{U}_c(\omega)| = |\hat{U}_1(\omega)| \cdot |\hat{U}_2(\omega)|$．ただし，$\hat{U}_1(\omega)$ は式 (3.27) で，$\hat{U}_2(\omega)$ は次式で定義する．
$$\hat{U}_2(\omega) = \sum_{k=0}^{N-1} u_c[k]e^{-j\omega\tau k} \quad (3.30)$$
さらに，$U_c = [\ u_c[0]\ \ \ldots\ \ u_c[N-1]\ ]^T$ とおくと
$$\mathrm{Re}\left[\hat{U}_2(\omega)\right] = \sum_{k=0}^{N-1} u_c[k]\cos(k\omega\tau) = S_R U_c \quad (3.31)$$
$$\mathrm{Im}\left[\hat{U}_2(\omega)\right] = \sum_{k=0}^{N-1} u_c[k]\sin(k\omega\tau) = S_I U_c \quad (3.32)$$
が成り立つので
$$|\hat{U}_2(\omega)|^2 = U_c^T(S_R^T S_R + S_I^T S_I)U_c \quad (3.33)$$
が得られる．ここで $U_c = \Omega_z U$ を用いると
$$|\hat{U}_c(\omega)|^2 = |\hat{U}_1(\omega)|^2 \cdot U^T \Omega_z^T (S_R^T S_R + S_I^T S_I)\Omega_z U$$
が成り立ち，本式を式 (3.23) に代入すると式 (3.26) を得る． ∎

以上から，$u_c(t)$ の周波数成分を考慮するためには，式 (3.26) から求まる Q_w を用いて通常の終端状態制御を適用すれば良いことがわかる．この手法により求められた入力を以後 FFSC (Frequency-shaped Final-State Control) 入力，また FFSC 入力から求まる軌道を FFSC 軌道と呼ぶこととする．

3.4.3 ハードディスクのシーク制御への応用[18]

ハードディスクでは，高速なデータアクセスを実現するために，目的のデータが書き込まれているトラックへ磁気ヘッドをできるだけ速く移動する必要がある．このトラック間の移動制御をシーク制御と呼んでいる．本項では，シーク制御に FSC および FFSC 軌道を用い，その有効性を示す．実験で使用するハードディスクドライブは，ノートパソコンなどに用いられる 2.5 inch の小型のもので，サンプリング周期も 105μ と比較的遅い．機械共振は 4 kHz 以上の帯域に多数存在するが，正確なモデリングが難しく，かつ，個体間のばらつきも大きいため，制御対象のノミナルモデルは 2 重積分器として次式で与えた．

$$P_c(s) := \frac{k_p}{s^2}, \quad y = P_c u_c \tag{3.34}$$

ただし，制御入力は VCM への印加電圧 [V]，観測出力はトラック位置 [track] であり $k_p = 3.688 \times 10^{10}$ である．

ここで定義した P_c に対して，FSC および FSC 入力を求めよう．まず，初期状態を 0 トラックで静止，終端状態を 2 トラックで静止とし，$N = 10$ ステップで終端状態へ到達することとする．また，実システムが 4 kHz 以上に持つ多数の機械共振を加振しないよう，式 (3.23) において，制御入力のスペクトルを 3.5 kHz から 7.5 kHz までを 230 等分して重み付けした．なお，定数重みは $q_i = 1 \times 10^{11}$ と選んだ．

求めた FSC および FFSC 入力を図 3.15 に示す．上図は $u_c(t)$ の時間応

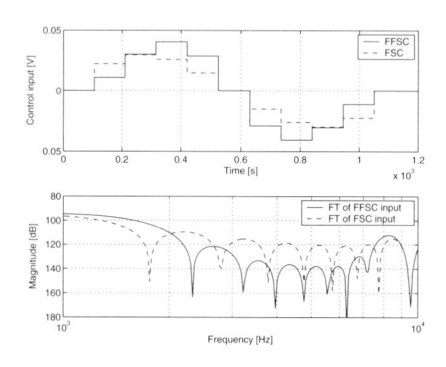

図 3.15 制御入力 $u(t)$ とそのスペクトル

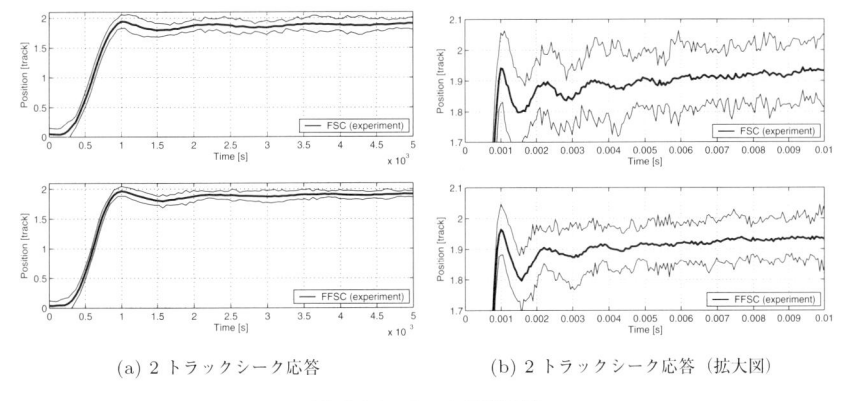

(a) 2 トラックシーク応答 　　　　(b) 2 トラックシーク応答（拡大図）

図 3.16　シーク制御実験

答，下図はそのスペクトルを表す．この図から，設計時に考慮した周波数帯域 (3.5 kHz〜7.5 kHz) のスペクトルが，最大 −20 dB 程度低減できていることがわかる．この帯域はナイキスト周波数 (5 kHz) 付近になるので，通常のデジタル設計で考慮するのが難しい．しかしながら，本手法では制御入力 $u_c(t)$ をマルチレート化することなく，最適化が可能である．

次に実験結果を示す．なお，実システムには多くの外乱が存在し，フィードフォワード入力だけでシーク制御を行うことは不可能なため，フィードバック制御器を離散時間 H_∞ 設計法により求め，2 自由度制御系を構成している[18]．実験で得られたシーク波形を図 3.16(a) に示す．また，目標トラック (2 track) 付近で拡大したものを図 3.16(b) に示した．太線は 14 回シークを繰り返した時の平均軌道，細線はヘッドが通りうる範囲を各時刻におけるヘッド位置の分散から求めたものであり，3σ 値に相当する．なお，シーク終了直後に目標トラックである 2 track に到達していないのは，フレキシブルケーブルや重力などに起因する外力の補償を今回特に行っていないためである．さて，シーク終了後の残留振動に着目すると，FFSC 入力の方が FSC 入力に比べ振動が抑えられていることが確認できる．また，ヘッドが通りうる範囲も狭まり，シーク応答のばらつきが抑えられていることも確認できる．さらに，シーク応答波形のパワースペクトル密度を求め，図 3.17 に示した．細線が FSC 入力，太線が FFSC 入力の結果を表すが，設計時に考慮した周波数帯域全体に

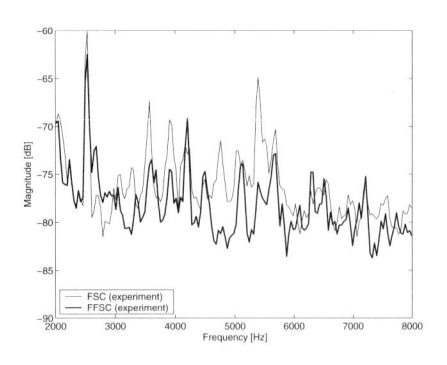

図 3.17 ヘッド位置のパワースペクトル密度

わたって，FFSC 入力の方がパワースペクトル密度が抑えられていることが確認できる．ここで述べた手法はハードディスクのシーク制御だけでなく，機械共振を持つメカニカルシステムの制御において，高速かつ高精度な位置決めが要求される場合に広く応用可能である．

3.5　サンプル値制御系設計のための計算支援ソフトウエア

3.5.1　背景

　サンプル値制御系設計では，連続信号と離散信号が混在したハイブリッド系を取り扱うため，数学的に高度な概念を使わざるを得ず，理論的に難しい．そのため，本書でも理論に関する部分については一切触れなかった．したがって，だれもが原著論文を読みこなして，制御系設計のためのプログラムが書けるとはいいがたい．過去に，サンプル値制御研究の日本の第一人者たちのグループが，制御系設計ソフトウエアのひとつである Xmath 上で動作するモジュール（$\mathcal{H}$SYS モジュール）をリリースしたが，現在 Xmath 自体あまり使われておらず，入手も難しい[6]．ところが最近になって，同じ研究者グループによって制御系設計ソフトウエアのスタンダードともいえる MATLAB 上で動作するサンプル値制御系設計のためのツールボックスが開発され，Sampled-Data Control Toolbox という名前でリリースされた（以下，SDCT）[7]．SDCT では，MATLAB のオブジェクト指向プログラミング機能を十分に生かし，連続時間／離散時間／サンプル値制御系の解析・設計を統一的かつ系統的に扱え

るようになっている．

3.5.2　Sampled-Data Control Toolbox

SDCT は $\mathcal{H}$SYS モジュールの単なる移植ではなく，入出力ムダ時間や一般化ホールド／一般化サンプラが取り扱えるよう機能拡張されている．その際，重要な役割を果たしているのが境界条件付き状態空間表現であり，この表現形式をうまく取り込むことで，非常に複雑になるサンプル値制御器の計算公式を，簡潔かつスマートに実装することに成功している[19],[20]．さらに，SDCTでは MATLAB のオブジェクト指向プログラミング機能を最大限に生かすことで，連続時間系／離散時間系／サンプル値系の違いを意識することなく，統一的に扱うための環境を提供している．そのために新たに導入されたクラスの一部を表 3.2 に示す．

表 3.2　新しく導入されたクラス（一部）

クラス	説明
bss	一般化プラントを表現するクラス
ghold, gsampler	一般化ホールド・一般化サンプラーを表すクラス
sds	サンプル値制御系を表すクラス

サンプル値制御系設計のための関数としては，表 3.3 に示すものが用意され，サンプル値 H_2 および H_∞ 制御問題，ならびにそれらのサーボ問題を解くことができる．そして，得られた制御器の性能は，サンプル値制御系の周波数応答や時間応答により評価できる．また，SDCT は Control System Toolbox (CTB) および Robust Control Toolbox (RCT) との互換性が保たれている．たとえば，hinfsyn というコマンドはもともと RCT のコマンドであるが，一般化プラントとして sds クラスを与えると，サンプル値 H_∞ 制御のアルゴリズムが呼び出されるようになっている[2]．また，SDCT の特徴として一般化ホールド／サンプラの導入がある．通常は，ゼロ次ホールドと理想サンプラを仮定した上で制御器を設計する事が多いが，SDCT ではホールドとサンプラをも設計パラメータとすることができる．例えば，この一般化ホールドを

---

[2] これには，オブジェクト指向プログラミングでの関数のオーバーロードという機能が使われている．

表 3.3 サンプル値設計に関する主なコマンド

コマンド	説明
h2syn	サンプル値 H_2 設計
h2servosyn	サンプル値 H_2 最適 連続時間サーボ補償器設計
h2dservosyn	サンプル値 H_2 最適 離散時間サーボ補償器設計
hinfsyn	サンプル値 H_∞ 補償器設計
hinfservosyn	サンプル値 H_∞ 連続時間サーボ補償器設計
hinfdservosyn	サンプル値 H_∞ 離散時間サーボ補償器設計
freqrespgain	サンプル値制御系の周波数応答ゲイン
timeresp	サンプル値制御系の時間応答

利用してマルチレートホールドを定義すると，マルチレート制御系を比較的簡単に設計することもできる[21]．

以下に，SDCT によりサンプル値 H_∞ 制御器を求めるための MATLAB スクリプトを示す．

```
s = tf('s');
P = 1/(s^2+s+1);          % 制御対象
Ws = 2/(s+1);             % 感度関数に対する重み
Wt = (s+100)/100;         % 相補感度関数に対する重み
Gc = augmixedsens(P,Ws,Wt); % 混合感度問題の一般化プラントの構成
h = 0.01; F = 1/(h*s + 1); % アンチエイリアシングフィルタの定義
G = sds(augaaf(Gc,F),h);  % アンチエイリアシングフィルタの導入 (augaaf) と
                          %   サンプル値制御系の定義 (sds)
[Kd,T,gfin] = hinfsyn(G); % サンプル値 Hinf 制御器の計算
Gtc = augcsens(P);        % 相補感度関数のための一般化プラント
Gt = sds(augaaf(Gtc,F),h); % サンプル値制御系の定義
Tt = lft(Gt,Kd);          % LFT による閉ループ系の構成
freqrespgain(Tt);         % 相補感度関数の周波数応答ゲインの計算
```

本プログラムでは，まず，制御対象と重み関数を定義したあと，サンプル値制御系の一般化プラントを sds コマンドで定義し，hinfsyn によりサンプル値 H_∞ 制御器を計算している．そのあと，サンプル値制御系における相補感度関数を求め，freqrespgain により，サンプル値制御系の周波数応答ゲインをプロットしている．このように，ほんの数行の MATLAB プログラムでサンプル値制御器を求めることができる．

参考文献

(1) Chen, T. and Francis, B., *Optimal Sampled-Data Control Systems*, Springer Verlag (1995).

(2) Bamieh, B. A. and Pearson, J. B., A General Framework for Linear Periodic Systems with Applications to H_∞ Sampled-Data Control, *IEEE Trans. on A.C.*, **37**-4 (1992), 418–435.

(3) Kabamba, P. T. and Hara, S., Worst-Case Analysis and Design of Sampled-Data Control Systems, *IEEE Trans. on A.C.*, **38**-9 (1993), 1337–1357.

(4) Hayakawa, Y., Hara S. and Yamamoto, Y., H_∞ Type Problem for Sampled-Data Control Systems—A Solution via Minimum Energy Characterization, *IEEE Trans. on A.C.*, **39**-11 (1994), 2278–2284.

(5) 山本裕・原辰次・藤岡久也, サンプル値制御理論 I–VI, 連載講座, システム/制御/情報 (1990–2000).

(6) Hara, S., Yamamoto Y. and Fujioka, H., $\mathcal{H}$SYS Module: A Software Package for Analysis and Synthesis of Sampled-Data Control Systems, In *Proc of the 4th ECC* (1997).

(7) Hara, S., Yamamoto Y. and Fujioka, H., Sampled-Data Control Toolbox マニュアル, サイバネットシステム (2005).

(8) Hara, S. and Fujioka, H., Synthesis of Digital Servo Controller Based on Sampled-Data H_∞ Control, In *Proc. of 22nd SICE Symposium on Control Theory* (1993), 21–23.

(9) 平田光男・亀井正史・野波健蔵, サンプル値 H_∞ 制御を用いた磁気軸受のロバストディジタル制御, 日本機械学会論文集（C編）, **67**-657 (2001), 297–302.

(10) 美多勉, H_∞ 制御, 昭晃堂 (1994).

(11) 平田光男・熱海武憲・村瀬明代・野波健蔵, サンプル値 H_∞ 制御理論を用いたハードディスクのフォロイング制御, 計測自動制御学会論文集, **36**-2 (2000), 172–179.

(12) 平田光男・劉康志・美多勉, H_∞ 制御理論を用いたハードディスクのヘッド位置決め制御, 計測自動制御学会論文集, **29**-1 (1993), 71–77.

(13) Chiang, W. W., Multirate State-space Digital Controller for Sector Servo Systems, *Proc. of the 29th Conference on Decision and Control* (1990), 1902–1907.

(14) Araki, M., Recent Development in Digital Control Theory, *Proc. of the 12th IFAC World Congress*, **9** (1993), 251–260.

(15) Hirata, M., Takiguchi, M. and Nonami, K., Track-Following Control of Hard Disk Drives Using Multi-Rate Sampled-Data H_∞ Control, In *Proc. of the 42nd IEEE Conference on Decision and Control* (2003), 3414–3419.

(16) Totani T. and Nishimura, H., Final-State Control using Compensation Input, *Trans. of the SICE*, **30**-3 (1994), 253–260.

(17) Lewis, F. L. and Syrmos, V. L., *Optimal Control*, A Wiley-Interscience Publication (1995).

(18) 平田光男・長谷川辰紀・野波健蔵, 終端状態制御によるハードディスクのショートシーク制御, 電気学会論文誌 D, **125**-5 (2005), 524–529.

(19) Mirkin, L., and Palmor, Z. J., A new representation of the parameters of lifted systems, *IEEE Trans. on A.C.*, **44** (1999), 833–840.

(20) Fujioka, H., Implementing System with Two Point Boundary Conditions for A CACSD Packages of Sampled-Data Systems, In *Proc. of American Control Conference* (2004), 5016–5021.

(21) 藤岡久也, Sampled-Data Control Toolbox を用いた HDD ベンチマーク問題に対する設計, 電気学会産業計測制御研究会資料, IIC-05-112 (2005), 43–45.

第3編　知的制御・自律制御への発展

【著者紹介】

第1章

髙橋正樹（たかはし・まさき）

 2004 年 慶應義塾大学大学院理工学研究科後期博士課程修了
 現　在 慶應義塾大学理工学部システムデザイン工学科助教
     博士（工学）
 専　攻 制御工学，宇宙工学，ロボティクス

藤井飛光（ふじい・ひかり）

 2004 年 慶應義塾大学大学院開放環境科学専攻前期博士課程修了
 現　在 慶應義塾大学理工学部システムデザイン工学科助教
     修士（工学）
 専　攻 ロボティクス，知的制御

第2章

野波健蔵（のなみ・けんぞう）

 1979 年 東京都立大学大学院工学研究科博士課程修了
 現　在 千葉大学大学院工学研究科人工システム科学専攻　教授
     工学博士
 専　攻 制御工学，機械力学
 著　書 『スライディングモード制御』（共著，コロナ社，1994）
     『磁気軸受の基礎と応用』（共著，養賢堂，1995）
     『基礎と応用　機械力学』（共著，共立出版，1998）
     『MATLAB による制御理論の基礎』（共著，東京電機大学出版局，1998）
     『MATLAB による制御系設計』（共著，東京電機大学出版局，1998）

第3章

大川一也（おおかわ・かずや）

 1999 年 筑波大学大学院工学研究科構造工学専攻修了
 1999 年 日本学術振興会特別研究員（PD）
 1999 年 9 月～2001 年 2 月　南カリフォルニア大学コンピュータサイエンス科
     客員研究員
 現　在 千葉大学工学部電子機械工学科助教
     博士（工学）
 専　攻 機械の知能化技術，行動知能など

第1章　ロボカップ

髙橋正樹，藤井飛光

1.1　ロボカップ

　ロボカップは，1992年に日本のロボット工学，人工知能の分野の研究者らが新たな研究テーマを議論したことをきっかけに発足した．1995年には，自律型ロボットによるサッカーを題材とし，その競技を通してロボット工学や人工知能の融合，発展を図り，ロボットの研究開発技術の向上を目的とした国際プロジェクトである．「西暦2050年，サッカーの世界チャンピオンチームに勝てる，自律型ロボットのチームを作る」という目標を掲げ，ロボット工学や人工知能など，研究を推進する過程で派生した様々な分野の基礎技術を波及させることを目的とした新たなランドマークプロジェクトとなっている．

　ロボカップの構想は世界中の研究者から賛同を得て，1997年にはシミュレーション，小型，中型の3リーグで，第1回世界大会が名古屋で開催された．1999年にはヒューマノイドリーグの概要が発表され，2002年に福岡で開催された第6回世界大会からヒューマノイドリーグが正式種目となり，競技会が開始された．また，自律ロボットによるサッカーだけでなく，大規模災害へのIT，ロボットの応用としてロボカップレスキュー，次世代の技術の担い手を育てるロボカップジュニアなどの活動が行われている．1997年以降，毎年世界各地で世界大会が開催され，参加国，参加チームも増加し，大会規模も拡大している．2005年7月には第9回世界大会が大阪で開催され，世界35カ国・地域から400チーム以上が参加し，産業界，大学や高校などから約2000名もの人々が参加した．2005年，名古屋で開催された愛・地球博と併せて，国内のロボット熱はますます高まりを見せている．また，2006年6月には第10回世界大会がドイツ共和国のブレーメンで開催され，2007年はア

メリカ，2008年は中国での開催が決定している．

1.2 ロボカップの構成

現在，ロボカップはロボカップサッカー，ロボカップレスキュー，ロボカップジュニアの3部門から成り立っている．以下それぞれについて簡単に紹介する．

1.2.1 ロボカップサッカー

ロボカップサッカーは，自律移動型ロボットの4リーグ（ヒューマノイドリーグ，小型ロボットリーグ，中型ロボットリーグ，4足ロボットリーグ）とシミュレーションの1リーグを合わせて5つのリーグから構成されている．

A　ヒューマノイドリーグ

自律移動型2足歩行ロボットによるリーグである．これまでは，「片足立ち」，「歩行トライアル」，「パス」など基本動作を試す競技，独自の機能を競う「フリースタイル」競技，1対1のPK（ペナルティキック）競技などが行われてきた．2005年の世界大会からは，複数ロボットのチーム同士による対戦が始まり，「不整地歩行」，「障害物回避」，「パス」の3つの要素を取り入れたコースを走破するテクニカルチャレンジが行われている．

図 1.1　ヒューマノイドリーグの試合風景

将来的には，「西暦2050年，サッカーの世界チャンピオンチームに勝てる，自律型ロボットのチームを作る」という目標の実現に向けて，複数ロボットによる試合形式の競技など，リーグの規模が大きくなっていくものと思われる．歩行制御，多自由度機構制御，各種センサの融合等が研究課題となっている．

B 小型ロボットリーグ

直径18 cm以内で高さ15 cm以下のロボットが，5台で1チームとなり，長さ4.9 m×幅3.4 mの大きさのフィールドで10分ハーフの試合を行うリーグである．ロボットは黒色，ゴルフボールサイズのボールはオレンジ色，フィールドは緑色，ゴールは青色と黄色に塗られ，フィールドの四隅には青色と黄色に塗り分けられたコーナーポストが立てられている．小型ロボットリーグでは，ロボットのサイズが小さく，搭載できるセンサに限界があるため，フィールド外にも各種センサを設置することが許されている．多くのチームはフィールド全体を上から捉えるグローバルビジョンを採用しており，敵・味方やボールの位置・速度などの情報を高い精度で取得することができる．そのため，パス行動を始めとする高度なチームプレイを実現できている．

図 1.2 小型ロボットリーグの試合風景

図 1.3 中型ロボットリーグの試合風景

C 中型ロボットリーグ

30 cm から 50 cm 四方で高さ 80 cm 以内のロボットが，4〜6 台で 1 チームとなり，長さ 12 m ×幅 8 m の大きさのフィールドで，人間の競技で用いられる 5 号球のボールを使用して，10 分ハーフの試合を行うリーグである．小型ロボットリーグと同様にロボットを含めたフィールド環境は色分けされており，各ロボットは色を認識することで，ボールや他のロボットなどを認識している．しかし，中型ロボットリーグでは，小型ロボットリーグとは異なりグローバルビジョンを用いることは禁止されている．そのため，各ロボットは，搭載されたセンサとロボット間の通信情報のみで環境認識を行わなければならない．多くのチームのロボットは，凸状の鏡を利用した 360 度見渡せる全方位カメラを搭載し，キック機構と全方位に移動することが可能な移動機構を持ち，非常に素早く判断し，移動することが可能となっている．

D 4足ロボットリーグ

共通のハードウェアを利用した小型 4 足歩行ロボットが，4 台で 1 チームとなり，長さ 5.4 m ×幅 3.6 m の大きさのフィールドで 10 分ハーフのサッカーの試合を行うリーグである．中型ロボットリーグと同様にグローバルビジョンの使用は禁止されており，ロボットに搭載されたセンサとロボット間の無

図 1.4 4 足ロボットリーグの試合風景
(http://www.robocup2006.org/fastmedia/16/press_02_big.jpg より)

線 LAN 通信の利用が許されている．共通のハードウェアを用いているため，センサやコンピュータなど，ハード面での優劣は付けず，歩行やキックなどの基本動作，画像処理，チームの協調行動，戦略など，ソフトウェアの研究開発に重きを置いている．

E　シミュレーションリーグ

ロボットの実機を使用することなく，サーバ上に仮想サッカーフィールドを設け，そこにネットワークを介して各チームのプログラムが接続され，2 次元あるいは 3 次元の仮想フィールド上で 11 対 11 形式で 5 分ハーフの試合が行われる．各プレイヤーの視角，ボールをキックできる範囲，スタミナ，スピードなどには制限が設けられている．また，フィールド上の風の影響も考慮されるなど，人間のサッカー環境に近い設定がなされている．これまでに，パスやセンタリングからのシュート，オフサイドトラップなど，高度な戦術が実現されている．現在では，ベンチからどのようにコーチングすれば群としてより効率よく機能できるかといったレベルまで研究は進んでいる．

図 1.5 シミュレーションリーグ
(2 点とも© The RoboCup Federation)

1.2.2 ロボカップレスキュー

世界各地における抗争や火災，地震，津波などによる災害現場において，レスキューロボットのニーズが高まっている．このような社会的背景から，ロボカップにおいてもロボカップサッカーで培われた基礎技術を利用し，各種災害現場で活躍するロボットの開発を促進するため，ロボカップレスキューリーグが設けられている．ロボカップレスキューは，災害現場で救助に役立つ自律型ロボットの開発を推進するためのレスキューロボットリーグと，地震などの大規模災害時を想定して救助戦略を発展させようというレスキューシミュレーションリーグから構成されている．

A　レスキューロボットリーグ

実際の災害現場を模擬したフィールドを用い，実機を用いて災害救助活動を行い，そのスピードと精度を競い合うリーグである．災害現場での人体探

図 1.6 レスキューロボットリーグ

索を主な競技としており，災害現場において優れた移動性能を発揮するハードウェアの開発やオペレータとの協調手法，人体，環境認識能力の向上，またマルチエージェントの協調による高度な救助活動の実現などが主な研究課題として挙げられる．

B　レスキューシミュレーションリーグ

仮想災害現場で消防や警察などの自律エージェントが災害救助活動を行い，その成果を競い合うリーグである．市街地や災害の情報は事前に与えられず，複数の市街地の地図を用いて，複数の災害時の地震が想定されている．ここ

図 1.7　レスキューシミュレーションリーグ
(ⓒ The RoboCup Federation)

では，実際の災害データに基づく防災用の災害シミュレータが用いられ，可能な限り現実に近い災害空間が再現されている．救助人数，被害総額，エージェント自身の消耗などが評価の対象となり，消火，救助などに関する戦略立案，エージェントによる閉塞状況の推定に基づいた効率的な行動を実現し，救助活動の良し悪しを決定する．

1.2.3　ロボカップジュニア

将来のロボット工学や人工知能における研究者を育成するため，ロボカップを教育の場として活かそうと始まったのがロボカップジュニアリーグである．子どもたちが自ら競技用ロボットやそのソフトウェアを作り，競技に参加することで，ロボットをはじめとする科学技術に興味を持ってもらうことを目標としている．「サッカー」，「ダンスパフォーマンス」，「レスキュー」といったリーグがあり，ホームエンターテインメントとしての要素も含まれている．

A　ジュニアサッカーチャレンジ

19歳以下の子どもたちが参加でき，直立状態で直径 22 cm の円筒内に入る大きさの自律型ロボットを製作し，長さ 183 cm ×幅 122 cm の大きさの

図 1.8　ジュニアサッカーチャレンジ
(ⓒ The RoboCup Federation)

図 1.9 ジュニアレスキューチャレンジ
(ⓒ The RoboCup Federation)

フィールド上で 2 対 2 の 10 分ハーフのサッカー競技を行う．フィールドは高さ 14 cm の壁で囲まれていて，床はゴール方向に黒色から白色のグラデーションになっており，ロボットはこのグラデーションに基づいて自己位置を決定する．また，ロボットは搭載した光センサを使って，赤外線を発する直径 8 cm のボールを発見し，追跡する．

B　ジュニアレスキューチャレンジ

レスキューフィールド上には，白色の壁で区切られたいくつかの部屋があり，坂道や不整地の床上にロボットの探索コースが黒い線で引かれている．さらに，黒い線上に緑色や銀色の人形の紙が貼付されてあり，被災者に見立てられている．直径，高さとも 22 cm 以内のロボットがこの被災地に見立てられたフィールド上をライントレース技法でコースを辿り，早くかつ確実に被災者を発見していくという競技である．

C　ジュニアダンスチャレンジ

長さ 6 m ×幅 4 m の演技ステージ上で，チームで選曲，編集した音楽に合わせて，2 分以内で，子どもたちが製作した自律型ロボットによる自由演技のダンスパフォーマンス競技である．ロボットのサイズや台数に制限はなく，

図 1.10 ジュニアダンスチャレンジ
(© The RoboCup Federation)

ロボットの動きだけでなく，プログラミングや創造性，人とロボットが一緒になって行うパフォーマンスなどのエンターテイメント性が総合的に評価される．

1.3 ロボカップサッカー中型ロボットリーグ

1.3.1 歴史・意義

慶應義塾大学理工学部システムデザイン工学科吉田研究室では「EIGEN: Enthusiastic Intelligent and Global ENgineering」というチーム名でロボカップサッカー中型ロボットリーグに参加している．中型ロボットリーグは，ヒューマノイド以外のリーグの中では最も大きなロボットを対象とし，ロボカップの歴史の中でも最も古いリーグのひとつである．1996年のプレ大会でデモンストレーションがあり，1997年の第1回世界大会から正式に競技会が開催されている．当初はロボットがほとんど動かないため競技といえるものではなかったが，現在ではロボットの移動速度に加えて，シュートスピードなども飛躍的に改善され，サッカーの試合としてもかなりのレベルに達している．また，第1回世界大会では3カ国5チームの参加だけであったが，年々参加チームが増加し，2005年7月に大阪で開催された第9回世界大会では，31チームの参加希望があり，この中から選ばれた11カ国21チームが大会に参加している．

中型ロボットリーグは，環境が他のリーグに比べて厳しく，実環境に適応できる自律移動ロボットを研究するためのテストベッドとして適切である．2003 年からは，試合環境を人間のものに近づけるため，フィールドの大きさが長さ 12 m ×幅 8 m に拡大された．これにより視覚センサから得ることができる情報がより不確実なものとなり，自己位置推定などが困難になっている．各種センサ情報やロボット間の通信情報などを有効に用い，不確実な環境に対応することが求められている．また，近年では多くのチームが全方位移動機構の台車を採用している．そのため，切り返し動作なしに全方向に移動することができ，ロボットの運動性能は格段に向上している．今後は，パス行動の実現や，複数エージェント間のコンビプレーなどの協調行動を実現することが課題となる．

1.3.2　ルール

ロボカップサッカー中型ロボットリーグでは，30 cm から 50 cm 四方で高さ 80 cm 以内のロボットが，長さ 12 m ×幅 8 m の大きさのフィールドで 10 分ハーフの試合を行う．1 チームのロボットの出場可能台数は，ロボットの大きさによって決まり，出場する全ロボットの底面積の合計が 10000 cm^2 以内で，最大で 6 台まで出場することができる．

フィールド上の物体は，ロボットは黒色，人間の競技で用いられる 5 号球のボールはオレンジ色，フィールドは緑色，ゴールは青色と黄色に塗られ，フィールドの四隅には青色と黄色に塗り分けられたコーナーポストなど事前に色が指定されている．ロボットはこれらの色情報を用いて環境を認識している．また，中型ロボットリーグでは，グローバルビジョンシステムを用いることは禁止されている．そのため，各ロボットは搭載されたセンサとロボット間の通信情報のみで環境認識を行わなければならない．

ロボット同士の接触に関しては，プッシングなどの反則があり，回数に応じてイエローカードやレッドカードが与えられる．また，攻撃側のロボットがゴールキーパーに接触することは認められていない．さらに，ゴールエリア内に同じチームのロボットが複数入っていることは認められないなどのルー

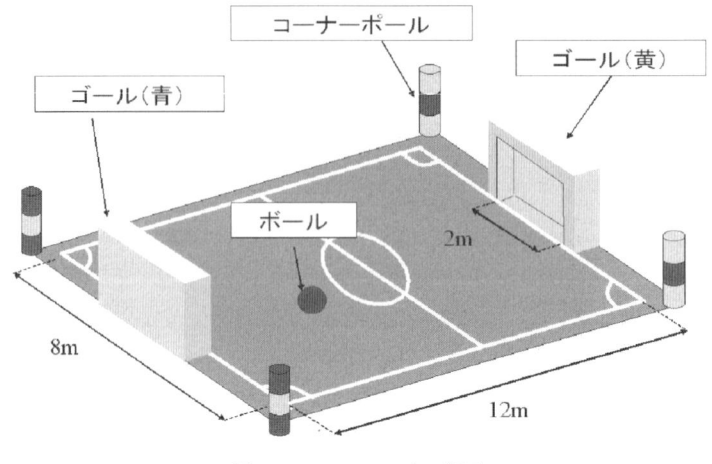

図 1.11　フィールドの概要

ルがある．

ロボカップでは技術の発展を促すため，毎年ルールが変更されている．中型ロボットリーグでは，2004年からレフェリーボックスを導入し，副審が操作するコンピュータから各ロボットに，キックオフ・停止・再開などの指令を送ることで，より公正な試合を実現している．また，2005年からは，今まで省略されてきたゴールキック，コーナーキック，キックインによるスローインが導入されている．チームによっては，このようなリスタート時に，状況に適したポジションにロボットが自動で移動するため，より組織的なサッカーの実現が期待されている．

1.3.3　ハードウェア

各チームとも，30 cm から 50 cm 四方で高さ 80 cm 以内という大きさ制限やセンサ制限などのルールの範囲内で，チームの方向性を反映したロボットを製作している．自律型ロボットは，移動機構，キック機構，コンピュータ，各種センサ，無線LAN，バッテリーを搭載している．

1.3.4　周囲の情報の取得方法

ロボットは，搭載されたカメラや赤外線センサなどを用いて，周辺環境を認識し，これらの情報を用いてフィールド上の自己位置を同定する．さらに，動く他のロボットやボールのフィールド上の位置の情報などを加えて，自己の進む方向を決定している．また，これらの情報を利用して，ポジショニングなどを行っている．そのため，より正確に，かつより広範囲に渡る環境の情報取得が必要となっている．そこで，多くのチームでは，全方位ミラーと呼ばれる凸状の鏡を利用し，搭載し

図 1.12　ロボットの概要

たロボットの周囲360度の情報を取得することができる全方位視覚システムを搭載している．しかし，全方位視覚システムを用いた場合にも，広いフィールドに対して，高さの低いロボットを用いるため，ボールなどが他のロボットの陰に隠れてしまうことがあり，ロボットがフィールド内の全ての情報を取得することは困難である．また，それ以外の状況でも単体のみでは，情報を取得しきれない場合がある．そのため，各ロボットは無線 LAN 通信を利用し，情報を共有することで，周囲環境の情報精度を向上させ，より適切な行動を実現している．

1.3.5　研究テーマ

単体のロボットの性能向上に着目することも重要であるが，サッカー競技を行う場合には，複数台のロボットによる協調的な行動が重要である．中型ロボットリーグでは，センサの制限により，味方ロボットの認識も容易でない状況であるが，各チームが様々な戦略で協調的なプレーを実現するために研究に取り組んでいる．

また，将来的に屋外で動作可能なロボットを開発することをめざし，照明条件に変化があるような環境でもロボットが動作可能であることが求められている．中型ロボットリーグにおいても，当初はフィールド全体でできるだ

け均一な照明を確保することがルールで定められていたが，近年では影による照明のむらや自然光が差し込むといった環境でも試合を行えるように，認識・自己位置推定関連の研究が広く行われている．

1.4　中型ロボットリーグ・EIGEN のロボットについて

　本節では慶應義塾大学吉田研究室の EIGEN チームのロボットについて解説する．EIGEN チームは 2000 年に函館で開催された日本大会からロボカップサッカー中型ロボットリーグに参加し，2002, 2004, 2005 年の世界大会において優勝している．RoboCup2005 で用いられた EIGEN チームのロボットの写真を図 1.13 に示す．

　EIGEN チームではサッカーロボットを開発するにはシステム全体のバランスをとることが重要であると考えている．ロボットは多くの要素技術を必要とし，その技術全てが正常に動かなくては，ロボットは正常に動かない．実際にロボットを使って競技を行うと，ロボットの動きは動作が不安定なところ，精度が低いところの影響を受ける．例えば，認識システムが優れているチームでも，行動決定システムが悪いと良い行動はなしえない．また行動決定は優れていても，ロボットが故障し，まともに動けなければシステムとしては破綻してしまう．そこで，できるだけ全体の技術の底上げをすることが必要である．さらに，ハードウェア，ソフトウェア両面において，弱いとこ

図 1.13　EIGEN チームのロボット

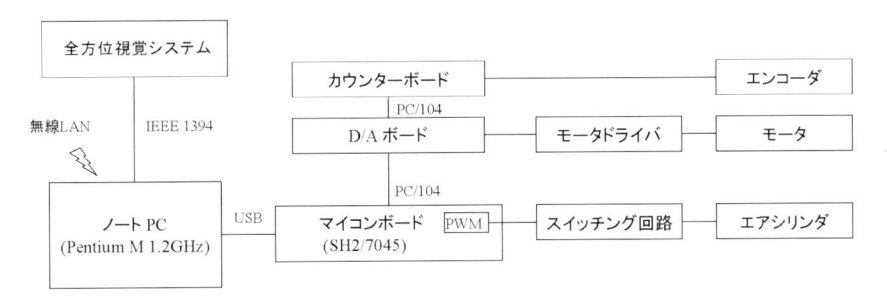

図 1.14 システム構成

ろがあるなら，その影響をできるだけ少なくするようなシステム設計を行うことが望まれる．EIGEN のロボットはこのようなことが考慮されて設計されている．このため各技術を幅広く研究の対象として取り組んでいる．

本節ではハードウェアおよびソフトウェア・研究内容について述べる．

1.4.1 ハードウェア構成

EIGEN チームでは 6 台のロボットにより 1 チームを形成している．各ロボットのシステム構成を図 1.14 に示し，概説する．

ロボットは全方位視覚システムを用いて周囲の情報を，エンコーダを用いて自身の移動量を取得する．また，通信を用いて，味方ロボット間での情報共有を行う．得られた情報をノートパソコンを用いて処理し，行動およびモータ・キック機構への出力を決定する．エンコーダ情報の取得およびパソコンから各機構への出力にはマイクロコンピュータを用いている．マイクロコンピュータからの出力に基づき，モータドライバがモータを，キック機構スイッチング回路がキック機構を制御する．ロボットに搭載しているノートパソコンの OS として Linux を採用している．

本ロボットは，全方位移動機構および全方位視覚システムを搭載している．これは最近の中型リーグでは主流となっているものである．全方位移動機構とは，360 度どの方向にも移動できる機構であり，オムニホイールを用いるものが主流である．オムニホイールの写真および台車の図を図 1.15 に示す．このように通常の回転方向のほかに横方向にも回転できるタイヤを用いるこ

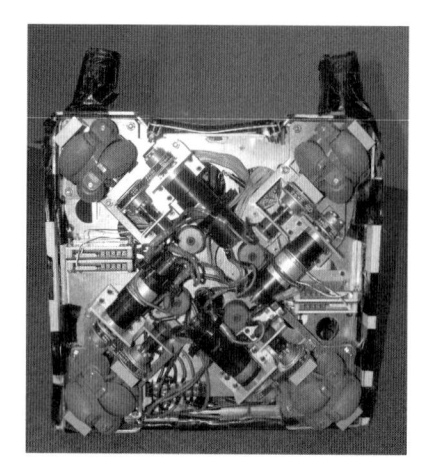

図 1.15 全方位台車とオムニホイール

とで，全方向への移動を可能としている．3輪で全方向への移動が可能であるが，本ロボットは4輪を採用している．これにより，3輪とくらべて直進性能が高く，高速な動きを実現している．オムニホイールを用いたシステムにおいて，モータおよび車輪にエンコーダをつけた場合，すべりが多いため誤差が生じやすい．これに対応するために，エンコーダ専用に上からばねなどで押さえることにより接地性を高めた，滑り難いオムニホイールをつけるチームもある．モータは60Wまたは70Wのものを4つ用いている．各モータと車輪はモジュール化して台車からセットで取り外しできるように設計し，メンテナンスがしやすいシステムを実現した．同時に，台車自身の重心を下げることで走行時の安定性の向上を実現した．各モジュールは積層ゴムを用いて台車に固定されており，これにより振動の影響を軽減している．この台車によりロボットは最高約3m/sで移動可能である．

全方位視覚システムでは全方位ミラーを用いてロボットの周囲360度の画像情報を取得することができる．全方位ミラーおよび取得した画像を図1.16に示す．本システムでは，全方位ミラーをIEEE1394カメラに搭載し，ノートパソコンに取り込んでいる．また，ロボット前方にも魚眼レンズを搭載したカメラを取り付け，この画像もノートパソコンに取り込んでいる．取り込

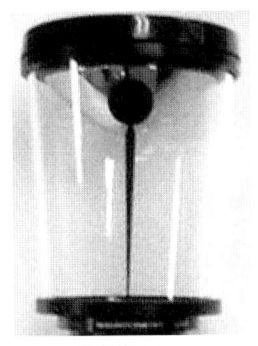

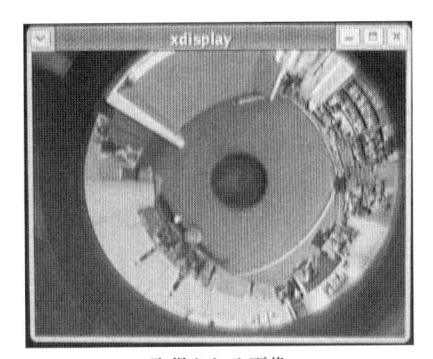

全方位ミラー　　　　　　　　　取得される画像

図 1.16　全方位視覚システム

んでいる画像の解像度は320 × 240 ピクセル，フレームレートは30fpsである．このようにして得られた画像に対し，主にCMVisionとOpenCVというフリーのライブラリを用いて基本的な処理を行っている．表色系はHISを用いている．必要に応じて関数を追加し，画像処理および認識システムを構築している．

ノートパソコンからのI/Oインターフェースとしてマイクロコンピュータを用いている．これを図1.17に示す．本システムではCPUボードにPC/104バスをもちいてD/Aボードおよびカウンタボードを増設している．D/Aボードを用いてモータコントローラへ信号を出力し，カウンタボードを用いてエンコーダの信号を受け取っている．また，CPUボードはPWM出力が可能であり，キック機構への制御信号を出力している．キック機構はソレノイドを用いたものと，エアシリンダを用いたものが作成されている．エアシリンダを用いたものを図1.17に示す．エアシリンダを用いたキック機構はバルブを開けている時間を変えることでキックの強さを制御することが可能である．ソレノイドを用いたキック機構はPWMによる多段の制御によりキックの強さを変更することが可能である．キックの強さを上げるため，コンデンサを用いて昇圧を行っている．

ロボットの開発にあたり，安定性と高速な移動が可能であることを重視した．このため，できる限り小型軽量化し，重心を下げ，システムとしても壊

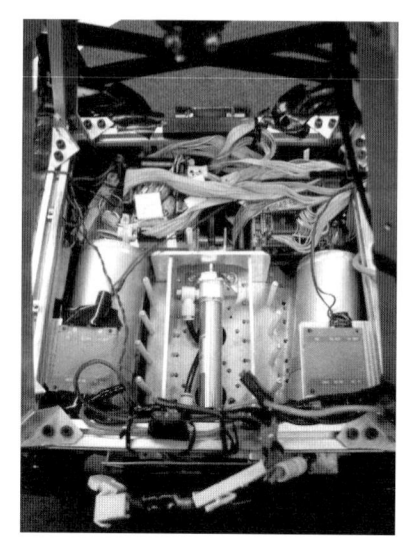

図 1.17 マイクロコンピュータとキック機構

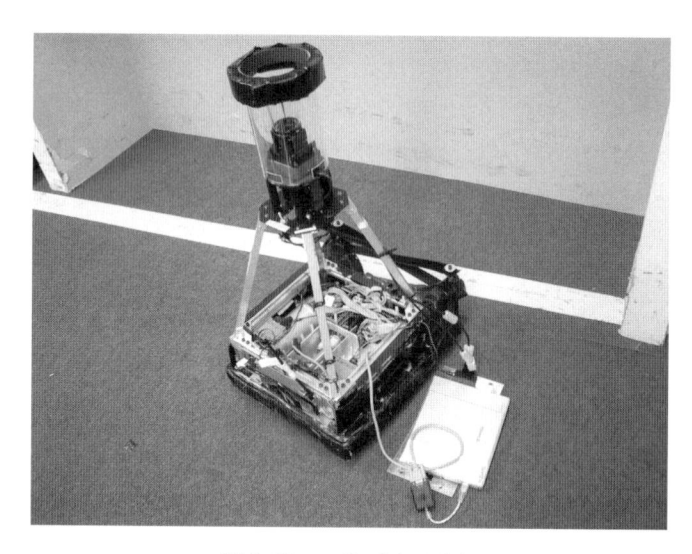

図 1.18 ロボットシステム

れにくくなるよう考慮した．ロボットが壊れずに安定に動くことは，実際の
ロボット利用に際しても最も重要なことである．

1.4.2　ソフトウェアシステム

　本節では図 1.19 に示すロボットのソフトウェアシステムについて解説する．
　まず，カメラからの情報およびエンコーダ情報を用いて，ロボット中心座標系における目標物であるボール，ゴールやコーナーポールといったランドマークの位置および移動可能領域を認識する．得られたランドマークとの位置関係から自己位置を推定する．これらの情報から自分の置かれている状況を評価し，他の味方ロボットと通信により，自己位置および評価情報を共有する．これらの情報から，目的選択器 (objective selector) を用いて自分がとるべき目的 (offense・defense・support) を選択し，行動選択器 (action selector) を用いてこの目的に沿って行動を決定する．行動は行動モジュール (action module) としてあらかじめ設計されている．この行動モジュールを用いて，

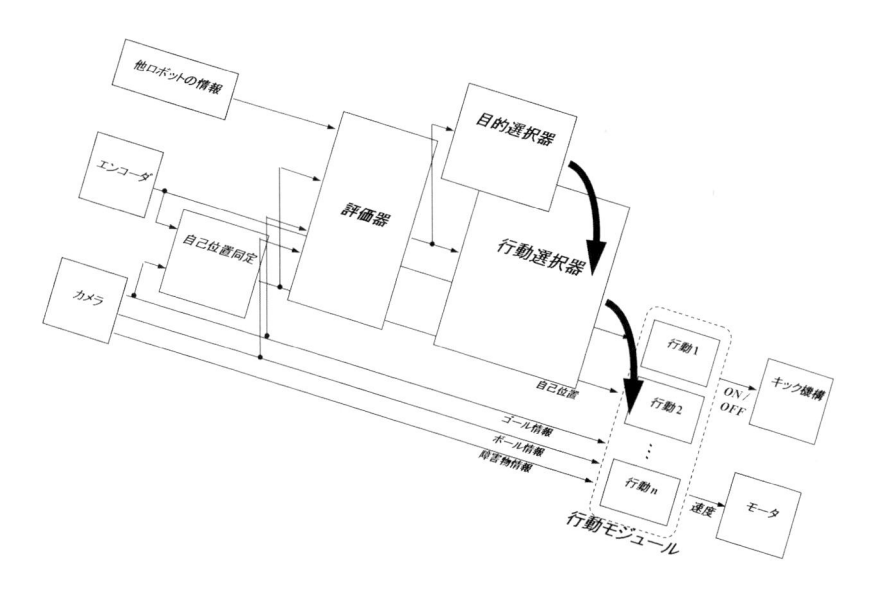

図 1.19　処理の流れ

駆動アクチュエータであるモータやキック機構への出力を決定する．

A　認識システム

本ロボットは外界センサとして，全方位視覚システムを用いている．RoboCupの環境では物体は特徴的な色によって塗り分けられており，色を用いて物体を領域として認識している．認識後の画像を図1.20に示す．それぞれの領域の重心，中心からの角度，距離を用いて，ロボット中心座標系における実際の物体の位置を認識することができる．このとき，ゴールポストおよびコーナーポールの情報からカッシーニの解法[15]により自己位置を推定している．自己位置推定手法を図1.21に示し，概要を述べる．

フィールド内の自己位置推定に用いることができるランドマークの数は，両ゴールポストおよびコーナーポールの計8個である．しかし，フィールドが大きいこと，他のロボットが存在することにより，常にこれら全てのランドマークの情報を取得できるわけではない．そこで，これらのランドマークのうち見えたもののなかで3つを選び，位置を推定するために用いることとした．しかし，フィールド外には観客や会場内の設備など様々なものが存在するので，ランドマークを誤認識している可能性がある．この影響を軽減するため，全てのランドマークの組み合わせの中で最も信頼できそうなものを

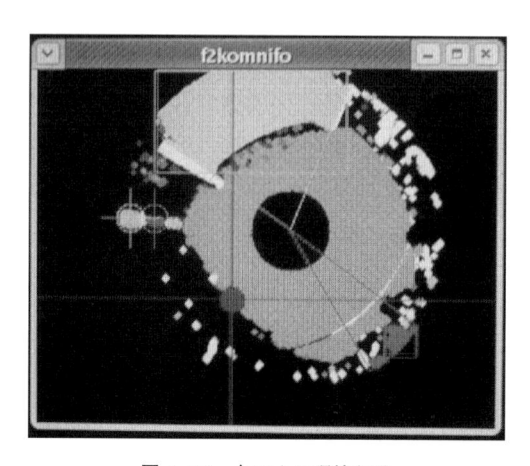

図 1.20　色による環境認識

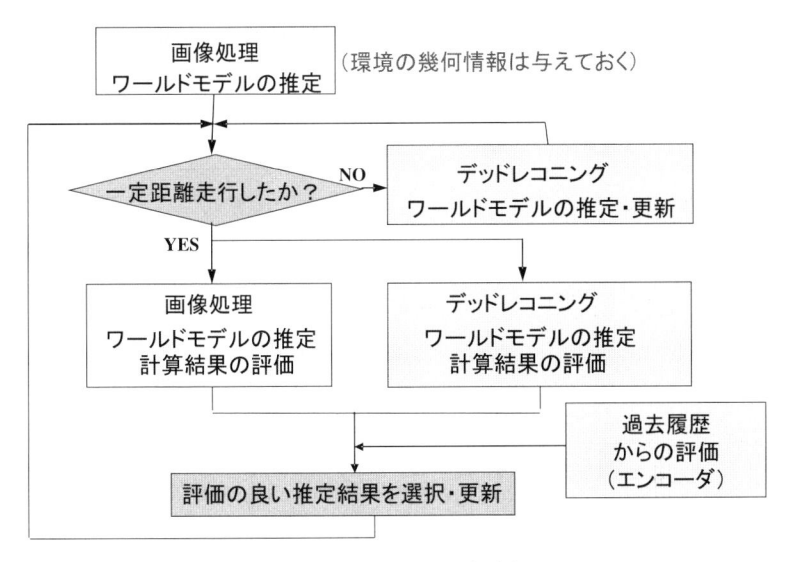

図 1.21 自己位置推定手法

選択することとする．この評価を行うため，算出された自己位置の候補から実際にロボットが推定位置にいた場合に取得できるであろうランドマーク情報と実際の取得情報とを比較し，LMedS 推定により候補を選択する．これとエンコーダ情報から算出した現在の自己位置を比較し，最終的な推定結果としている．本手法では現在は障害物の状況によって認識精度が変動する．これは取得できるランドマークの数が減ることにより，適切な評価が行われていないことによると考えられる．

現在，確率的手法に基づくモンテカルロ法を用いた自己位置推定の研究・応用が盛んであるが実際にロボットが，ロボット自身が意図しない状況で他者に突然持ち上げられ移動させられた場合に，すぐには対応できないという問題がある．今後よりロボットが増えることやフィールドが大きくなっていくことを考慮すると，白線も認識しランドマークを増やすことや，モンテカルロ法を応用する手法を開発し，両方の利点を備えた，より安定な自己位置推定手法が提案されることが望まれる．

また，現在ボールの位置情報および自己位置に対して信頼度という概念を

導入している[16],[17]．取得情報が信頼できない場合において，過去情報からの推定値を適切に用いることで行動の精度を上げることが期待されている．また，行動選択に生かすことが考えられ，これにより，環境に隠れや誤認識対象が多く，物体の認識や自己位置推定が難しい状況においてもできる限り適切な行動をとることが可能となるが期待される．

B 行動決定システム

本節では行動決定システムについて述べる．現在，EIGEN チームはフィールドプレーヤ4台，固定ディフェンダー1台，ゴールキーパー1台の計6台のロボットで構成されている．これらは基本の構造は同じであるが，状況により選択する行動が異なる．以下に基本の構造について述べる．

本システムでは，まず自分が選択すべき目的を offense・defense・support の中から決定し，これに基づいた行動選択をおこなう．選ばれた行動に基づいて進行方向および速度の決定を行う．それぞれについて以下に述べる．

(1) 目的と目的達成評価に基づく協調制御手法

複数台のロボットが協調して作業をおこなうことにより，より複雑で難しいタスクを達成することができると期待されている．このために多くの研究者が協調行動の研究に取り組んでいる．RoboCup 中型リーグのような中規模のロボット群における協調行動では，役割や仕事を割り当てる Dynamic Role Assignment や Dynamic Task Assignment の研究が盛んである[1]~[8]．本システムではタスクや役割を分配するのではなく，各ロボットが群全体で全ての目的を達成するために，そのとき自分が担うべき目的を選択していると考えている．この結果，各ロボットが適切な目的を選択することによりお互いに干渉することなく，全体としてバランスが良い行動をとることを実現している．以下に手法の概要を述べる．

まず，それぞれのロボットは各目的に関してどの程度達成しているかを評価する．攻撃を例とすると，具体的にはロボットとボールとの距離，自分から見たゴールとボールの角度差などを考慮している．これを 0, 1, 2 の 3 段階

に分ける．これにより誤差や通信の遅れの影響を軽減している．ロボットはこの情報を通信を用いて共有する．共有した評価情報のなかで，自分の評価よりも高い評価を持つものおよび優先度が高いロボットを考慮し，自分から見た群全体の目的に対する満足度を評価する．これにより，各ロボットは自分の達成状況と，自分を除く全体の状況を知ることができる．群全体の目的に対する満足度が低いとき，他ロボットが目的を満たしていないということになるため，ロボットはこの目的を選択する．群全体の満足度が高いと判断された場合は，すでに他のロボットがこの目的を達成しようとしていることになるため，この目的を選択しない．これにより，他の邪魔をすることなく一つの目的を達成できると考えられる．

　この処理のイメージ図を図 1.22 に，処理の流れを図 1.23 に示す．ロボット①の達成度評価が 2，ロボット②の達成度評価が 1，ロボット③の達成度評価が 0 の場合を考える．このとき，ロボット①の達成度が一番高く，ロボット①から見た自分以外の達成度評価は 0 となる．同様にしてロボット②は 2，ロボット③は 3 となる．このとき，システム全体の達成度の目標値は 3 であるので，自分以外のシステム全体ではまだ達成していないと考えたロボット①と②がこの目的を選択する．

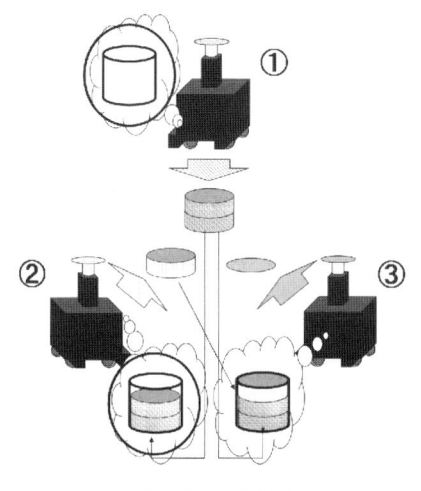

図 1.22　概念図

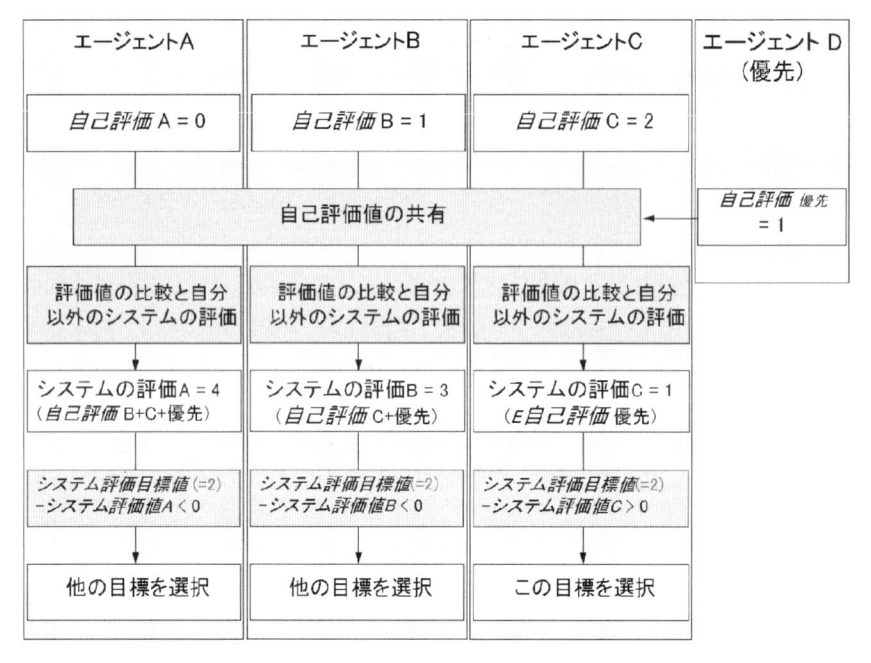

エージェントA	エージェントB	エージェントC	エージェント D (優先)
自己評価A = 0	自己評価B = 1	自己評価C = 2	
自己評価値の共有			自己評価 優先 = 1
評価値の比較と自分以外のシステムの評価	評価値の比較と自分以外のシステムの評価	評価値の比較と自分以外のシステムの評価	
システムの評価A = 4 (自己評価 B+C+優先)	システムの評価B = 3 (自己評価 C+優先)	システムの評価C = 1 (E 自己評価 優先)	
システム評価目標値(=2) −システム評価値A < 0	システム評価目標値(=2) −システム評価値B < 0	システム評価目標値(=2) −システム評価値C > 0	
他の目標を選択	他の目標を選択	この目標を選択	

図 1.23 処理の流れ

　ここまで，目的を選択する方法について述べた．本システムでは各目的ごとに行動選択器 (action selector) が設計されている．行動選択器は認識された環境情報に基づき行動モジュール (action module) を決定する．行動モジュールには"ボールに近づく"，"ゴールを守る"といった攻撃や守備の目的をより細分化した中間目的が定められている．この行動モジュールを連続で選択することにより，行動モジュールに設定された中間目的を達成することが可能である．状況に応じて行動モジュールを適切に選択し，組み合わせることにより全体の振る舞いが形成される．行動モジュールについては次節で述べる．
　実際にロボットに適用する際には，現在は各目的に優先度を設定している．フィールドプレーヤは offense・defense・support の順に，ゴールキーパーおよび固定ディフェンダーは defense・offense・support の順に優先される．これにより，通信が途絶えた場合にも最低限 offense と defense を目的とするロボットが存在するように設計されている．RoboCup の試合でも通信情報が

欠落してしまう，通信速度が非常に遅いといったことは起こり得るため，このような準備が必要である．

現在は offense の具体的な目的はボールに近づきボールをゴールに運ぶこと，defense の目的はボールと味方ゴールの間に入ること，またはディフェンスポジションに移動すること，support はボールが転がってきそうな位置に移動することとしている．

実際の試合においてもこのシステムは有効に働き，それぞれが目的を達成しようと行動することで，フォーメーションをあらかじめ用意しなくても，波状攻撃が実現されている．実際に試合で見られた連携および波状攻撃の様子を図 1.24, 1.25 に示す．まず図 1.24(a) において，ディフェンダーが守備に入り，他のプレーヤは守備の邪魔をしないようボールから離れてようとしている．その後ゴールキーパーのほうにボールが転がり，図 1.24(b) で見られるようにゴールキーパーが守備をするようになっている．そして図 1.24(c) に見られるようにキーパーがフィールド内のフリーな領域にボールをクリアーしている．図 1.24(d) では，ボールが転がってきそうな領域に広がって待機していたフィールドプレーヤが，近くにきたボールにすばやくアプローチし，さらに前にボールを転がしている．しかし図 1.24(e) にあるようにボールを一度手放してしまう．これによりもともとボールを保持していたロボットの評価値が下がり，エリアで待機していたロボットの評価値がボールが転がってきたことにより上がり，目的が切り替わる．この変化により，図 1.24(f) においてはフォワードのロボットが入れ替わっていることがわかる．

図 1.25 においては，まず (a) の状態から (b) にあるように 5 番のロボットがボールをとりに行く．しかし敵ロボットに阻まれ，(c) にあるようにボールを取り逃してしまう．この後 (d) にあるように，サポートしようと近づいてきた 7 番ロボットがボールにアプローチし，保持することができた．

このように各ロボットの役割が変化することにより，刻一刻と変化する状況に対応し，チームとしてボールを確保することができていることがわかる．

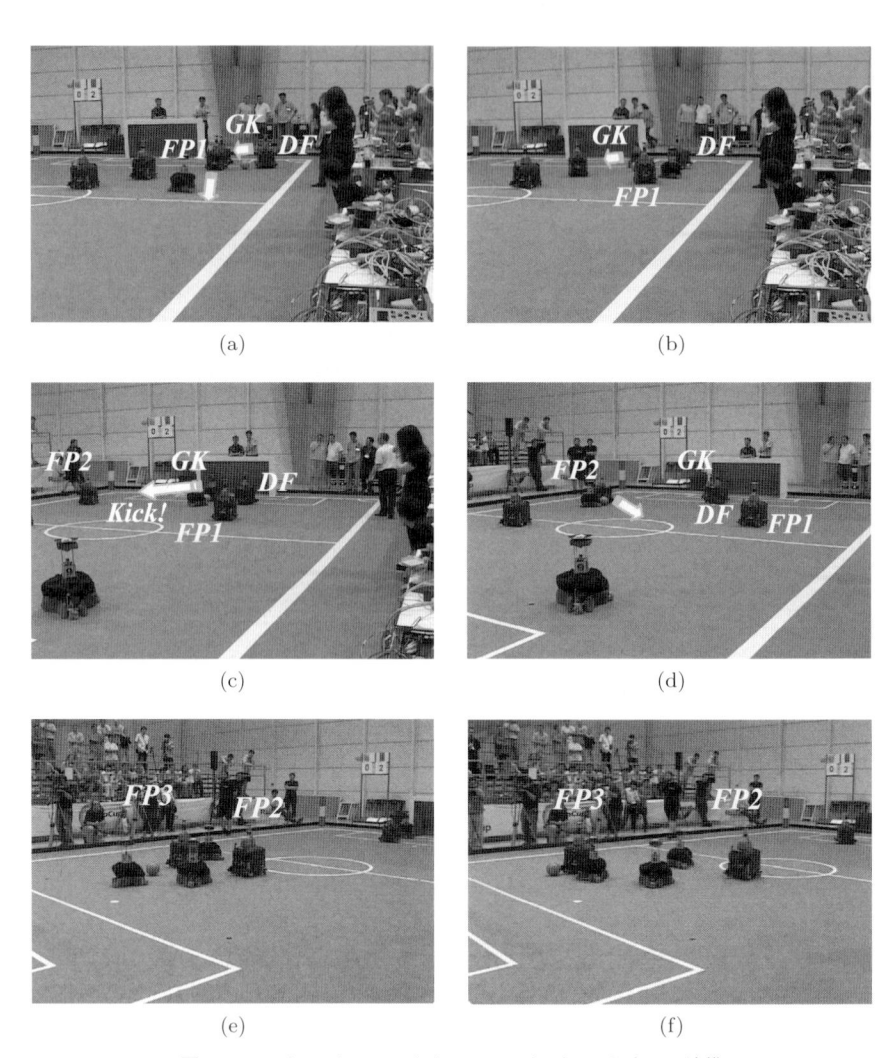

図 1.24　ゴールキーパーからフィールドプレーヤまでの連携

図 1.25 波状攻撃

(2) 行動モジュール

行動モジュールはそれぞれ中間目的を達成するためにロボットの進行方向および速度を決定する．これは毎ループおこなわれる．

自律移動ロボットの行動に関する研究では，1986 年に R. A. Brooks によりビヘービアベーストロボティクス[9]が提唱されて以降，これに基づくさまざまなアーキテクチャが提案されている．その主要な一つであるモータスキーマ[10]は，ポテンシャル場の概念を用いた手法であり，複数ロボットによるフォーメーションの形成[11]などにも応用され，有効性が示されている．本研究チームでは，津崎によりファジィ理論を応用したファジィポテンシャル法[13]が提案されており，サッカーロボットに適用し，障害物回避を行いながらボールへ回り込む行動が実現されている．現在は，より多様な行動を実現

するために，ファジィポテンシャル法にポテンシャル場の概念を導入した拡張ファジィポテンシャル法を提案[14]している．拡張ファジィポテンシャル法では，ロボットの侵入を抑制したい領域をポテンシャルで表現することで，行動の設計をより容易に行うことが可能となっている．さらに，状況の変化に応じてポテンシャルの形状を変化させることで，行動を適応的に変化させることも可能である．

ファジィポテンシャル法は，複数の基本行動をそれぞれポテンシャルメンバーシップ関数 (Potential Membership Function: PMF) を用いて表現し，これらをファジィ演算を用いて統合することにより，各基本行動の合意点を効率的に抽出し，速度ベクトルを決定する手法である．PMF は横軸がロボットからの相対角度，縦軸がその角度に対する優先度を表すものである．類似した手法であるモータスキーマと比較した場合，モータスキーマでは行動を規定する基本単位であるスキーマが速度ベクトルを出力し，それらの総和を正規化することで最終的な速度ベクトルが決定される．これに対して，ファジィポテンシャル法における PMF はファジィ理論におけるメンバーシップ関数の形をとり，ファジィ演算を用いてその統合を行う．これにより，より複雑な行動の生成が可能であり，人間の知識や経験も容易に表現可能である．さらに，直観的に理解しやすいという特徴も有している．拡張ファジィポテンシャル法では複雑な行動をより容易に実現するために，ロボットの侵入を抑制したい領域をポテンシャルで表現し，これに基づいて PMF を生成する手法を提案する．さらに，適応的な行動を実現するために，PMF を生成するためのパラメータを状況に応じて変化させる手法を提案した．提案する拡張ファジィポテンシャル法の概要を図 1.26 に示す．提案手法のその他の特徴としては，行動決定に際して経路計画・自己位置推定を必要としない点，高速に移動するロボットに対しても行動制御が可能である点が挙げられる．

物体の目標地点への搬送タスクを例に提案手法のアルゴリズムを述べる．なお，タスクを複雑にするために，環境には障害物が存在し，ロボットは目標地点を向いた状態で物体を保持するものとする．提案手法は (i) 基本行動における PMF の生成，(ii) ファジィ演算による速度ベクトルの決定という 2 ステップによりなる．タスクを達成するために基本行動を規定し，ポテン

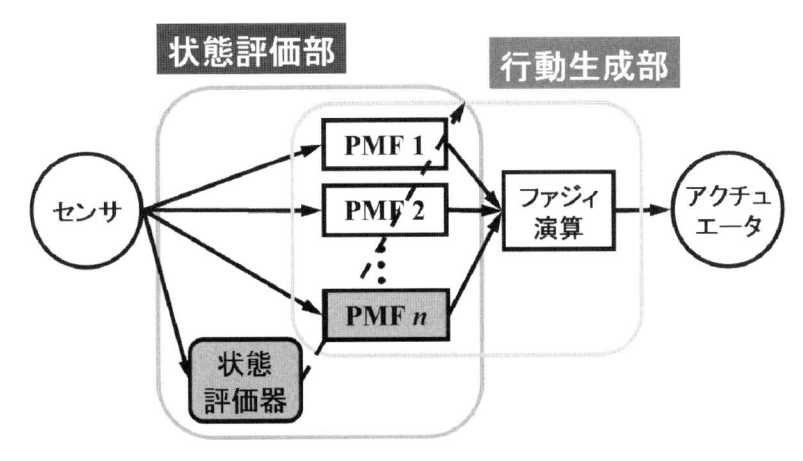

図 1.26　拡張ファジィポテンシャル法概念図

シャルメンバーシップ関数を生成する．なお，各角度に対する優先度は0〜1の値をとるものとする．考慮に入れる基本行動は，"(a) 目標物の保持"，"(b) 特定の領域への侵入抑制"，"(c) 目標物と目標地点の位置関係に基づく回り込み方向の抑制"，"(d) 障害物回避"である．これを図 1.27 に示す．

"(b) 特定の領域への侵入抑制"においては，抑制ポテンシャルはロボットに与えられたタスクに応じて設計者が任意に設計することが可能であるため，種々のタスクに適用可能である．また，2次元平面上で領域を表現可能であれば任意の形状でよいため，複雑な行動も容易に表現可能である．さらに状況に応じて形状・大きさなどを変化させることでロボットの行動を適応的に変化させることが可能である．

"(d) 障害物回避"のための PMF では，優先度は障害物までの距離に応じて決定される．なお，PMF の生成には各角度における障害物までの相対距離のみが必要となり，障害物の大きさ・形状などの認識は必要としない．このため，本手法を適用可能なセンサは視覚センサ，レーザレンジファインダ，赤外線センサ，超音波センサなど多岐に渡り，汎用性が高い．

生成された PMF をファジィ演算を用いて統合し，非ファジィ化により速度ベクトルの決定を行う．

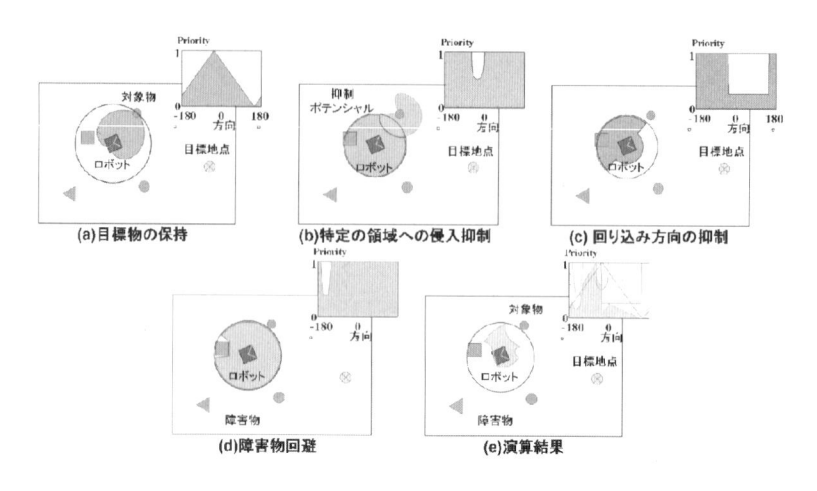

図 1.27 演算の様子

拡張ファジィポテンシャル法は本システムの行動モジュールに適用されている．これによりボール速度に応じたボールへの回り込み行動やロボットの移動速度を考慮した障害物回避行動が可能となった．この様子を図 1.28 に示す．(a) において，ロボットがボールに近づこうとしたところに敵ロボットが存在している．そこで (b)〜(d) に見られるようにボールをゴールに持っていくべく右方向に移動し，障害物である敵ロボットをよけることができている．その後，(e) のようにキーパーがゴールをふさぐようにゴールに立ちはだかるが，(f) においてはこのキーパーを左によけシュートを決めている．

1.5 まとめ

本節では RoboCup および RoboCup サッカー中型ロボットリーグに参加している慶應義塾大学 EIGEN チームのロボットについて解説した．RoboCup ではそれぞれのリーグに参加している多くの研究者たちが様々なテーマを掲げ研究開発がなされている．実際のロボットを対象として動かしてみることでわかる問題点も多く，研究だけではない地道な開発作業も多く含まれるが，これらも含めロボット研究開発の発展および研究者の育成の糧となっている．EIGEN チームのロボットも発展を続け，RoboCup の参加を通して得たもの

図 1.28 拡張ファジィポテンシャル法を用いた行動の様子

を発表し,実環境で利用できるロボット研究開発に役立ちたいと考えている.

参考文献

(1) Uchibe, E., Kato, T., Asada, M. and Hosoda, K., Dynamic Task Assignment in a Multiagent/Multitask Environment based on Module Conflict Resolution, *Proceedings of IEEE International Conference on Robotics & Automation*, (2001), 3987–3992.

(2) Dahl, T. S., Mataric, M. J. and Sukhatme, G. S., Emergent Robot Differentiation for Distributed Multi-Robot Task Allocation, *Proceedings of the 7th Int. Symposium on Distributed Autonomous Robotic Systems (DARS 04)*, (2004), 191–200.

(3) Gerkey, B. P., Mataric, M. J., A Formal Analysis and Taxonomy of Task Allocation in Multi-Robot Systems, *the International Journal of Robotics Research*, **23**-9 (2004), 939–954.

(4) Emery, R., Sikorski, K. and Balch, T., Protocols for Collaboration, Coordination and Dynamic Role Assignment in a Robot Team, *Proceedings of IEEE International Conference on Robotics & Automation*, (2002), 3008–3015.

(5) Chaimowicz, L., Campos, M. F. M. and Kumar, V., Dynamic Role Assignment for Cooperative Robots, *Proceedings of IEEE International Conference on Robotics & Automation*, (2002), 3008–3015.

(6) Weigel, T., Gutmann, J.-S., Dietl, M., Kleiner, A. and Nobel, B., CS Freiburg: Coordinating Robots for Successful Soccer Playing, *IEEE Transactions on Robotics and Automation*, **18**-5 (2002).

(7) Iocchi, L., Nardi, D., Piaggio, M. and Sgorbissa, A., Distributed Coordination in Heterogeneous Multi-Robot Systems, *Autonomous Robots* **15**-2 (2003), 155–168.

(8) D'Angelo, A., Menegatti, E. and Pagello, E., How a Cooperative Behavior can emerge from a Robot Team, *Proceedings of the 7th Int. Symposium on Distributed Autonomous Robotic Systems (DARS 04)*, (2004), 71–80.

(9) Gerkey, B. P. and Mataric', M. J., On role allocation in RoboCup, in Polani, D., Bonarini, A., Browning, B. and Yoshida, K., eds., *RoboCup 2003: Robot Soccer World Cup VII*, Springer-Verlag Berlin, Heidelberg (2004).

(10) Brooks, R. A., A Robust Layered Control System for a Mobile Robot, *IEEE J. Robotics and Automation*, **RA-2**-1 (1986), 14–23.

(11) Arkin, R. C., Motor schema-based mobile robot navigation, *Int. J. Robotics Research*, **8**-4 (1989), 92–96.

(12) Balch, T. and Arkin, R. C., Behavior-based formation control for multi-robot teams, *IEEE Trans. Robotics and Automation*, (1998).

(13) 津崎亮一・吉田和夫,"ファジィポテンシャル法に基づく全方位視覚を用いた自律移動ロボットの行動制御手法",日本ロボット学会誌,**21**-6 (2003), 656–662.

(14) 大塚史高・藤井飛光・吉田和夫,"拡張ファジィポテンシャル法を用いた自律移動ロボットの行動制御",日本ロボット学会誌 (2005-9), 1–15.

(15) 森 忠次,測量学 1 基礎編,丸善株式会社 (1979), 215–217.

(16) Fujii, H., Kurihara, N. and Yoshida, K., Intelligent Control of Autonomous Soccer Robots Compensating Missing Information, *Journal of Advanced Computational Intelligence and Intelligent Informatics*, **9**-3 (2005), 268–276.

(17) Fujii, H. and Yoshida, K., Action Control Method for Mobile Robot Considering Uncertainty of Information, *IEEE/RSJ International Conference on Intelligent Robots and Systems (IROS2005)*, (2005).

第2章　小型無人ヘリコプタの自律制御

野波健蔵

2.1　はじめに

　ヘリコプタは垂直離着陸，空中停止など飛行機には見られない飛行特性を有しており，20世紀半ばからこの利点を生かして有人ヘリコプタとして空撮，輸送，レスキュー，監視など様々な分野で活用されてきた．しかし，空撮を例にとると，必ずしも有人である必要は無く，カメラを積んだ無人機に所定のコースを飛行させ，地上からカメラの映像を監視しながらズームや方向を調整することで大半の空撮目的を実現できる．さらに，無人機であれば火山などの有毒ガスが発生している危険地帯での情報収集，火災現場，地雷探査など有人ヘリコプタでは本来不可能であった用途への応用が期待される．

　ヘリコプタには様々な機種があるが，上記のカメラや各種センサを搭載して無人で飛行する目的のヘリコプタの場合には，小型であるほど大型機に比べて経済性，取り扱い易さ，飛行性能において優れている．このクラスの小型無人ヘリコプタは，主にホビー業界で開発が進められてきたため，その飛行はオペレータによる有視界内に限定されているのが現状である．また，その操縦は非常に難しく，正確なホバリング飛行を習得するまでには長期の練習期間を要する．そのため，小型無人ヘリコプタの実用を考える上では，自動制御技術が重要となってくる．

　このような無人ヘリコプタの総称を回転翼UAV (Unmanned Aerial Vehicle) と呼ぶ[1]．このUAVには回転翼の他に固定翼UAVがあり，UAVの大半は固定翼である．こうしたUAVの有用性が内外で認識されつつあり，研究開発が活発に行われている[2]．

　上記の理由から，近年小型無人ヘリコプタの動的モデルを含めた制御技術

の研究が国内外で行われてきた．国内では企業ベースで研究が盛んに行われており，ヤマハ発動機による農薬散布用無人ヘリコプタRMAX[3]，川田工業のRoboCopter，富士重工のRPH2，ヤンマー農機のYH300などがあるが，制御技術に関する詳細な論文は公開されていない．最小の機体でも総重量100[kg]弱であり小型とは言いがたいものである．

　海外においては，大学ベースでこの種の研究が盛んに行われており，関連する論文も公表されている．制御技術に関しては，学習ベースの制御則[4],[5]，ロバスト制御，PIDマニュアルチューニングなどの適用が報告されている．また，動的モデルに関しても，システム同定による13次MIMOモデル[6]，力学解析による非線形モデル[7]などが報告されている．しかし，これらの研究分野は比較的新しい研究分野であり，動的モデルや有力な制御手法は確立されていない．

　千葉大学では，1998年から小型無人ヘリコプタの制御技術に関する研究をスタートし，2001年からヒロボー（株）と共同研究を推進して経済産業省の支援の下で，新規に開発した制御用ハードウエアと独自の制御アプローチにより，2002年にホビー用としてはわが国で最初の完全自律化に成功し[8]～[12]，さらに2003年にオートローテーション[13]，2004年にアクロバット飛行などに成功した[14]．ここでは，完全自律型小型無人ヘリコプタの自律制御について述べる．なお，ホビー用小型無人ヘリコプタのクラスの自律制御の成功はわが国では最初である．同時にこの技術はこれより大きなクラスの小型無人ヘリコプタにも基本的には即適用できる．

　確立された小型無人ヘリコプタの自律制御技術は，情報収集を目的とするヘリコプタとして応用が期待されている．とりわけ，電力会社がインフラ監視として有人ヘリコプタで定期的に実施している山岳地帯の高圧送電線の点検巡視作業，接近樹木監視への適用が日程に上っている．千葉大学，ヒロボー（株），中国電力（株）の3者は2003年から産学連携の自律型小型無人ヘリコプタによる送電線点検実用化プロジェクトを推進しており，早期の実用化を目指して研究開発を行っている[15]．

　その他，文部科学省プロジェクトの大規模大震災被害低減化特別プロジェクトにも本研究は「レスキューヘリコプタ」として参画している．

第 2 章 小型無人ヘリコプタの自律制御

表 2.1 HIROBO S40 Specification

Main rotor dia.	1,790 [mm]
Body length	1,467 [mm]
Body weight	9,000 [gf]
Max. lift	17,500 [gf]
Engine	Petrol,2-stroke, 40 [cc]

表 2.2 HIROBO SF86 Specification

Main rotor dia.	2,500 [mm]
Body length	2,050 [mm]
Body weight	23,000 [gf]
Max. lift	40,000 [gf]
Engine	Petrol,2-stroke, 86 [cc]

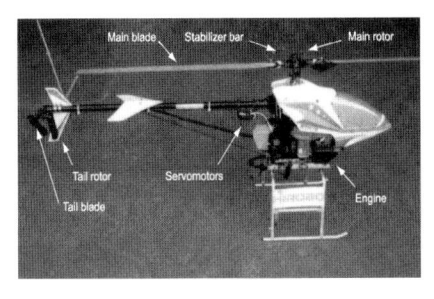

図 2.1 日本初の完全自律型小型無人ヘリコプタ（SF40）

図 2.2 日本初の完全自律型小型無人ヘリコプタ（SF86）

本研究で対象とする小型無人ヘリコプタは 3 種類ある．最も小型のものは図 2.1 および表 2.1 に示す SF40 で本体重量 9 kg であり，1998 年から用いている先端的自律制御技術開発のために試作されたものである．経済産業省コンソーシアムの支援を得て開発した自律制御実用プロト機を図 2.2 および表 2.2 に示す．機体は SF86 で本体重量は約 20 kgf である．SF40 は小型であることから，外乱に弱く，また，搭載可能な重量も厳しく制限されるため，ハードウェア，制御手法の研究開発に臨む上で，より高いハードルを掲げることになる．小型の機体により自律制御が確立されれば，安定性，ペイロードの面で優れている SF86 により同様の自律制御を実現することは容易であると考えられる．図 2.3 は送電線点検巡視用自律型ヘリコプタ SF125 である．全備重量 48 kg，飛行時間は約 1 時間で自律制御と送電線点検巡視に必要なセンサ類をすべて搭載している．

図 2.3 送電線点検巡視用自律型ヘリコプタ (SF125)

2.2 自律制御システムのハードウエアの開発と検証実験

　小型無人ヘリコプタは，有人機などの大型機に比べて自律化を実現する上で困難な点が存在する．ハードウェア面では，小型機であるゆえペイロードが小さく，搭載すべき装置は徹底的にダウンサイジングを図らなくてはならない．一方，ヘリコプタの動特性は非線形かつ各軸の連成をもつ複雑なものとなっていることが知られているが，特に小型機の場合は慣性の小ささやメインロータヘッドの構造上の特徴により動特性がより不安定化かつ複雑化し，数式モデリングが難しくなり，制御アルゴリズムも複雑化しがちになる．それにもかかわらず，装置のダウンサイジングに伴い電源面や装置性能面により厳しい制約がかかるため，これら相反する課題を克服しなくてはならない．

　ここでは，小型無人ヘリコプタの自律制御システムのハードウェアおよびファームウェアの開発について，課題，設計の基本方針，設計，製作，実装について簡単に述べる．開発された自律制御システムは，例えば，制御装置が非接続の状態では，特別な操作なしにホビー用ラジコンヘリコプタと同じ，手動操縦ヘリコプタとしてそのまま利用できること，自律制御時は手動操縦送信機を目標値入力装置として使えること，制御演算において搭載制御装置と地上局ホストコンピュータとをその場に応じて柔軟に組み合わせて分担させられることなどの，従来にはなかった際立った特徴を有する．

図 2.4 サーボパルス切換え装置

2.2.1 サーボパルス切換装置の開発

制御演算で得られた制御信号をサーボモータなどに送るためには，必然的に，ラジコンヘリコプタの手動操縦系統に手を加える必要が生じる．ただ，手動操縦系統は緊急時の命綱として残しておかなくてはならない．そこで，手動操縦と自律制御を動的に切換える必要がある．従来の自律制御システムにおいては，このような切換え機能がある場合，それを制御装置内部に持たせていた．しかし，筆者らは，ホビー用ラジコンヘリコプタとの互換性を保つため，既製品に直接改造の手を加えず，なおかつ手動操縦系統が制御装置の有無に依存しないシステムを設計した．これがサーボパルス切換装置で，図2.4 は完成した装置の写真である．

2.2.2 パルスジェネレータ装置

筆者らの自律制御システムでは，制御演算は基本的に制御装置内で行うが，小型軽量化のため性能には制約がある．そこで，一部の複雑な演算は地上局のホストコンピュータなどを用いて併用することを考案し，地上局の演算結果からラジコン送信機の外部操縦信号を生成するパルスジェネレータ装置を開発した．

2.2.3 制御装置

制御装置は，ヘリコプタの各種飛行状態の取得，制御アルゴリズムの演算，制御信号の生成とサーボモータへの送出のための一連の装置の集合であり，特に，ヘリコプタに搭載するハードウェアおよびファームウェアであると位置づける．制御装置にアセンブリした各要素の仕様を表 2.3 に，制御装置内部の各構成要素の関係を図 2.5 に，それぞれ示す．また，図 2.6 は完成した装置の写真である．重量は当初約 2.9 kg であったが，改良を重ねて，最新の

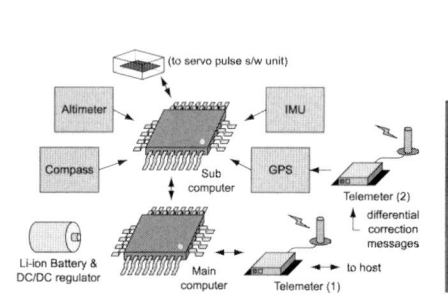

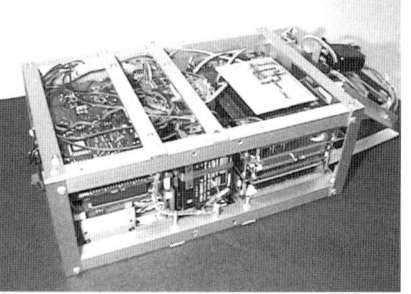

図 2.5 制御装置内部の各構成要素の関係   図 2.6 制御装置概観

表 2.3 制御装置仕様

Box	Box	Size $=290\times190\times110$[mm], weight $= 2,900$[gf] (after assembled)
CPUs	Main	For controller calculation, 200[MHz], 360 MIPS, 1.4 GFLOPS
	Sub	For communication with peripherals, built-in serial / AD / pulse ports, etc.
Sensors	IMU	Attitude angle detector, 60[Hz]
	GPS	Position / velocity detector, RTK-Differential, 10[Hz], precision = 2 [cm]
	Altimeter	Distance meter above ground, precision = 1 [mm], range = 300 ~ 3,000 [mm]
	Compass	2-axis magnetometer, analog output
Telemeters	(1)	2.4[GHz], 2[Mbps], for communication with ground station
	(2)	2.4[GHz], 51.9[kbps], for receiving GPS differential correction message
Power	DC/DC	Step up/down regulator, in = 8~32, out = 5, ±12[V], efficiency = 78%
	Batt.	out = 21.6 [V] / 2 [A], cap. = 3,300 [mAh], 700 [gf]

ものはすべてを含んで約 1 kg となっている．

2.2.4　ハイブリッド型自律制御システム

図 2.7 は，前節までで説明したハードウェアにより構成される自律制御システムである．図 2.8 は，機体および自律制御の装置を取り付けた写真である．

本システムのハードウェア構成は，ヘリコプタ搭載の制御装置と地上局のホストコンピュータにより構成される点では従来技術と同じである．本システムは，制御装置と地上局ホストコンピュータの片方もしくは両方を自律制御演算に利用でき，どちらのコンピュータからも任意のサーボモータを直接駆動できること，個々の制御アルゴリズムをどちらのコンピュータに実装するか，それらの組み合わせを柔軟に変えられること，ラジコン送信機がジョイスティック代わりにもなれるなど個々のハードウェアの役割が固定的ではなく変更可能であること，などの従来とは異なる特徴を有し，その意味でハイブリッドと呼称するものである．

これを実現する上で重要な役割となっているのが，サーボパルス切換装置およびパルスジェネレータ装置である．

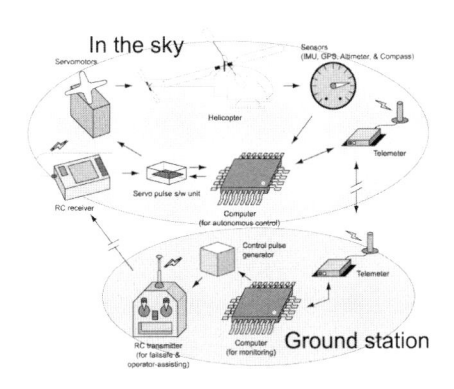

図 2.7　ハイブリッド型自律制御システム 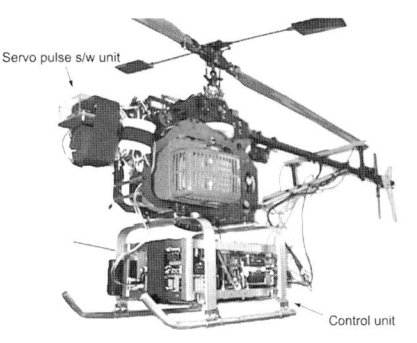　　図 2.8　機体および自律制御装置

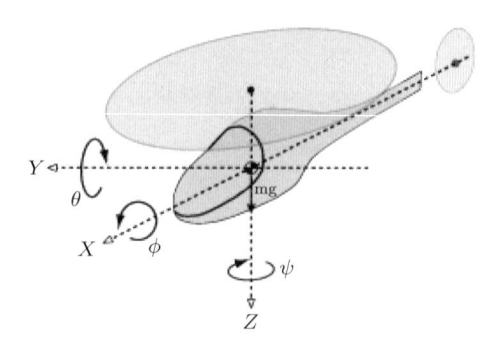

図 2.9　座標系

2.3　モデリングと自律制御

2.3.1　姿勢制御

A　座標系

座標系を図 2.9 のように定義する．姿勢角度 θ, ϕ, ψ はそれぞれ，ピッチング，ローリング，ヨーイング角である．座標系は，地上に対して回転および平行移動しないものを考える．

B　アクチュエータのモデル

本研究で制御対象とするヘリコプタのアクチュエータには，ホビー用のラジコンヘリコプタと同様のサーボモータが採用されている．この種のサーボモータは，入力パルス幅でサーボモータの回転角度を与える．±60° の角度変動幅をパルス幅 ±600 [μs] で与えている．そこで，入力から出力角度までのサーボモータの特性を伝達関数で式 (2.1) のように仮定し，そのパラメータ ζ_s と ω_{ns} を部分空間同定法により決めた．

$$G_s(s) = \frac{\omega_{ns}^2}{s^2 + 2\zeta_s\omega_{ns}s + \omega_{ns}^2} \quad (2.1)$$

C ピッチとロールモデル

本研究で使用している制御系にはセンサのむだ時間，無線伝送のむだ時間が含まれている．そのむだ時間は制御サンプリングタイムの3倍にあたる．そこでむだ時間，アクチュエータの特性を考慮した，エレベータ（ピッチング操作）入力からピッチ姿勢角度までの伝達関数表現は式 (2.2) のように，エルロン（ローリング操作）入力からロール姿勢角度までの伝達関数式 (2.3) のようになる．

$$G_\theta(s) = e^{-Ls}\frac{K_\theta \omega_{ns}^2}{(s^2+2\varsigma_s\omega_{ns}s+\omega_{ns}^2)(T_\theta s+1)s} \tag{2.2}$$

$$G_\phi(s) = e^{-Ls}\frac{K_\phi \omega_{ns}^2}{(s^2+2\varsigma_s\omega_{ns}s+\omega_{ns}^2)(T_\phi s+1)s} \tag{2.3}$$

ここで，モデルゲイン (K_ϕ, K_θ) と時定数 (T_ϕ, T_θ) は実験とシミュレーションによるチューニングにより決定した．

D ヨーのモデル

本研究で用いている小型無人ヘリコプタのヨー軸角速度安定化用レートジャイロ装置としては，市販のホビー用のラジコンヘリコプタと同等のものが装着されている．これは入力をヨー軸の回転角速度として制御を行っている．本研究に用いている実験機にも角速度ジャイロセンサを利用した角速度サーボコントローラが搭載されている．それを2次遅れ系として仮定する．したがって，ヨー軸の回転運動モデルは式 (2.4) のようにむだ時間，2次遅れ系と積分器1個を持つシステムになる．

$$G_\psi(s) = e^{-Ls}\frac{K_\psi \omega_{n\psi c}^2}{(s^2+2\varsigma_{\psi c}\omega_{n\psi c}s+\omega_{n\psi c}^2)s} \tag{2.4}$$

E 姿勢制御系設計

本研究では最適制御理論を適用しコントローラを設計する．また，定常偏差をなくすため1次サーボ系を構成した．ピッチ，ロール，ヨーをそれぞれ Single-Input Single-Output (SISO) 系，また連成がないシステムと仮定し最

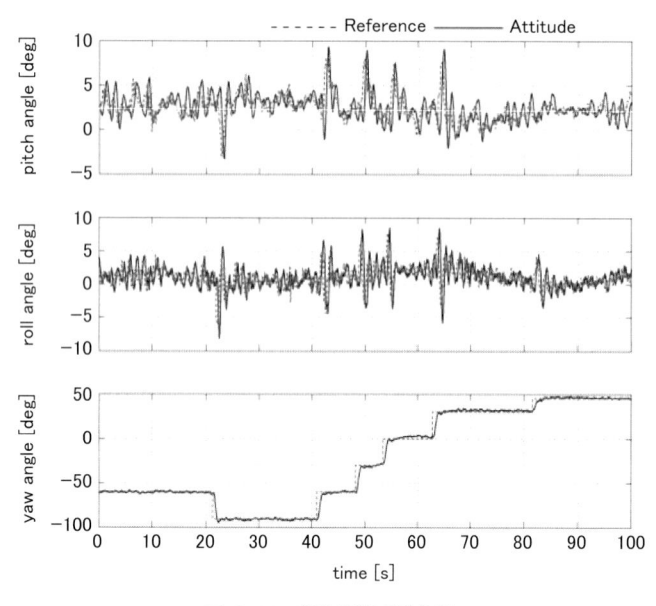

図 2.10 姿勢制御実験結果

適フィードバックゲインを求める．得られた制御器による実験結果を図 2.10 に示す．ヨー軸にステップ状の目標値を印加しながらその追従性を検証しつつ，ロール角，ピッチ角は安定な姿勢制御系が実現されていることが分かる．

2.3.2 高度制御

ブレード翼素理論[16]によれば，メインロータによる揚力は，以下の式で表される．

$$T = \frac{b}{4}\rho a \Omega^2 R^3 (\theta_t + \phi_t) c \tag{2.5}$$

ここで，

T	メインロータによる揚力	θ_t	コレクティブピッチ角
b	ブレード枚数	ϕ_t	流入角
ρ	空気密度	c	翼弦長
Ω	ロータ回転数		

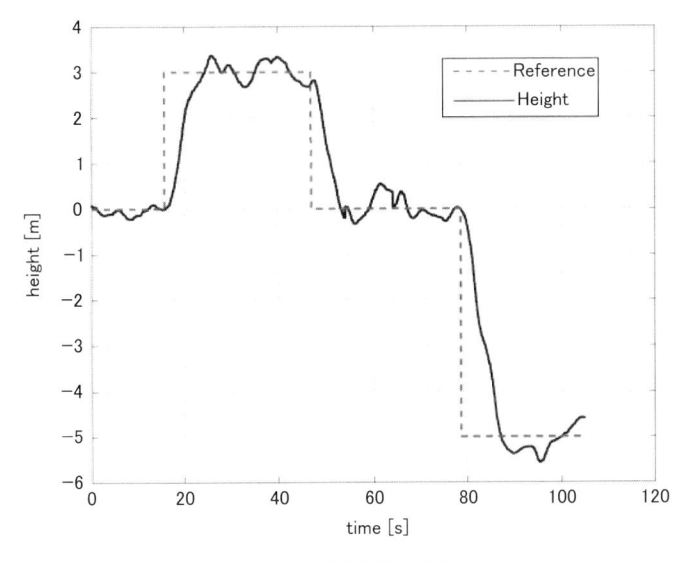

図 2.11 高度制御実験結果

本研究で用いるヘリコプタには，市販のエンジンガバナが搭載されており，ロータ回転数は一定に保たれていると仮定できる．その他の変数も微小，または変動が少ないと仮定すると，メインロータによる揚力はコレクティブピッチ角のみの関数となり，上下方向の運動モデルは以下の伝達関数となる．

$$Z = \frac{k}{s^2}\theta_t \tag{2.6}$$

このモデルに対して最適制御理論により制御器を設計し，実験を行った．実験結果を図 2.11 に示す．姿勢制御系と同様，高度目標値の変化に安定に追従する高度制御系が実現できている．

2.3.3 併進運動制御

A 併進速度モデル

ここでは，ヘリコプタがホバリングに近い状態，つまり併進速度が小さい場合に対してのモデリングを行う．ホバリング時においては，z 軸方向の加速度が小さいため，メインロータによる揚力はヘリコプタの自重に等しいと

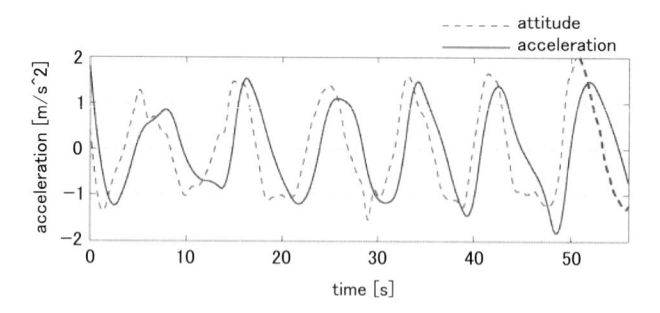

図 2.12 姿勢変動と加速度間の位相遅れ

仮定できる．したがって，簡単な力学解析により，機体前後方向併進運動に関して，以下の1次モデルが得られる．

$$\dot{v}_x = g\tan(\theta) \cong g\theta \tag{2.7}$$

ここで，g は重力加速度である．

式 (2.7) は，機体の姿勢角度が直接的に加速度となることを示している．しかし，図 2.12 に示す実験データから，機体の姿勢変動と実際の加速度の間には，何らかのダイナミクスが存在することがわかる．図 2.12 において，機体加速度を直接的に観測することは不可能であるため，GPS によって観測された速度データを微分することで加速度を求めるが，速度データには観測ノイズが含まれるため，直接微分を実行することはできない．

そこで，位相情報に影響を及ぼさないスプライン補間によって，速度データにフィルタリングを施した後に，速度データを時間微分して加速度を求めた．この動特性は，現在のところ空力的要因によるものと推測されるが，詳細な理論的解析は行っていない．

図 2.12 の特性を以下の1次遅れ系で近似し，また，実験データとシミュレーションを比較することにより，不安定極を加えた以下のモデルを最終的に制御器の設計に使用した．なお，式 (2.8) の解析的導出に関しては文献 (33) を参照されたい．

$$v_x(s) = g\frac{T}{s+T}\frac{a}{s-a}\theta \tag{2.8}$$

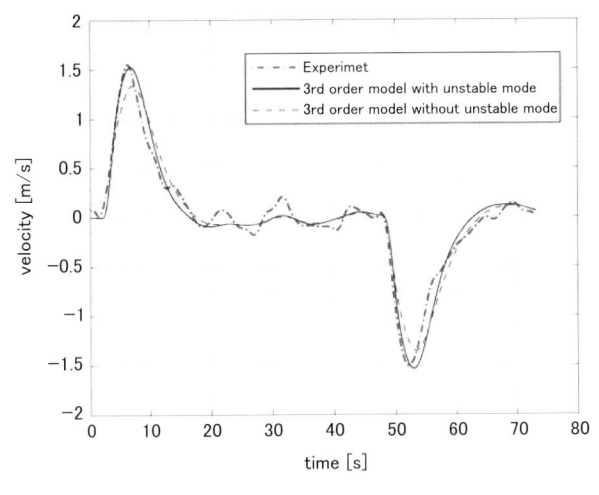

図 2.13 速度応答

不安定極を付加しないモデルと付加した式 (2.8) のモデルの比較を図 2.13 に示す．8 秒付近と 58 秒付近での速度応答を比較すると，不安定極を含むモデルの方が実験データをよく再現していることがわかる．機体左右方向の速度モデルに関しても，同様のモデルを制御系設計に用いている．

B 速度制御実験

得られた速度モデルに対して，機体前後，左右方向にそれぞれ独立した速度制御器を設計した．速度モデルは式 (2.8) で記述されるため，ここでの速度制御器は，得られた速度データから任意目標速度を実現するために必要な姿勢角度を算出するものである．したがって，速度制御器の出力は姿勢制御器への目標値入力となる．この場合，姿勢制御閉ループは速度制御器から見れば，仮想的なアクチュエータとなるが，そのダイナミクスは速度ダイナミクスに比べて十分に速いとして，その特性は速度制御器の設計には考慮していない．

制御器は 1 型のサーボ系を構成し，フィードバックゲインを最適制御理論を用いて設計した．速度データは高精度 RTK-GPS により観測可能であるため，最小次元オブザーバを用いて，残りの 1 次の状態量を観測している．得

図 2.14 速度制御実験結果

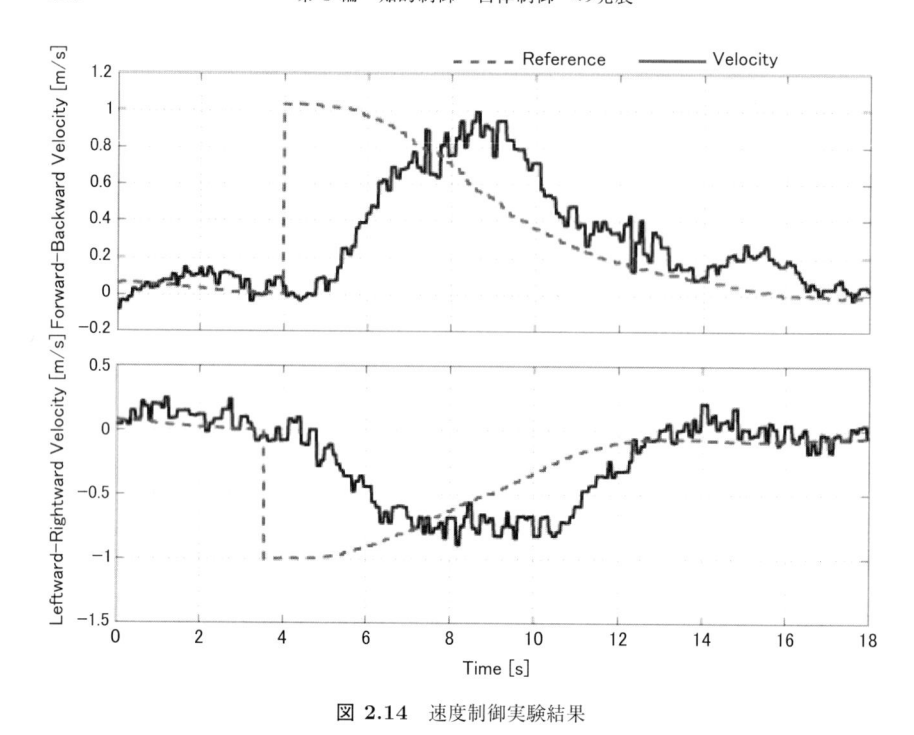

られた制御器による実験データを図 2.14 に示す．

2.3.4 位置制御に基づくホバリング制御と軌道追従制御

A 制御系設計

前節で速度制御について述べたが，本節では，その速度制御系のアウターループとして位置制御系を構成する．位置制御は単純な P 制御として構成される．GPS によって観測される位置，速度情報は，北，東を正とする地球固定座標系上の値であるため，制御に際しては以下の座標変換を行う必要がある．

$$\begin{bmatrix} v_x^* \\ v_y^* \end{bmatrix} = \begin{bmatrix} \cos\psi & \sin\psi \\ -\sin\psi & \cos\psi \end{bmatrix} \begin{bmatrix} x_{gps}^* & x_{gps} \\ y_{gps}^* & y_{gps} \end{bmatrix} \quad (2.9)$$

ここで，

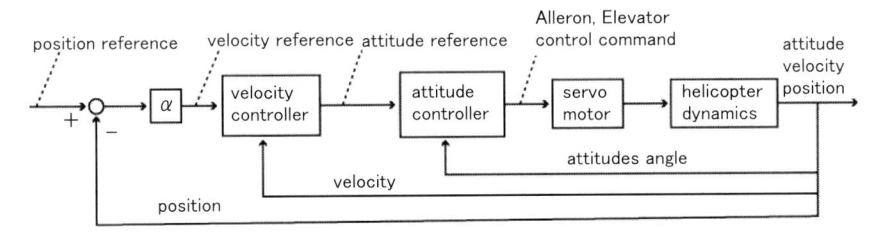

第 2 章 小型無人ヘリコプタの自律制御

図 2.15 自律制御系ブロック線図

v_x^*, v_y^*　　前後，左右速度目標値
x_{gps}^*, y_{gps}^*　　GPS 座標系での位置目標値
x_{gps}, y_{gps}　　GPS 座標系での位置座標
α　　設計パラメータ（P ゲイン）

　また，速度データに関しても同様の座標変換を施す必要がある．構成された制御ループの全体像を図 2.15 に示す．位置制御を実現するための速度目標値が P 制御により計算され，その速度目標値を実現するために必要な姿勢角度が速度制御器により計算される．次に，姿勢角度目標値が姿勢制御器に入力され，サーボモータの回転角指令値が求められ，最終的にサーボモータへ入力される．

　本研究で設計された自律制御アルゴリズムは，上述のように位置制御器，速度制御器，姿勢制御器の三つの制御器の直列構造となっている．こうすることで，単一の制御器による位置制御に比べて，以下のような利点がある．

(1) 速度制御器の出力である姿勢角度目標値にリミッタをかけることにより，姿勢角度を安全な範囲に制限することが可能となる．
(2) 位置制御器を速度制御器のアウターループとして構成することで，ジョイスティック操作としての速度制御に容易に切り換えられる．
(3) 制御器の内部状態が，期待の位置座標に依存しない．

　式 (2.8) に一つの積分器を付加すれば，位置モデルとなるが，その位置モデルに対して，速度制御器を構成せずに，サーボ系の位置制御器を構成した場合，制御器内部の積分値が位置座標に依存する．こうした場合，任意座標で

機首方向を変化させるときに，式 (2.9) で示される座標変換によって，内部のレギュレーション入力と積分入力に不釣合いが生じ，内部積分値が定常状態に落ち着くまで，機体の位置が目標位置と大きくずれてしまう．上記の三つめの利点により，こうした不都合を容易に回避することができる．

B ホバリング・軌道追従制御実験

位置制御実験結果を図 2.16 に示す．実験はほぼ無風状態下で行われた．目標位置を [0,0] として，約 40 秒間のフライトデータである．位置決め精度はほぼ ±20 [cm] であり，良好な結果を得ることができた．軌道追従制御実験の結果を図 2.17 に示す．軌道は，GPS 座標上の軌道として，時系列に位置目標値として位置制御器に入力する手法をとった．具体的には，1 辺 10 [m] の正方形軌道を約 1 分で移動させる軌道である．

図 2.18 は，式 (2.7) の 2 次モデルに対して制御器を設計し，実験を行った結果である．このときの制御器は，最適制御理論により，式 (2.7) のモデルに対しては，図 2.24 と同等の制御性能が出るように設計されたものである．実験結果より，式 (2.8) に対して設計を行った場合より，制御性能が著しく劣化していることがわかる．

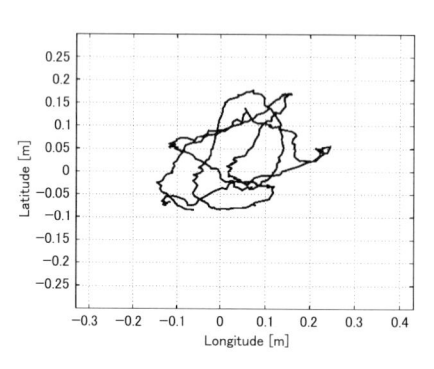

図 2.16　ホバリング実験結果

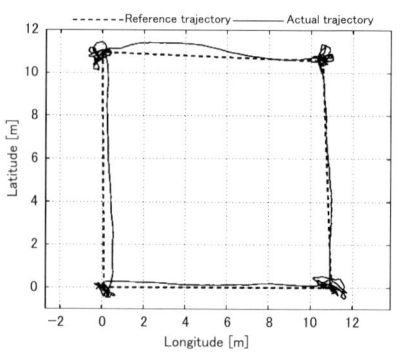

図 2.17　軌道追従実験結果 (1)

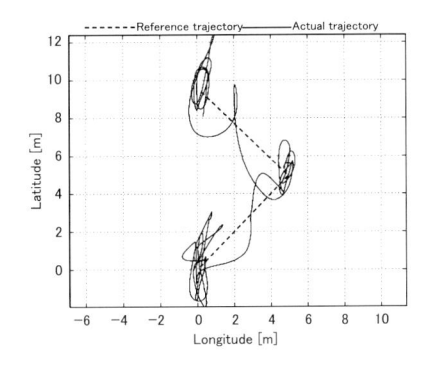

図 **2.18** 軌道追従実験結果 (2)

C ロバスト性の検証

実用を考える上で，構築された制御器のロバスト性は重要な問題である．ここでは，前節までに設計された制御器のロバスト性を考察するために，二つの実験を行った．一つは，外乱に対するロバスト性の検証，もう一つは，制御対象の変化に対するロバスト性の検証である．

(1) 風外乱に対するロバスト性

ヘリコプタの飛行に最も影響を及ぼす外乱要素は風外乱であるため，設計された制御器の風外乱に対するロバスト性は重要な仕様である．制御器は風外乱に強ければ強いほど望ましいと言えるが，台風下でのような無謀な飛行は考える必要はない．日本各地での年間の平均風速は約 $2 \sim 4\,[\mathrm{m/s}]$ である．したがって，$5\,[\mathrm{m/s}]$ 程度の風外乱の中で飛行が可能ならば，実用に至っても，年間を通して飛行が可能であると考えられる．

実験日程の関係上，目標とした $5\,[\mathrm{m/s}]$ の天候に恵まれなかったため，目標より強風の平均風速約 $8\,[\mathrm{m/s}]$ の状態で実験を行った．図 2.19 は原点にホバリングさせた時の実験データである．無風時の実験結果図 2.16 と比較して，多少誤差が大きくなったものの，大きな位置決め精度の劣化は見られない．

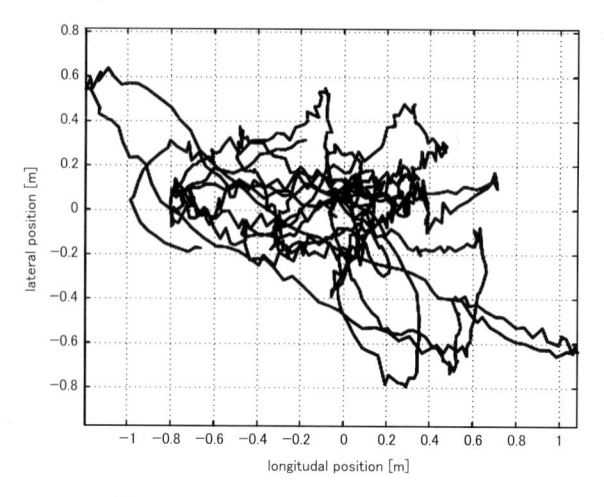

図 2.19　強風時におけるホバリング性能

(2) 制御対象の変化に対するロバスト性

　小型ヘリコプタの機体を完全に同一に作り上げることは非常に困難である．そのため，同じ機種の機体であっても，多少のモデル摂動が存在する．それらの摂動に対する制御器のロバスト性も，非常に重要な仕様の一つである．そこで，設計された全く同一の制御器を SF86 へ適用する実験を行った．本実験で使用した機体 SF86 の概観とその仕様は表 2.2, 図 2.2 に既に示してある．

　ヘリコプタの特性を大きく左右する SF86 のロータヘッド部分の機械的構造は SF40 と同様であり，実験に用いた制御システムも SF40 と全く同一の制御器である．実験結果を図 2.20 に示す．SF40 での実験結果とほぼ同等の追従性能を実現している．また，式 (2.8) に基づいた速度応答のシミュレーション結果と，実験による速度応答の比較を図 2.21 に示す．機体の仕様が大きく異なるにもかかわらず，SF40 と SF86 に対する閉ループ特性がほぼ一致していることがわかる．

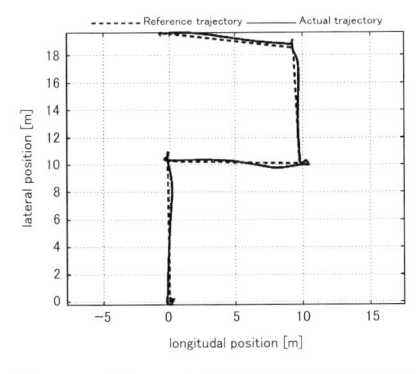

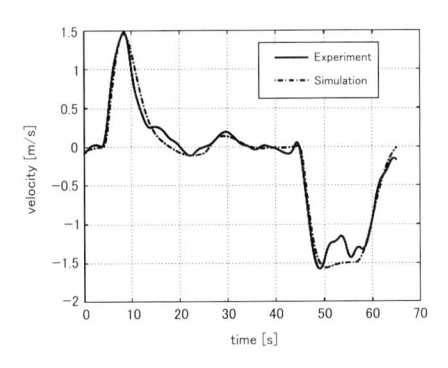

図 2.20 SF86 による軌道追従制御実験結果 図 2.21 SF86 の速度応答

2.4 アドバンスドフライトコントロール

2.4.1 MIMO 姿勢モデルに基づく姿勢制御およびホバリング制御

これまでは，ヘリコプタの姿勢モデルを SISO (Single Input Single Output) 系として取り扱ってきたが，ヘリコプタは各軸の連成を含み，MIMO (Multi Input Multi Output) としてモデル化することが望ましい．こうしたモデル化をすることによって，SISO 系として構築した制御システムでは不可能であった，高速飛行などの高度な飛行の可能性が高まり，より高機能な無人ヘリコプタを実現できる．本研究では，文献[4]を基にして MIMO 姿勢モデルを構築し，最適制御 (LQG) により制御器を設計した．また，MIMO 姿勢制御系を考慮したホバリング制御系を構築し，実験によりその有効性を検証した．

A 姿勢モデル

ヘリコプタにおいて，ロータの時定数は重要なパラメータである．また，もう一つの重要なパラメータとして，ロータハブのばね定数が挙げられる．この定数は，機体とロータの運動の連成，ロータによる機体姿勢の変動に大きく関与するものである．座標系を図 2.22 に示す．また，記号一覧を表 2.4 に，SF40 機体のパラメータを表 2.5 に示す．

ロータのロックナンバー γ は，以下の式で表される．このとき，ロータの

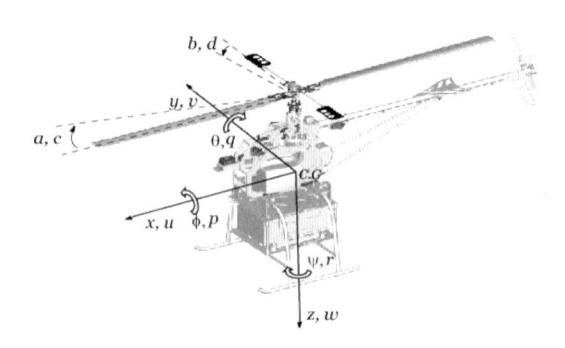

図 2.22 座標系

表 2.4 記号一覧表

Parameter	Definition
p, ϕ	Roll rate, roll angle of fuselage
q, θ	Pitch rate, pitch angle of fuselage
r, ψ	Yaw rate, azimuth angle of fuselage
U, x	Longitudinal velocity, Latitude
v, y	Lateral velocity, Longitude
w, z	Altitude velocity, Altitude
a, b	Rotor flapping angle
c, d	Stabilizer flapping angle

表 2.5 SF-40 のパラメータ

I_b	Moment of inertia of blade (flapping hinge), (kgm^2)	0.0414
R_b	Rotor radius (m)	0.895
r_b	Rotor inner radius (m)	0.105
c_b	Blade chord length (m)	0.06
a_b	Blade lift curve slope (1/rad)	2.26
I_s	Moment of inertia of paddle with rod (kgm^2)	0.004
R_s	Paddle outside radius (m)	0.3805
r_s	Paddle inside radius (m)	0.2675
c_s	Paddle chord length (m)	0.06
a_s	Paddle lift curve slope (1/rad)	1.95
k_β	Rotor tilt spring constant (Nm/rad)	38.4
ρ	Air density (kg/m^3)	1.2
Ω	Rotor revolution speed (rad/s)	147

時定数は，式 (2.10) を用いて，式 (2.11) で表される．

$$\gamma = \frac{\rho a c (R^4 - r^4)}{I_\beta} \tag{2.10}$$

$$\tau = \frac{16}{\gamma \Omega} \tag{2.11}$$

上式において，各変数はそれぞれ空気密度 ρ，翼弦長 c，2 次元揚力傾斜 a，ロータ内径 r，ロータ外径 R，ロータの慣性モーメント I_β，ロータ回転数 Ω である．

スタビライザーバーのフラッピング方程式は，文献[17]によれば，

$$\begin{aligned}\dot{c} &= -\tau_s^{-1} c - q + K_s \tau_s^{-1} \theta_s \\ \dot{d} &= -\tau_s^{-1} d - p + K_s \tau_s^{-1} \phi_s\end{aligned} \tag{2.12}$$

c, d はそれぞれ機体縦方向，横方向におけるスタビライザーのフラッピング角である．θ_s, ϕ_s はそれぞれ，機体縦方向，横方向におけるスワッシュプレートの傾きである．また，K_s はスワッシュプレートの傾きからスタビライザーのピッチ角への比であり τ_s は，スタビライザーの時定数である．一方，メインロータのフラッピング方程式は，

$$\begin{aligned}\dot{a} &= -\tau_f^{-1} a - q - A'_b b + K_p \tau_f^{-1} c + K_b \tau_f^{-1} \theta_s \\ \dot{b} &= -\tau_f^{-1} b - p + B'_a a + K_p \tau_f^{-1} d + K_b \tau_f^{-1} \phi_s\end{aligned} \tag{2.13}$$

となる．a, b はそれぞれ機体横方向・縦方向におけるメインロータのフラッピング角であり，K_p, K_b はスタビライザーのフラッピング角からメインロータのピッチ角への比である．また，τ_f はロータの時定数である．

したがって，ロータ系のベル・ヒラー比は $K_b : K_s K_p = 0.28 : 1.374$ である．各比の値を表 2.6 に示す．

表 2.6 SF-40 の特性

K	Ratio	Mean
K_p	0.6	Ratio of tabilizer tilt angle to main rotor blade pitch angle
K_s	2.29	Ratio of swash-plate tilt angle to stabilizer pitch angle
K_b	0.28	Ratio of swash-plate tilt angle to main rotor blade pitch angle

A'_b, B'_a はメインロータと機体姿勢との連成を示す係数であり，以下の式で表される．

$$A'_b = B'_a = \frac{k_\beta}{2\Omega I_b} \tag{2.14}$$

ここで，k_β はロータハブのばね定数 (Nm/rad) である．本研究で使用しているヘリコプタはフラッピングヒンジを用いておらず，ロータ面の傾きは，つねにロータハブの傾きに等しい．ここで，以下の式で表される L_b, M_a を導入する．

$$\begin{aligned} L_b &= \frac{hT + k_\beta}{I_{xx}} \\ M_a &= \frac{hT + k_\beta}{I_{yy}} \end{aligned} \tag{2.15}$$

h はロータハブと機体重心との距離であり，T はメインロータによる推力であり，ホバリング状態では機体重量 mg に等しい．また，I_{xx}, I_{yy} はそれぞれ，機体の慣性モーメントである．

以上を踏まえて，ロータのフラッピング角 (a, b) と機体に加わるトルクとの関係は，

$$\begin{aligned} \dot{p} &= L_b b \\ \dot{q} &= M_a a \end{aligned} \tag{2.16}$$

となる．

また，姿勢モデルを状態空間で表現すれば，以下となる．

$$\begin{aligned}\dot{x} &= Ax + Bu \\ y &= Cx\end{aligned} \tag{2.17}$$

$$A = \begin{bmatrix} -\tau_s^{-1} & 0 & 0 & 0 & -1 & 0 & 0 & 0 \\ 0 & -\tau_s^{-1} & 0 & 0 & 0 & -1 & 0 & 0 \\ K_p\tau_f^{-1} & 0 & -\tau_f^{-1} & -A_b' & -1 & 0 & 0 & 0 \\ 0 & K_p\tau_f^{-1} & B_a' & -\tau_f^{-1} & 0 & -1 & 0 & 0 \\ 0 & 0 & M_a & 0 & 0 & 0 & 0 & 0 \\ 0 & 0 & 0 & L_b & 0 & 0 & 0 & 0 \\ 0 & 0 & 0 & 0 & 1 & 0 & 0 & 0 \\ 0 & 0 & 0 & 0 & 0 & 1 & 0 & 0 \end{bmatrix} \tag{2.18}$$

$$B = \begin{bmatrix} K_s\tau_s^{-1} & 0 & K_b\tau_f^{-1} & 0 & 0 & 0 & 0 & 0 \\ 0 & K_s\tau_s^{-1} & 0 & K_b\tau_f^{-1} & 0 & 0 & 0 & 0 \end{bmatrix} \tag{2.19}$$

$$C = \begin{bmatrix} 0 & 0 & 0 & 0 & 0 & 0 & 1 & 0 \\ 0 & 0 & 0 & 0 & 0 & 0 & 0 & 1 \end{bmatrix} \tag{2.20}$$

ここで，状態変数およびモデルへの入力は，

$$\begin{aligned} x &= \begin{bmatrix} c & d & a & b & q & p & \theta & \phi \end{bmatrix}^T \\ u &= \begin{bmatrix} \theta_s & \phi_s \end{bmatrix}^T \end{aligned} \tag{2.21}$$

である．

B 実験による姿勢モデルの検証

前節で導出した MIMO 姿勢モデルを基にし，最適制御理論により制御器を設計した．オブザーバは，同一次元としカルマンフィルタを用いて設計を行った．

実験結果を図 2.23，図 2.24 に示す．実験結果より，良好な目標値追従性能が得られており，また実験結果とシミュレーションがほぼ一致し，導出した MIMO 姿勢モデルの妥当性が検証された．

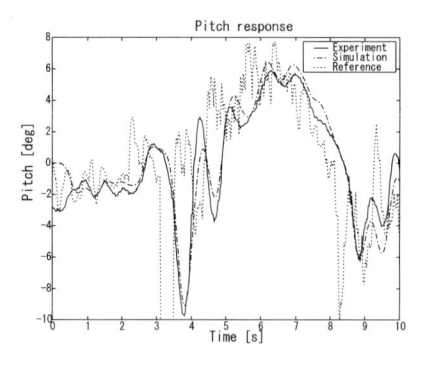

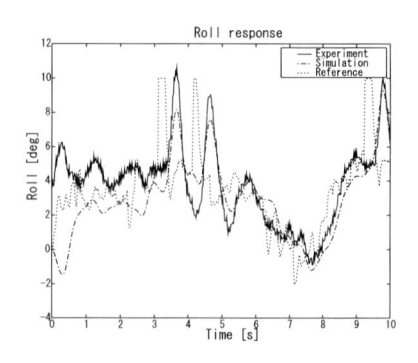

図 2.23 ピッチング応答の実験結果とシミュレーション結果

図 2.24 ロール応答の実験結果とシミュレーション結果

2.4.2 H_∞ 制御理論による飛行制御

H_∞ 制御を適用して小型無人ヘリコプタの自律誘導制御を実現した．また，シミュレーションとの比較で類似した特性が示され，ロバスト制御の妥当性を裏付けた[12]．

2.4.3 自動離着陸

完全自律小型無人ヘリコプタを目標とするうえでは，自動離着陸は非常に重要な課題である．ここでは，小型無人ヘリコプタの自動離着陸を実現するため，地面との接触によるトルク外乱による姿勢変動をアンチワインドアップ制御により回避し，実験を通してその有効性を検証した．

A 姿勢制御へのアンチワインドアップ

離着陸の際の姿勢の安定性は極めて重要となる．接地状態で姿勢制御を行った場合，地面からのトルク外乱は無限大であるので，積分特性を有する姿勢制御器の制御入力に飽和が起こる可能性がある．接地状態から非接地状態へ移る瞬間に，地面からのトルク外乱が0となり，飽和した制御入力により機体の姿勢が大きく傾き転倒してしまう危険性がある．そこで，離着陸時の姿勢安定性を得ることを目的とし，姿勢制御系の入力にアンチワインドアップを

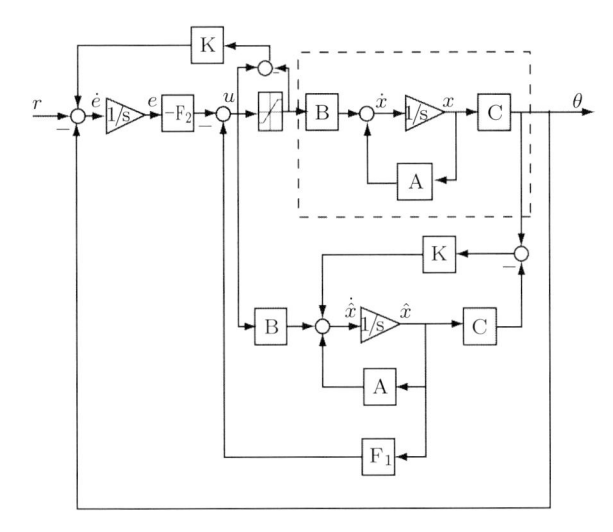

図 2.25 姿勢制御用補償器

適用した．

離着陸時のピッチとロールのアクチュエータに対する入力の制限を狭め，さらに姿勢制御系にアンチワインドアップを適用する．ピッチ，ロール姿勢制御器は，ともに LQG サーボコントローラとなっており，ブロック線図は図 2.25 のようになっている．姿勢目標値についても以下のように，制限を与えている．

ピッチ目標値 R_p：$-4.0 \leq R_p \leq 4.0$

ロール目標値 R_r：$-2.0 \leq R_r \leq 6.0$

B 自動離陸制御

前述のアンチワインドアップと高度制御器を用いて自動離陸を行った．自律制御が開始されると目標高度が与えられ，機体が上昇を開始する．離陸実験のデータを図 2.26〜図 2.28 に示す．これから大きく姿勢を崩すこともなく離陸することに成功した．しかし，図 2.28 には接地している間，振動によるノイズが見られる．特にロールはノイズの影響を強く受けており，制御に支障をきたす恐れがある．

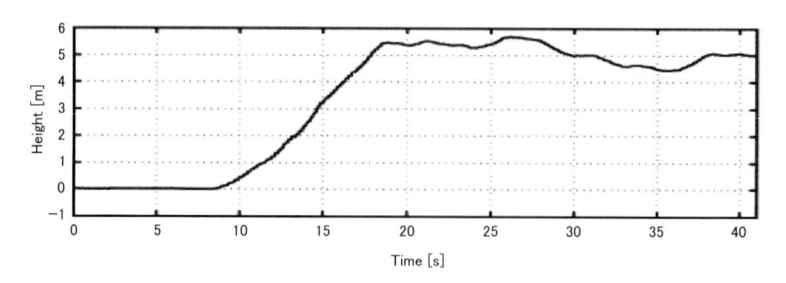

図 2.26 自動離陸時の高度の実験結果

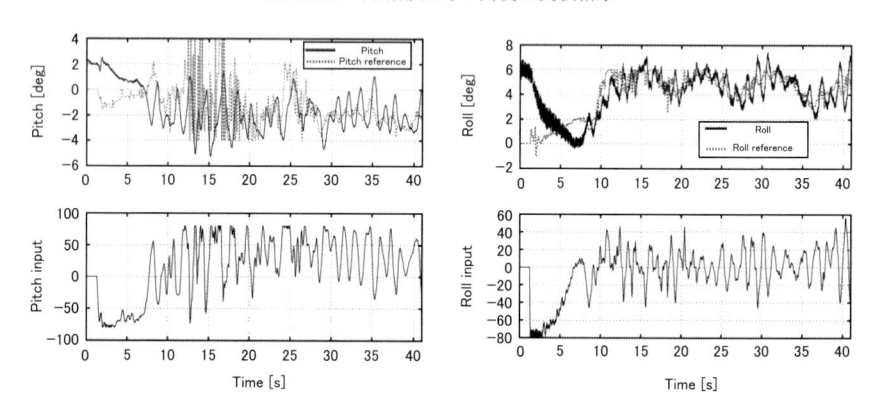

図 2.27 自動離陸時のピッチ角度実験結果   図 2.28 自動離陸時のロール角度実験結果

C 自動着陸制御

自動着陸は，GPS では正確な地面との相対距離を測ることが出来ないため，前述の速度制御器によって機体速度を低速に保ちながら着陸させる方式を採った．着陸地点の上空で機体をホバリングさせた後，下方に $0.3\,[\mathrm{m/s}]$ の速度目標値を与え着陸を行った．着陸時のデータを図 2.29〜図 2.31 に示す．安全に着陸している様子が分かる．

2.4.4 最適予見制御

モデルベースの最適予見制御を行った．これは未来情報を積極的に活用して目標値追従性を高めるものである．図 2.32 のような結果を得ている[18]．さらに，その改良型のモデルフォロイングスライディングモード制御による

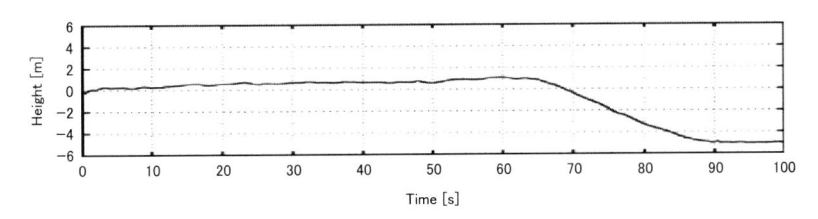

図 2.29 自動着陸時の高度の実験結果

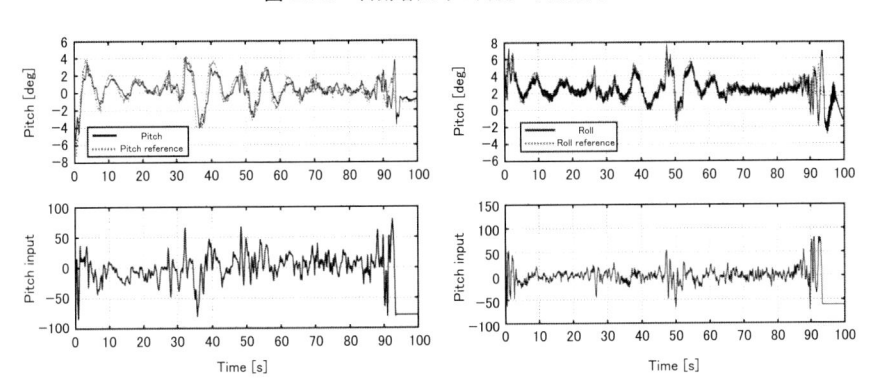

図 2.30 自動着陸時のピッチ角度実験結果　　**図 2.31** 自動着陸時のロール角度実験結果

曲線軌道追従制御に成功している[19].

2.4.5　自動操縦によるオートローテション着陸

　小型無人ヘリコプタを災害時に運用するに当たり,ヘリコプタの墜落による2次災害はあってはならない.高い安全性を得るために,システム全体に冗長系を構築し並列システムとすることによって,安全性向上の効果を期待できるが,小型無人ヘリコプタには厳しいペイロード制限があり,システムの要素全体に冗長系を構成することが難しい.特に,エンジンに関しては,機体構成要素の中で最も重い要素であり,二つのエンジンを搭載することは事実上不可能である.

　有人機では,上述したエンジン・駆動系の故障に対処する有効な手段としてオートローテーション着陸が知られている.これは,何らかの原因でロータを駆動するエネルギーが与えられなくなった場合に,ロータを風車の原理

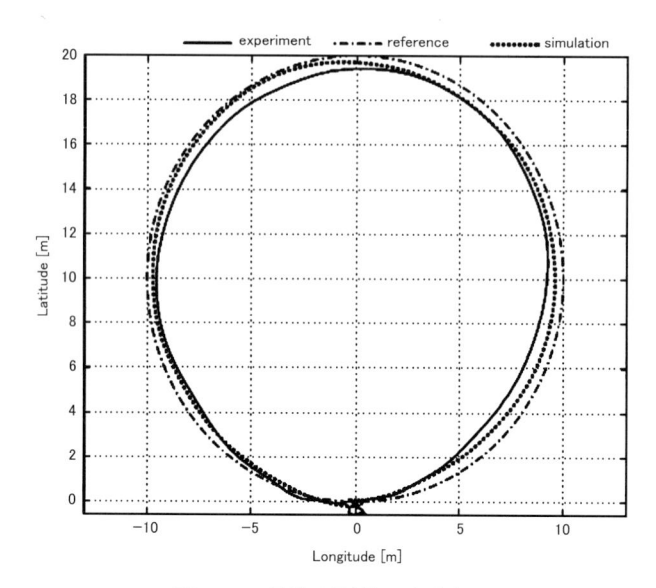

図 2.32 最適予見制御の実験結果

で回転させ，降下中にロータの回転エネルギーを蓄積し，地面付近でそのエネルギーを推力に変化させることによって，安全に着陸する飛行である．本研究で対象としている小型無人ヘリコプタにも，オートローテーション飛行を行うための機械的な構造は整っており，オートローテーション飛行の自動化の研究を行った．そして，オートローテーション着陸に向けての基礎的な研究は成功している[13]．

2.4.6 アクロバット飛行・ステレオビジョンに基づく飛行

そのほか，自律型ヘリコプタの高性能化を目指して自律型アクロバット飛行の研究も行っており，ロール方向の 1 回転宙返りに成功している[14]．また，3D ステレオビジョンに基づく飛行の研究[28]や GPS/INS といった複合慣性航法[32]，スタビライザバーレス自律ヘリの研究[31]など，多岐にわたって精力的に研究を実施している．

2.5　まとめ

　小型無人ヘリコプタは駆動系にガソリンエンジンを有しており，メインロータという大きな回転翼を有するためジャイロ効果や回転慣性効果，さらに，エアロダイナミクスにより揚力，推力，抗力を受けている．このため，一般に極めて非線形性の強い連成系で，線形な補償器で制御することは容易でないと考えられていた．しかし，本章で紹介したようにSISO系という極めて単純なモデルに基づく線形制御系で十分に制御できることを理論的，実験的に証明した．この独自の簡便な数式モデルによる自律制御の成功は私たち自身にも驚きであり，また，無人ヘリの研究を行っている海外の研究者も驚いている．この成功は現象に忠実にモデリングしたこと，ただし，ノイズレベルの現象や因果性の無い現象を除去して，本質的な現象のみを抽出してシンプルなモデルを導出した結果であったと思われる．

　「運動と振動の制御」という観点からすれば，本章で取り扱っている内容は「運動制御」の範疇であり，不安定な小型無人ヘリ機体をいかに自由自在に運動制御するかという命題である．固定翼機は受動安定性が保証されているのに対して，ヘリコプタのような回転翼機は本質的に不安定である．したがって，制御技術が不可欠で制御技術が性能を左右する．今後，さらに研究を発展させて完全に自律制御された大きさ数百グラムから数十キログラムまでの様々なサイズの小型無人ヘリコプタを世に出すことを夢見ている．

　最後に，こうした研究が実施できたのはラジコンヘリコプタのトップ企業であるヒロボー（株）との共同研究によっている．ここに，御礼申し上げる．

参考文献

(1) 野波健蔵，回転翼系空中ロボティクス，日本ロボット学会誌，**24**-8 (2006), 890–896.
(2) 野波健蔵，民生用自律無人航空機 UAV・MAV の研究開発の現状と展望，日本機械学会論文集（C編），**70**-721 (2006), 2697–2705.
(3) 中村心哉・片岡顕二・菅野道夫，アクティブビジョンと GPS を用いた無人ヘリコプタの自動着陸に関する研究，日本ロボット学会誌，**18**-2 (2002), 252–260.
(4) Garcia-Pardo, P.J., Sukhatme, G.S. and Montgomery, J.F., Towards Vision-Based Safe Landing for an Autonomous Helicopter, *Robotics and Autonomous Systems*, **38**-1 (2001), 19–29.

(5) J.F. Montgomery, Learning Helicopter Control through 'Teach-ing by Showing', Ph.D. thesis, University of Southern california, May (1999).

(6) B. Mettler, M. Tischler and T. Kanade, System Identification Modeling of a Small-Scale Unmanned Rotorcraft for Flight Control Design, *American Helicopter Society Journal*, **47**-1 (2002), 50–63.

(7) V. Gavrilets, B. Mettler and E. Feron, Nonlinear model for a small-size acrobatic helicopter, *Proceedings of AIAA Guidance, Navigation and Control Conference*, Montreal, 2001-4333 (2001).

(8) 辛振玉・藤原大悟・羽沢健作・野波健蔵, ラジコンヘリコプタの姿勢・ホバリング制御, 日本機械学会論文集 (C 編), **68**-675 (2002), 148–155.

(9) D. Fujiwara, J. Shin, K. Hazawa, K.Igarashi, D. Fernando, and K. Nonami, Autonomous Flight Control of Unmanned Small Hobby-Class Helicopter, Report1: Hardware Development and Verification Experiments of Autonomous Flight Control System, Japan Society of Mechanical Engineers Robotics and Mechatronics Division, *Journal of Robotics and Mechatronics*, **15**-5 (2003), 537–545.

(10) K. Hazawa, J. Shin, D. Fujiwara, K. Igarashi, D. Fernando and K. Nonami, Autonomous Flight Control of Unmanned Small Hobby-Class Helicopter, Report2: Modeling Based on Experimental Identification and Autonomous Flight Control Experiments, Japan Society of Mechanical Engineers Robotics and Mechatronics Division, *Journal of Robotics and Mechatronics*, **15**-5 (2003), 546–554.

(11) 羽沢健作・辛振玉・藤原大悟・五十嵐一弘・Dishan Fernando・野波健蔵, ホビー用小型無人ヘリコプタの自律制御（実験的同定に基づくモデリングと自律制御実験）, 日本機械学会論文集 (C 編), **70**-691 (2004), 720–727.

(12) 藤原大悟・辛振玉・羽沢健作・野波健蔵, 自律小型無人ヘリコプタの H_∞ ホバリング制御および誘導制御, 日本機械学会論文集 (C 編), **70**-694 (2004), 1708–1714.

(13) 羽沢健作・辛振玉・藤原大悟・五十嵐一弘・Dilshan FERNANDO・野波健蔵, 小型無人ヘリコプタの自動オートローテーション着陸, 日本機械学会論文集 (C 編), **70**-698 (2004), 2862–2869.

(14) D. Fernand, K. Nonami, J. Shin, D. Fujiwara, K. Hazawa and K. Igarashi, Autonomous Aggressive Flight Control Development For a Small Unmanned Helicopter, *Proceedings of the 7th International Conference on Motion and Vibration Control*, St. Louis, Missouri, USA, Paper No.158 (CD-ROM), (2004).

(15) 志茂洋二, 西岡隆文, 小型無人ヘリコプタと送電線監視の実用に向けた開発, 日本航空宇宙学会誌,

(16) 加藤寛一郎, ヘリコプタ入門

(17) 辛振玉・藤原大悟・羽沢健作・野波健蔵, 小型無人ヘリコプタのモデルベース最適姿勢制御および位置制御, 日本機械学会論文集 (C 編), **70**-697 (2004), 2631–2637.

(18) 羽沢健作・辛振玉・藤原大悟・五十嵐一弘・Dilshan Fernando・野波健蔵, ホビー用小形無人ヘリコプタの自律制御—機首方向変動を考慮した予見制御による軌道追従制御—, 日本ロボット学会誌, **24**-3 (2006), 370–377.

(19) 鈴木智・野波健蔵・酒井悟, モデルフォロイング制御を用いた小型無人ヘリコプタの連続軌道追従制御, 日本機械学会論文集 (C 編), **70**-721 (2006), 2795–2802.

参考文献

(20) S. Adachi, S. Hashimoto, G. Miyamori and A. Tan, Antonomous Flight Control for a Large-Scale Unmanned Helicopter—System Identification and Robust Control Systems Design—, 電気学会論文集 (D編), **121**-12 (2001), 1278–1283.

(21) B. Mettler, T. Kanade, M.B. Tischler, W. Messner, Attitude Control Optimization for a Small-Scale Unmanned Helicopter, *AIAA Guidance, Navigation, and Control Conference*, 2000 (2000).

(22) B. Mettler, *Identification Modeling and Characteristics of Miniature Rotorcraft*, Kluwer Academic Publishers (2003).

(23) M. La Civita, G. Papageorgiou, W.C. Messner and T. Kanade, Design and Flight Testing of a High-Bandwidth H_∞ Loop Shaping Controller for a Robotic Helicopter, *Proceedings of the AIAA Guidance, Navigation, and Control Conference*, Monterey, CA, August 2002 (2002).

(24) M. La Civita, G. Papageorgiou, W. C. Messner and T. Kanade, Design and Flight Testing of a Gain-Scheduled $H\infty$ Loop Shaping Controller for Wide-Envelope Flight of a Robotic Helicopter, *American Control Conference*, 2003 (2003).

(25) J.G. Leishman, *Principles of Helicopter Aerodynamics*, Cambridge University Press (2000).

(26) K. Hazawa, J.Shin, D. Fujiwara, K. Igarashi, D. Fernando and K. Nonami, Autonomous Flight Control of Hobby-Class Small Unmanned Helicopter, Journal of Robotics and Mechatronics, *Proceedings of the 2004 IEEE/RSJ International Conference on Intelligent Robots and Systems*, Sendai, September 28-October 2, 2004.

(27) J. Shin, K. Nonami, D. Fujiwara and K. Hazawa, Model-Based Optimal Control of Small-Scale Helicopter, *Proceedings of the 7th International Conference on Motion and Vibration Control*, St. Louis, August 8–11, 2004.

(28) Z. Yu, C. Demian, J. Shin, D. Fujiwara, K. Igarashi, K.Hazawa and K. Nonami, An Experimental Study of Landing an Autonomous Small Helicopter with 3D Vision, *Proceedings of Dynamics and Design Conference 2004*, Japan Society of Mechanical Engineers, September 27–30, 2004.

(29) K. Hazawa, J. Shin, D. Fujiwara, K. Igarashi, D. Fernando and K. Nonami, Autonomous Autorotation Landing of a Small Unmanned Helicopter, *Journal of Robotics and Mechatronics, Proceedings of the 7th International Conference on Motion and Vibration Control*, St. Louis, August 8–11, 2004.

(30) D. Fernando, J. Shin, D. Fujiwara, K. Igarashi, K. Hazawa and K. Nonami, Autonomous Acrobatic Flight Control for a Small Unmanned Helicopter, *Proceedings of Dynamics and Design Conference 2004*, Japan Society of Mechanical Engineers, September 27–30, 2004.

(31) 藤原大悟・野波健蔵, 自律小型無人ヘリコプタのスタビライザバーの動的解析と検証実験, 第47回自動制御連合講演会 CD-ROM 講演論文集, 講演番号 821, (2004).

(32) 中澤大輔・于振宇・セレスティノ・デミアン・鈴木智・野波健蔵, 低価格のセンサを用いた自律小型無人ヘリコプタの INS/GPS 複合航法, 第48回自動制御連合講演会 CD-ROM 講演論文集, 講演番号 G2-14 (2005).

(33) 羽沢健作・野波健蔵, ホビー用小型無人ヘリコプタの並進運動モデルの解析, 日本機械学会論文集 (C編), **70**-723 (2006), 3540–3547.

第3章　ホバークラフトの制御

大川一也

3.1 ホバークラフト

3.1.1 ホバークラフトの機構

ホバークラフト[1]は，地面や水面をわずかに浮上して走行する乗り物である．その機構は，浮上部と推進部に大別できる．

浮上部の仕組みをホバークラフトの断面図である図3.1を用いて説明する．ホバークラフトには上部に浮上用プロペラが搭載されており，外部の空気をホバークラフトの内部に送り込む．送り込まれた空気は，ホバークラフト下部にあるスカートと地面によって閉じ込められるため，空気の圧力が高まり，結果としてホバークラフト本体を押し上げ浮上するという仕組みである．

推進部の仕組みは幾つか存在する[1]が，最も一般的なものを図3.2に示す．この図はホバークラフトを上から見た図である．ホバークラフト後方に設置された推進用プロペラ本体もしくは方向舵の向きを操作することによって，

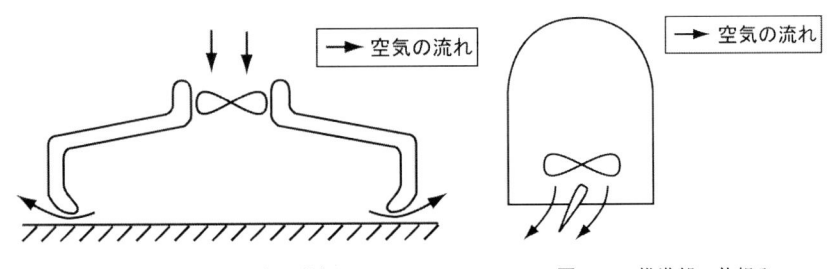

図 3.1　浮上部の仕組み　　　図 3.2　推進部の仕組み

---

[1] ホバークラフトという名称は，イギリスのブリティッシュ・ホバークラフト社の商標である．この機構を持つ移動体は「エアクッション艇」と呼ぶのが正しいが，現在は商標公開しているので「ホバークラフト」として表記する．

移動方向を操作する仕組みである．

　ホバークラフトには，自動車のようなブレーキ機構は無く，推進用プロペラを逆回転することで減速する．緊急時には浮上用プロペラを停止させ，路面との摩擦によって停止することもできる．

3.1.2　制御上での問題点

　本章での目標は，ホバークラフトを目標となる位置と向き（以後，簡略のため「位置」と表現する）に到達させることである．また，そのためのホバークラフトの制御とは，目標となる位置までの経路計画および模型を使った移動制御である．

　ホバークラフトが任意の位置および方向に移動できるならば，経路計画は必要なく，PID制御のように現在と目標との位置の差を少なくするような制御をすればよい．しかし，一般的なホバークラフトは，図3.2に示すような機構を持っているため，真横には移動できないという性質を持っている．つまり，現在と目標との差を少なくする制御法は適用できないため，異なる別の制御手法が必要となる．

　ホバークラフトが真横には移動できないと言っても，到達できないわけではない．例えば，目標の位置が真横にあるときには，図3.3のような動き方をすれば到達できる．PID制御などと異なる点は，常に目標との差を少なくする制御ではなく，最終的に目標との差が少なければ良いのであって，その途中では差が大きくなっても構わない制御であるという点である．

　このように，任意の方向に移動できない移動体を対象とする場合には経路計画が重要であり，例えば自動車による自動駐車など数多くの研究が既になされている．しかし，これらの手法をそのままホバークラフトの制御に適用することはできない．その理由として，ホバークラフトの動きは，積載物を含むホバークラフト全体の重量や路面との摩擦など，環境によって変化する不確かな要素を多く含んでいるため，自動車のように事前に動作モデルを用意しておくことが困難であるからである．ホバークラフトを制御するためには，移動しながらオンラインで動作モデルを獲得し更新していく必要がある．

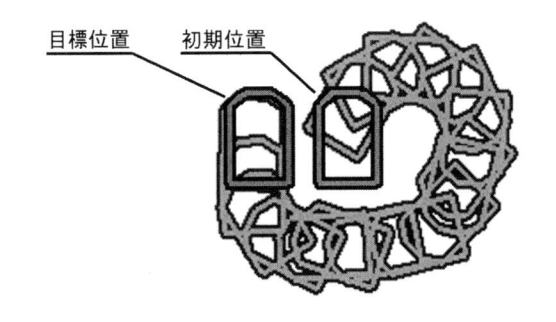

図 3.3 真横への移動する例

3.1.3 経験に基づく制御

　ホバークラフトを操縦してみて気づくことは，慣性の影響が予想以上に大きく，思い通りに操縦できないということであろう．ホバークラフトは浮上しながら走行するため路面との摩擦が小さく，直進している状態から急に曲がろうとしても，直進し続けようとする慣性がしばらくの間残っているからである．

　しかし，ホバークラフトの操縦に慣れてくれば，慣性による影響を考慮した操縦ができるようになってくる．もちろん，操縦者がホバークラフトの重量や路面との摩擦を測定したわけではない．操縦者は，ホバークラフトの出力指令に対する動き方の関係を，経験を通して獲得しているからだと思われる．

　先に述べたように，ホバークラフトの動作モデルは事前に決定できない不確かな要素が多く含まれている．しかし，ホバークラフトが目標の位置に到達する間に，ホバークラフトの重量が大幅に変化するわけではない．ホバークラフトを最初に少しだけ動かしてみて，その時に動きのデータが獲得できれば，そのデータを用いて制御することが可能となる．

　本章では，まず，ホバークラフトを実際に動かし，ホバークラフトへの出力指令に対する動き方の関係を計測し，それを動作モデルとする．次に，その動作モデルに基づいて，目標の位置に到達するための動作を計画する手法である．

3.2 動作データの獲得

3.2.1 動作の離散化

本章では，図 3.4 に示す玩具用のホバークラフトを実験装置として用いる．ホバークラフトには中央に浮上用プロペラが，後方左右に二つの推進用プロペラが搭載されている．図 3.2 のホバークラフトと異なり，左右の推進用プロペラで移動と向きを制御する方式であるが，動き方は基本的に同じである．

図 3.4 実験装置

ホバークラフトが浮上している状態では，路面との摩擦力が小さいため，一度動き出すとなかなか止まれず制御が困難となる．そこで，推進用プロペラを駆動している間だけ，浮上用プロペラも駆動することとした．したがって，ホバークラフトは，通常，路面上に停止しており，動作指令が入力されたときのみ浮上しながら推進し，動作指令がなくなると浮力を失い，再び路面上に停止するものとして話を進める．本章でのホバークラフトは，まず，このように停止と移動を繰り返しながら目標の位置に到達させることを考える．目標の位置まで一度も停止せず，連続的に動かす場合については 3.5 節で述べる．

ホバークラフトは，左右二つの推進用プロペラの回転方向と回転時間を調節することで，さまざまな動作が実現可能である．しかし，実行可能な動作が多ければ，獲得すべき動作のデータが増加するという問題だけでなく，目標に到達する経路の組合せも多くなり探索が困難になるという問題が生じる．獲得データに基づいて制御する場合には，これらの問題を回避するために，動作を幾つかの動きに離散化することが有効である．本章では，ホバークラフトの動きを以下のような三つの動作に限定し，これを基本動作とした．

　　動作 1：右の推進用プロペラを 1000 [ms] 駆動
　　動作 2：左の推進用プロペラを 1000 [ms] 駆動
　　動作 3：左右の推進用プロペラを 1000 [ms] 駆動

ホバークラフトは，これら三つの動作のうち，任意の一つを選択・実行できる．ただし，新たに動作が選択できるのは，前回の実行が終了し，ホバークラフト本体の動きが完全に停止するまでに十分な時間が経過してからとする．

3.2.2　動作データの獲得

ホバークラフトは，2次元平面上を，移動と停止を繰り返しながら位置を変えていく．ここで，ホバークラフトの各停止時の状態は，位置 (x,y) と向き θ という三つのパラメータで記述できる．

ホバークラフトの初期の状態を $(x_0, y_0, \theta_0)^T$ とし，ある基本動作を実行した結果，$(x_1, y_1, \theta_1)^T$ の状態で停止したとする．これらの状態はセンサなどで計測する．これらの計測データから，実行した基本動作の変位量 $(dx, dy, d\theta)^T$ を求めることができる．

$$\begin{pmatrix} dx \\ dy \\ d\theta \end{pmatrix} = \begin{pmatrix} \cos\theta_0 & \sin\theta_0 & 0 \\ -\sin\theta_0 & \cos\theta_0 & 0 \\ 0 & 0 & 1 \end{pmatrix} \begin{pmatrix} x_1 - x_0 \\ y_1 - y_0 \\ \theta_1 - \theta_0 \end{pmatrix} \quad (3.1)$$

この変位量を三つの基本動作に対してそれぞれ求め，動作データとする．このデータには，ホバークラフト全体の質量や路面との摩擦など様々な要因が含まれている．したがって，動作環境が変化しなければ，この動作データをホバークラフトの動作モデルとして利用することができる．

図3.4の実験装置を用いて，三つの基本動作をそれぞれ実行したときのホバークラフトの動きを図3.5に示す．実際に動かしたところ，各動作を実行したときの再現性はある程度確保できていることが確認できた．よって，一つの基本動作につき最低1回ずつ動いてみることでホバークラフトの動作モデルを獲得することができる．

3.2.3　オンライン学習

前節で述べた動作モデルは，ホバークラフトの質量や路面の摩擦が変化しないといった前提条件があった．しかし，実際のホバークラフトでは燃料を消費

図 3.5　獲得した動作データ

することによってホバークラフト全体の質量が徐々に減少する．また，移動することによって路面の状態が変化することもある．このため，最初に獲得した動作データを使い続けてしまうと，目標の位置に精度良く到達することはできなくなってしまう．そこで，動作を実行するたびに動作データ $(dx, dy, d\theta)^T$ を獲得し，オンラインで修正する手法を用いる．移動のたびに動作データを更新することで，環境の変化によってホバークラフトの動作モデルが変化しても柔軟に適応することができる．

動作データを更新する際，最も新しい動作データに置き換えてしまうのは必ずしも得策とはいえない．例えば，動作データを計測する際に誤差が含まれたり，突発的な外乱の影響で動き方が変わってしまった場合，実際の動きと異なる動作計画をしてしまうことになる．そこで，今まで獲得してきた動作データと最新の動作データの両方から適切な動作データを見積もることとした．具体的には，次式を用いて動作データを更新する．

$$\begin{pmatrix} dx' \\ dy' \\ d\theta' \end{pmatrix} = \alpha \begin{pmatrix} dx_{old} \\ dy_{old} \\ d\theta_{old} \end{pmatrix} + (1-\alpha) \begin{pmatrix} dx \\ dy \\ d\theta \end{pmatrix}$$

ここで，$(dx', dy', d\theta')^T$ は更新後の動作データであり，$(dx_{old}, dy_{old}, d\theta_{old})^T$ はこれまで蓄積してきた更新前の動作データ，$(dx, dy, d\theta)^T$ は，式 (3.1) によって算出された最新の動作データである．また，α は重み付き係数であり，$0 < \alpha < 1$ の値を持つ．

計測誤差が大きいことが事前に分かっている場合には，α の値を大きくす

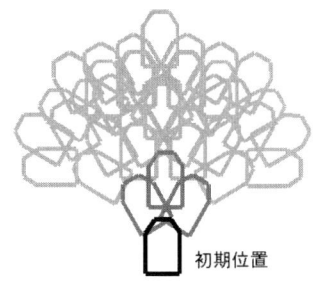

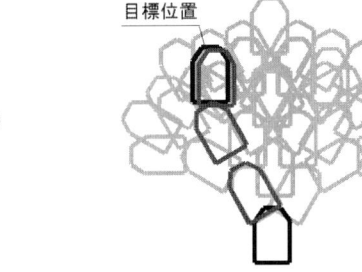

図 3.6　3 ステップで到達可能な位置　　図 3.7　目標までの経路計画

ることで，これまで蓄積してきた動作データを優先させることができる．一方，路面状況が大幅に変化する環境で移動する場合には，α の値を小さくすることで，路面状況が変化しても最新の動作データを優先させることですぐに対応することができる．

3.3　動作計画法

3.3.1　動作計画の概略

本章で用いているホバークラフトは，3.2.1 項で述べた三つの基本動作を切り替えて実行する．このため現在の位置から 1 回の移動で到達可能な位置は 3 通り存在する．2 ステップ目，3 ステップ目と考えていくと図 3.6 のいずれかの位置に移動することができる．n ステップ以内にホバークラフトが到達可能な位置を考えると，その組み合わせは，$\sum_{i=1}^{n} 3^i$ であるから，目標の位置に到達するためには，これら $\sum_{i=1}^{n} 3^i$ 通りの組合せの中から，目標の位置に最も近い状態を見つけ，そこに到達するまでの経路を辿る事に相当する（図3.7）．これが，動作計画の基本的な考えである．

このような動作計画をする上で重要となるのが，目標の位置に最も近いと判断するための評価である．例えば，目標に対し位置 x が 5 cm ずれている場合と，目標に対し向き θ が 10°ずれている場合とでは，どちらが目標の位置に近いと判断すべきであろうか．

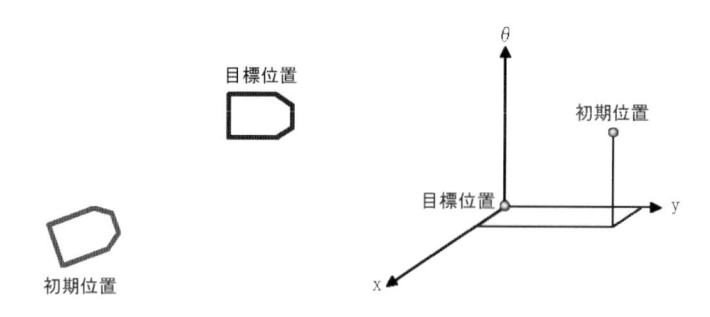

図 3.8　実環境における状態とコンフィグレーション空間

　この問題を解決するため，ここではコンフィグレーション空間を用いる．先に述べたように，ホバークラフトが 2 次元平面上に停止しているならば，その状態は位置 (x, y) と向き θ という三つのパラメータで表せることになる．つまり，ホバークラフトが停止している状態は，(x, y, θ) をそれぞれ直交軸とする 3 次元空間の 1 点に置き換えられる．この空間がコンフィグレーション空間である．この空間では，目標の状態も空間内の一つの点に置き換えられる．図 3.8 において，左図は実環境のイメージであり，その時のコンフィグレーション空間が右図になる．

　コンフィグレーション空間では，一般に，現在の状態を示す点と目標の状態を示す点が近ければ近いほど，目標の状態に近いことを意味する．ただし，位置の単位はミリメートル，向きの単位はラジアンというように各軸の尺度は異なることから，単にコンフィグレーション空間における距離を評価に用いることはできない．

　そこで，目標に到達したと判断しても差し支えない範囲（許容誤差）を基準とし，コンフィグレーション空間のスケーリングを行う．具体的には，目標到達に対する位置 (x, y) と向き θ の許容誤差をそれぞれ E_x [mm]，E_y [mm]，E_θ [rad.] とすると，現在の位置 (x, y) と向き θ をそれぞれの許容誤差で割ることで，スケーリングを行う．これによりコンフィグレーション空間の各軸は共通の尺度になるため，空間内におけるユークリッド距離を調べるだけで，目標到達の度合いを評価できるようになる．以後，コンフィグレーション空間の話題では，既にスケーリングを行っているものとする．

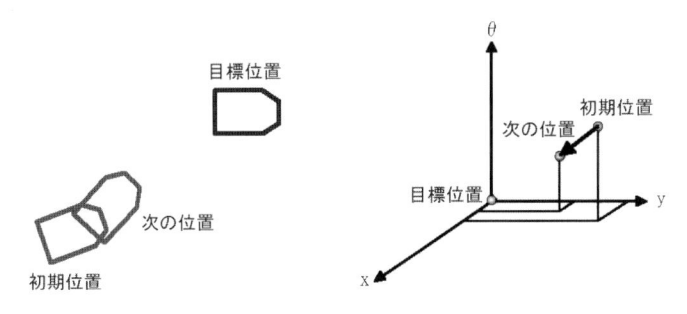

図 3.9 実環境における移動は，空間内ではベクトル

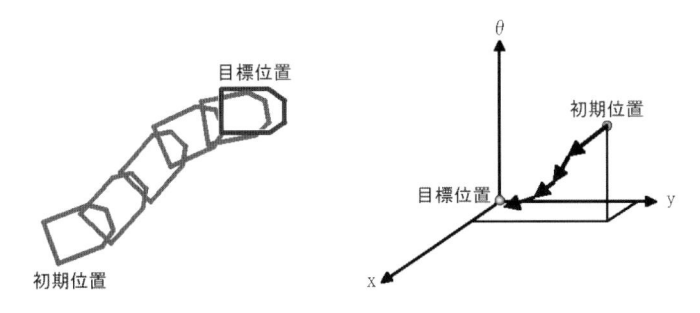

図 3.10 到達位置は，空間内でのベクトル和の先端

　ホバークラフトが三つの基本動作のうち一つを実行し移動すると，コンフィグレーション空間の点も移動する．したがって，動作の実行によって引き起こされる状態の変化 $(dx, dy, d\theta)$ は，コンフィグレーション空間におけるベクトル（図 3.9 右図の矢印）として記述できる．動作を順次実行したときに到達すると予測される状態は，コンフィグレーション空間におけるベクトル和の先端になる（図 3.10）．そのベクトル和の先端が，目標の点に近ければ近いほど，目標の位置に到達するための最適経路となる．

3.3.2　遺伝的アルゴリズムの適用

　目標の位置に到達するためには，$\sum_{i=1}^{n} 3^i$ 通りの組み合わせの中から，目標の位置に最も近い状態を見つけることに相当する．例えば，目標に到達するために必要とされる最大ステップ数 n を 25 とすると，その組合せの数は約

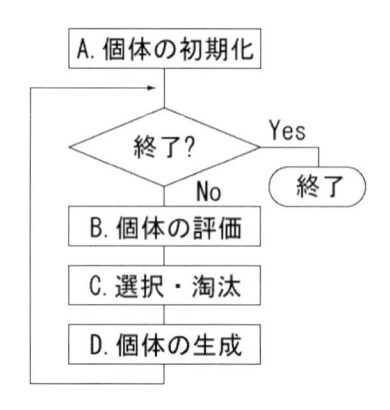

```
         ┌─────────────────┐
         │ A. 個体の初期化  │
         └────────┬────────┘
                  │
         ┌────────▼────────┐   Yes  ┌──────┐
    ┌───▶│     終了?       ├───────▶│ 終了 │
    │    └────────┬────────┘        └──────┘
    │             │ No
    │    ┌────────▼────────┐
    │    │  B. 個体の評価   │
    │    └────────┬────────┘
    │    ┌────────▼────────┐
    │    │  C. 選択・淘汰   │
    │    └────────┬────────┘
    │    ┌────────▼────────┐
    └────┤  D. 個体の生成   │
         └─────────────────┘
```

図 3.11 基本的な遺伝的アルゴリズムのフローチャート

1.27×10^{12} 通り存在し，全てを探索するにはかなりの時間が必要となる．このように探索領域が非常に大きい場合には，ある程度の基準以上の解をなるべく少ない計算量で求めるための，ある種の最適化手法が必要となる．

このような問題を得意とする最適化手法の一つに遺伝的アルゴリズム（Genetic Algorithm：以後，GA）がある[2]．遺伝的アルゴリズムとは，動物や植物が環境に適応するように進化をしていく遺伝の仕組みを模倣した工学的な手法である．GA の中でも最もシンプルな単純遺伝的アルゴリズム（Simple Genetic Algorithm：以後，SGA）を基本とした動作計画法について述べる．SGA のフローチャートを図 3.11 に示す．

まず，GA では，探索したい解を遺伝子という形で表現する必要がある．この表現方法をコーディングという．ここでは，ホバークラフトが目標の位置に到達するまでの動作の組合せを探索することが目的なので，各基本動作を遺伝子とみなし，それらを実行する順番に並べたものを個体とすることが，解を見つけるための妥当なコーディングといえる．つまり，図 3.5 の動作 1〜3 を遺伝子 1〜3 に対応させ，それを実行する順に並べるものとする．ここで問題となるのが個体の長さである．通常の GA では，個体の長さが事前に決められているが，ホバークラフトが目標の位置に到達するために必要な動作の総数は未知であり，個体の長さを事前に決定することはできない．

この問題を解決するアイディアとして，目標に到達するために必要と予想

される動作数よりも多い遺伝子数を用意しておくことが挙げられる．しかし，常に動作数を予想できるとも限らず，また，余裕を取って動作数を多く想定すると，最適な経路を探索するのに時間がかかる．そこで，ホバークラフトの動作計画用の機能として，遺伝子の長さを調節できる機能を SGA に追加する．

図 3.11 におけるフローチャートの各項目について，以下に述べる．

A 個体の初期化

最初に個体数を決定する．個体数が多ければ多様性が生まれ，目標の探索が容易になる．このため，ある程度の個体数を用意する必要があるが，あまりに個体数を多くしすぎると計算負荷が大きくなってしまう．このため，個体数を数十から数百程度にするのが一般的である．

各個体の遺伝子を初期化する．多様性のある個体を用意するため，各個体の遺伝子をランダムで決定する．各個体の遺伝子の長さも，同様の理由からランダムで決定する．

B 個体の評価

遺伝子からなる個体を評価する．評価には，3.3.1 項で述べたコンフィグレーション空間を用いる．ホバークラフトが動作を順次実行したときに到達すると予測される状態は，図 3.10 におけるベクトルの先端になることから，この先端の位置と目標の位置までの距離 $Distance$ を評価に利用することができる．この距離 $Distance$ の値が小さいほど，目標の位置に到達できると判断できる．

C 個体の選択・淘汰

生物世界において，環境に適した個体は子孫を作り，環境に適さなかった個体は淘汰されていく．こうすることで，環境に適した個体の遺伝子だけが残っていく．SGA は，この遺伝の仕組みを工学的に模倣したものである．つまり，高い評価を得た個体を優先的に選択し後述する個体の生成を行い，そ

の一方で低い評価を得た個体を破棄する．個体を選ぶ方法としては，ランキング選択，ルーレット選択，トーナメント選択などの手法がすでに提案されているが，どれが適切なのかは一意に決めることができない．ここでは，評価の高い幾つかの個体を使って，次の世代の個体を作るというランキング選択を適用する．

評価の高い個体を親に持つ個体は，より良い個体が生まれる可能性を持つ．しかし，確率的な要素を含んでいるため，最良の個体が存在していたとしても，次の世代に継がれるとは限らない．そこで，最も高い評価を持つ個体を無条件に残すエリート保存と呼ばれる手法を適用する．

D 個体の生成

(1) **交叉** 生物の遺伝の仕組みを模倣したもので，複数の個体からそれぞれの遺伝子の良い性質を受け継ぎ，より良い遺伝子を作り出す手法である．具体的には，図 3.12 のように，高い評価を得た二つの個体を用意し，ランダムで選んだ境界線を基準に，互いの遺伝子を交換することである．図の例は 1 点交叉である．

(2) **突然変異** これも生物の遺伝の仕組みを模倣したもので，遺伝子の一部を突然変異させることで，今までには無かった新しい種を作り出すことに相当する．図 3.13 のように，ランダムで選んだいくつかの遺伝子を異なる遺伝子に変更する．

(3) **遺伝子の追加** 動作列の長さを自由に変更できるようにするため用意された機能であり，SGA にはない機能である．具体的には，図 3.14 の

図 3.12 交叉

図 3.13 突然変異

第 3 章　ホバークラフトの制御　　　　　　　　　　　　　　　219

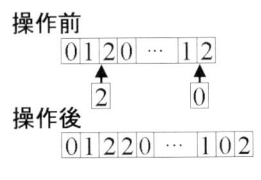

```
操作前
  0 1 2 0 ⋯ 1 2
      ↑       ↑
      2       0
操作後
  0 1 2 2 0 ⋯ 1 0 2
```

図 3.14　遺伝子の追加

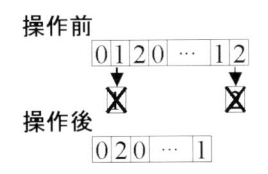

```
操作前
  0 1 2 0 ⋯ 1 2
      ✗       ✗
操作後
  0 2 0 ⋯ 1
```

図 3.15　遺伝子の削除

ように，遺伝子列の任意の位置にランダムで選んだ遺伝子を追加する．

(4) **遺伝子の削除**　遺伝子の追加と同様に，動作列の長さを自由に変更できるようにするために組み込んだ機能である．具体的には，図 3.15 のように，遺伝子列の任意の遺伝子を選び削除する．

　上記 B の「個体の評価」から D の「個体の生成」までを 1 世代として，これを繰り返し実行する．終了判定となる最大世代数は，設計者が事前に決定する．世代数を多くすることで，ホバークラフトが目標の位置に到達する精度を高めることができるが，計算量が多くなるため時間がかかる．そのトレードオフを考慮して，終了する世代数を決定する必要がある．

　ホバークラフトの動きには誤差が多く含まれているため，目標の位置に到達する動作計画を精度良く求めても，実際のホバークラフトは計画通りに動いてくれない．このため，実際のホバークラフトを動かす際は，1 ステップ動くたびに動作計画をしなおすことで対処する．

　ここで述べた手法を適用することによって，ホバークラフトが目標となる位置に到達できることをシミュレーションおよび模型を使った実験により検証する．実験条件としては，個体数を 50，交叉 60%，突然変異 20%，遺伝子の追加 5%，遺伝子の削除 5% とし，エリート保存 10% とした．ホバークラフトの動作は，図 3.5 に示す三つ（左折・右折・直進）であり，動きのデータはホバークラフトの模型を実際に動かして獲得した．シミュレーションおよび実験では，このデータを用いて動作計画をする．ホバークラフトの初期位置を (700 [mm], 300 [mm], 0 [rad.]) とし，目標となる位置を (0 [mm], 0 [mm], 0 [rad.]) とした．目標到達に対する許容誤差 E_x, E_y, E_θ は，50 [mm]，50 [mm]，0.09 [rad.]($\fallingdotseq$ 5 [deg.]) とした．

初期状態

3 ステップ目

6 ステップ目

8 ステップ目

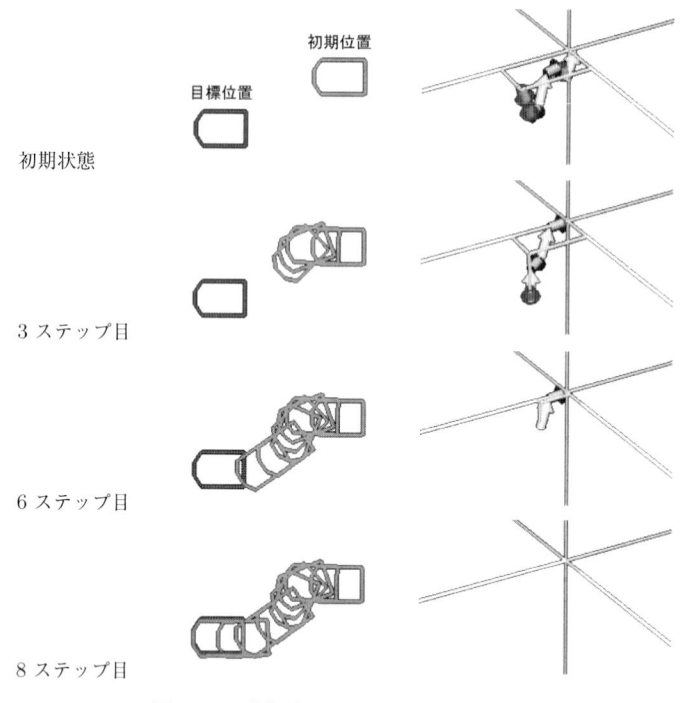

図 3.16 動作計画のシミュレーション実験

シミュレーションの結果を図 3.16 に示す．基本動作の組合せにより，8 ステップで目標の位置に到達できることを確認した．

次に，ホバークラフトの模型を用いて実験を行った．条件はシミュレーションと同じである．実験結果を図 3.17 に示す．ホバークラフトには全方位カメラが搭載されており，環境に設置してある二つのマークの見え方から常に自己の位置を測定できる．図 3.17 の左下の線で描かれた領域が到達すべき目標の位置である．実験を行ったところ，シミュレーションの動きと実際のホバークラフトの動きが異なっていたが，移動ごとに目標に到達するための最適経路を算出するため，最終的には目標となる位置に到達できることを確認した[3]．

第 3 章 ホバークラフトの制御　　221

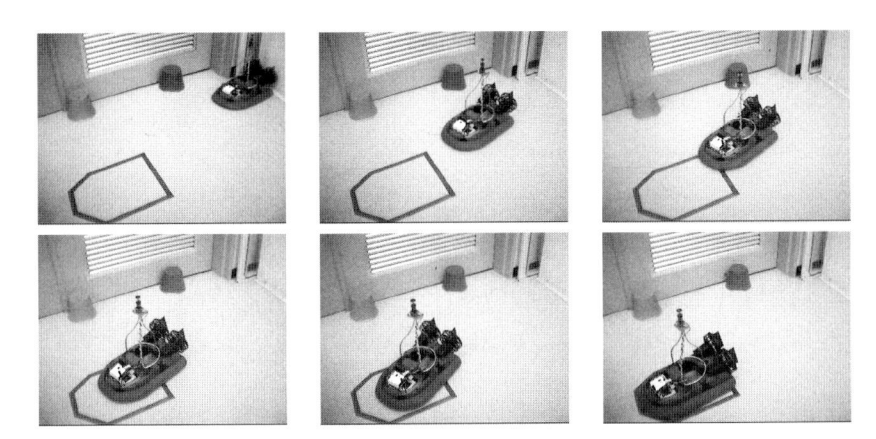

図 3.17 模型による検証実験（左上から順に，初期状態, 2, 4, 6, 7, 8 ステップ目の写真）

3.3.3 障害物回避

ホバークラフトが目標の位置に到達できることを実験によって示した．しかし，これらの実験では，移動する環境の中に障害物が存在しない場合を扱っていた．ここでは，前項で述べた動作計画手法に，障害物を回避させる手法を組み込む．ただし，ホバークラフトから見た障害物の位置は，カメラやレーザレンジセンサなどのセンサによって検出できるものとする．

環境中に障害物がある場合のイメージを図 3.18 左図に示す．この時のコンフィグレーション空間は図 3.18 右図のようになる．ホバークラフトが向いている方向に関わらず障害物の位置は一定であるから，障害物は θ 方向に高さを持つ円筒形で表現できる．円筒の半径は，障害物を上から見たときの外接円の半径とホバークラフトを上から見たときの外接円の半径を足し合わせた値である．このようにホバークラフトの大きさを障害物の大きさに含ませることによって，あとに述べる障害物との衝突判定を容易にさせることができる．

コンフィグレーション空間において，ホバークラフトの移動中の状態は複数のベクトルで記述される．これらのベクトルの一部分でも障害物の領域（図 3.18 右図の円筒形の領域）に入った場合，ホバークラフトは障害物に衝突することを意味する．そこで，障害物の領域に入るような動作列は，遺伝的アルゴリズムにおいて淘汰することで，障害物に衝突する動作列を選ばれなく

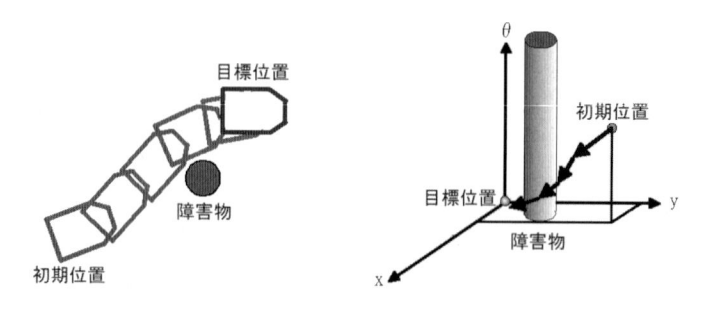

図 3.18　コンフィグレーション空間における障害物回避

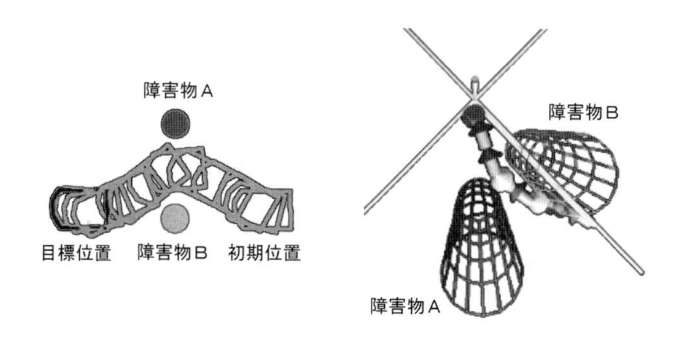

図 3.19　シミュレーションによる障害物回避

する．

　障害物を回避できることを確認するため，シミュレーションおよびホバークラフトの模型による実験を行った．ホバークラフトの初期位置から進行方向 140 cm に同じ向きで到達することを目標とした．障害物は，赤色と水色の円筒形のマークであり，進行方向 70 cm の所に配置した．シミュレーションでは，障害物の位置をプログラムに組み込んでおく．ホバークラフトの模型による実験では，全方位カメラによって取得した画像から赤色と水色のマークを抽出する事によって障害物までの距離と方向を検出している．

　シミュレーション結果を図 3.19 に，模型による実験結果を図 3.20 に示す．どちらの結果を見ても，問題なく障害物を回避して目標位置に到達できることを確認した．

図 **3.20** ホバークラフトの模型による障害物回避

3.4 新しい動作の生成

3.4.1 局所解の存在

ホバークラフトの動きは，図 3.5 に示す左折・右折・前進の三つに限定している．このため，図 3.21 のように目標となる位置が進行方向に対して後ろにある場合，三つの動作のいずれを実行しても目標から遠ざかる動作に相当するため，初期位置から動かないというのが

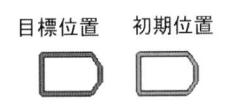

図 **3.21** 局所解の例

最適な動作と判断してしまうことがある．このように，目標に到達していないにも関わらず，その状態が最適だと判断され，その状態を抜け出せない状況が局所解である．

3.4.2 新しい動作の生成

もし，仮に，ホバークラフトが左折・右折・前進の他に，後退や横移動など全ての方向に移動できるならば，目標に近づく経路を容易に見つけることができるため，局所解に陥ることはない．この性質を利用し，局所解に陥りにくくするための手法について述べる．具体的には，三つの基本動作を組み合わせて，全ての方向に移動できる動作を事前に作り出し，それを新しい動

作として遺伝的アルゴリズムに組み込む手法である．

新しい動作は，基本動作をランダムに組み合わせることで容易に作ることができる．しかし，このようにランダムで作った動作は，有効な動作ばかりでなく，既存の動作と全く同じ動作も作られてしまう可能性もある．そこで，新しく作った動作を既存の動作と比較し，既存の動作にはない動きをする動作のみ新しい動作と認めることとした．具体的には，コンフィグレーション空間において，既存の動作のベクトル方向と一定基準以上異なる動作ベクトルのみ，新しい動作とするようにした．つまり，コンフィグレーション空間上の動作 i のベクトルを $\boldsymbol{F}(i)$ とすると，全ての動作 i に対し，以下の式を満たす $\boldsymbol{F}_{new}$ が存在するとき，その動作列 $\boldsymbol{F}_{new}$ を新しい動作として確保する．

$$\forall_i \left\| \frac{\boldsymbol{F}(i)}{\|\boldsymbol{F}(i)\|} - \frac{\boldsymbol{F}_{new}}{\|\boldsymbol{F}_{new}\|} \right\| > k \tag{3.2}$$

ただし，k は定数であり，異なる動作と認める基準の値である．この式を適用することにより，既存の動作とは似た動作は新しい動作として認められないため，動作数が非常に多くなるという問題は起こらなくなる．

この手法の有効性を示すために，シミュレーション実験を行った．実験条件は，ホバークラフトの初期位置を基準に後方 50 cm を目標の位置とした．また，式 (3.2) の係数 k の値は，経験的に 0.77 とした．

まず，図 3.5 の三つの動作をランダムに組み合わせたところ，四つの動作④～⑦が式 (3.2) を満たした．生成された新しい動作を図 3.22 に示す．各動作の右にある数字は，動作の番号に相当し，これらの動作を組み合わせて作られた事を意味する．目標までの経路を探索する遺伝的アルゴリズムでは，これらの新しい動作も選ばれるようにしてある．ただし，動作を実行するときには基本動作の組合せに展開して実行するものとしている．

これらの新しい動作を組み込んで動作計画をした結果を図 3.23 に示す．ホバークラフトは，局所解に陥ることなく，目標の位置に到達できることを確認した．

第 3 章　ホバークラフトの制御

動作④：2 2 1 3
動作⑤：1 4 4 4
動作⑥：4 2 5 2 2 3
動作⑦：3 2 1 6

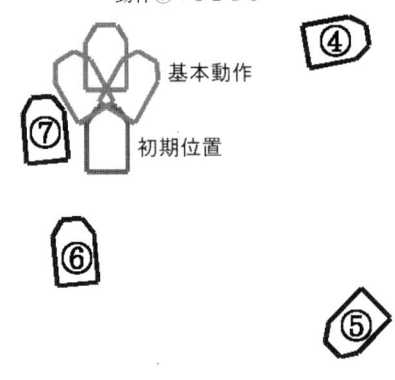

図 3.22　新しく生成した動作 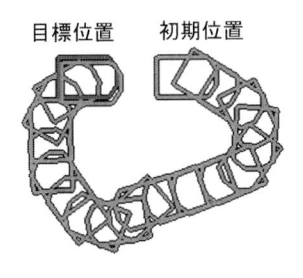　　図 3.23　シミュレーション結果

3.4.3　信頼度の導入

　ホバークラフトの動作モデルには，不確かな要素が多く含まれていることから，実環境でホバークラフトを動かし，動きのデータを獲得している．この際，ホバークラフトに同一の動作指令を与えても，得られるデータにはばらつきが存在する．その理由としては，センサの計測精度や，燃料の重量（模型の場合には，バッテリの蓄電量）の変化に伴う動きの変化などが考えられる．

　獲得したデータに大きな分散があるならば，目標の位置に到達するための長期的な動作計画を立てても，実環境では計画通りの位置に到達する確率は低い．そこで，全ての動作データに対する信頼度を計算し，それを動作計画の時に利用する手法について述べる．

　測定結果の信頼度を測る基準として信頼度係数がある[4]．信頼度係数を求める手法は幾つかあるが，ここでは折半法を適用する．具体的には，得られたデータを二つに折半し，それぞれの相関係数を求める．求めた値は折半相関係数であり，信頼性が低ければ値は低くなる．これにスピアマン・ブラウンの公式を適用し，信頼度係数 r' を求める．

$$r' = \frac{2 \times r}{1 + r}$$

ただし，r は折半相関係数である．

　信頼度の低い動作を実行すれば，最終的に到達する位置の信頼度も低くなる．この性質を利用し，動作列の評価に信頼度を組み込む．

　動作計画時に用いたコンフィグレーション空間において，n ステップ実行したときに到達する位置は，n 個のベクトルの和の先端に相当する．その先端から目標までの距離 $Distance$ とすると，信頼度を考慮した動作列の評価を以下の式で算出する．

$$Evaluation = \left\{ \prod_{k=1}^{n} r'_k \right\} \times e^{-Distance} \quad (3.3)$$

ただし，r'_k は k 番目に動作する予定の動作データの信頼度である．

　全ての信頼度係数 r'_k は 1 以下である．したがって，目標の位置までの距離 $Distance$ が同じ動作列が複数あった場合，移動ステップ数 n が少ない動作列が高い評価となる．また，同じステップ数であったとしても，信頼度が高い動作が多く含まれている動作列が高い評価となる．

　動作計画に信頼度を組み込むことの有効性を検証するために，シミュレーション実験を行った．実験条件は，障害物回避の検証実験（図 3.19）と基本的に同じであり，障害物の位置を進行方向 60 cm に変えてある．障害物の位置が変わるだけで，目標の位置に到達することが難しくなるため，動作計画を行うと，図 3.24 に示す 2 通りの動作計画が候補として得られることが確認できた．

　これら 2 通りの動作計画を比較した結果，図 3.24 左図の経路の方が右図の経路に比べ動作数は多いものの，最終的に到達すると思われる位置と目標の位置との距離 $Distance$ がわずかに小さかった．このため，信頼度を考慮しない時は図 3.24 左図の経路を選択していた．一方，信頼度を考慮すると，動作数が多くなり移動距離が長くなるにつれ，式 (3.3) の評価が低くなり，結果として図 3.24 右図の経路を選択した．

　実際のホバークラフトの動きには誤差が含まれているため，最終的に到達精度が高いと予想されたとしても，実際に動かすと高い精度は実現できないであろう．このため，動作数が少ない図 3.24 右図を選択した式 (3.3) は有効

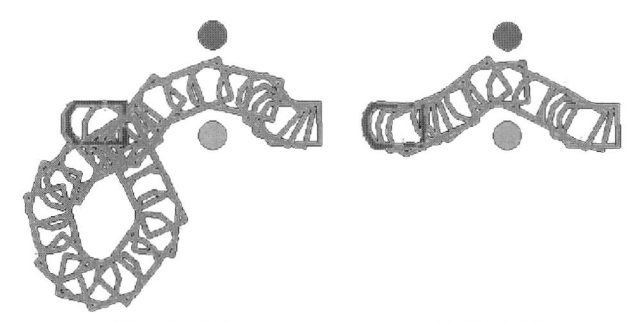

信頼度考慮前　　　　　　　　信頼度考慮後
図 3.24 信頼度を考慮した動作計画の比較実験

であると考えられる．

3.5 連続的な動きの予測

3.5.1 予測の概略

　ホバークラフトの動きは不確かな要素を多く含んでいることから，運動方程式などの数式モデルを用意することは困難であることから，実際にホバークラフトを動かした時のデータに基づいて動作計画を行った．この際，獲得するデータ数および動作計画のときの計算量を少なくするために動作数を三つに限定し，移動と停止を繰り返すものの，目標の位置に到達できることを確認した．しかし，止まらずに連続的にホバークラフトを動かしたいという要望は多い．

　連続的に動かそうとすると，一般に，速度や加速度などを考慮しなければならなく，獲得すべき動作データは膨大となる．そこで，この節では，連続的に動かしたときに到達する位置を，速度や加速度を考慮せずに予測する手法について述べる．

　まず，途中で停止する場合と，停止せずに連続的に移動する場合について，文章中で区別しやすくするために，動作記述を以下のように定義する．まず動作 a を実行し，次に動作 b，さらに動作 $c, \ldots$ と順番に実行する状況について

図 3.25　(a, a) の動作軌跡

図 3.26　$(a \to a)$ の動作軌跡

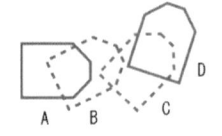

図 3.27　連続動作の軌跡

図 3.28　補正データ $R_{a \to a}$

途中停止する場合：$(a, b, c, \ldots)$

連続実行する場合：$(a \to b \to c \to \cdots)$

と記述することとした．例えば，動作 a を実行後，止まらずに動作 b をし，一旦停止したあと，動作 c を実行する場合には $(a \to b, c)$ という記述になる．

ここでのホバークラフトの動作は，以下の三つとした．

動作 a：右の推進用プロペラを 500 [ms] 駆動

動作 b：左の推進用プロペラを 500 [ms] 駆動

動作 c：左右の推進用プロペラを 500 [ms] 駆動

3.5.2　連続的な動きの予測

動作するたびに途中で停止する場合と，連続的に実行する場合の動きの違いを確認するためにホバークラフトの模型を使った実験を行った．

図 3.25 は，動作 a を実行したあと，停止し，その後，再び動作 a を実行したときの様子である．一方，図 3.26 は，動作 a を 2 回連続的に実行したときの様子である．いずれも実験によって得られたデータに基づいて描かれている．これらの図からわかるように，動作 (a, a) と動作 $(a \to a)$ とでは，ホバークラフトの動きが大きく異なることが確認できた．

この違いの原因としては，(a, a) の場合，途中で停止するため一つ目の動作が二つ目の動作に影響しないのに対し，$(a \to a)$ の場合には一つ目の動作が二つ目の動作に影響を及ぼしているからである．具体的には，(a, a) におい

て停止する際に路面との摩擦で失うはずのエネルギ，および，停止した状態から動き出す加速のエネルギ，これらが共に移動に影響したと考えられる．

動作するごとに停止した場合，一つ前に実行した動作の影響を完全に失わせることができるため，現在の状況に次に実行する動作データを加算することで，次の位置を容易に予測できる．

一方，連続的に動作を実行する場合には，過去の動作が次の動作にも影響するため，単純に動作データを加算するだけでは予測できない．このため，動作数が n 個のときに m ステップ先まで予測するには，それら全ての組合せである n^m 通りの動作データを用意しなければならない．しかし，動作数が多くなると，それら全ての動作データを用意することが困難であり，また動作計画に膨大な時間がかかるという問題が生じる．そこで，基本動作のデータと，二つの動作を連続して動作を実行したときのデータから，数ステップ先の動作を予測する手法について述べる．

理解しやすいように，図 3.27 を使って説明する．図 3.27 において状態 A および D は，動作 $(a \to a)$ を実行する前と後の位置であり，図 3.26 のデータと同じものである．一方，図 3.27 における状態 B は，動作 $(a \to a)$ をする前の位置（状態 A）において，動作 a を実行して停止したと仮定したときの状態である．また，状態 C は，動作 a を実行して停止したときに，ちょうど動作 $(a \to a)$ を実行した後の位置（状態 D）に到達する状態である．

図 3.28 は，図 3.27 の状態 B と C だけを取り出した図である．これは，動作 a を 2 回連続して実行したことによる影響であり，この動きを補正データ $R_{a \to a}$ と記述することとした．これを用いれば，動作 $(a \to a)$ は，以下の式で近似できる．

$$(a \to a) \approx (a, R_{a \to a}, a) \tag{3.4}$$

なお，この補正データ $R_{a \to a}$ には，1 回目の動作 a のあと，停止するときに失うはずのエネルギや，2 回目の動作 a の加速によるエネルギなどが含まれている．

式 (3.4) は，「動作 a の変位データ」と「二つの動作を連続して実行したことによる影響の補正データ $R_{a \to a}$」から，二つの動作を連続して実行したと

きの位置を予測したものである．これを三つの動作を連続して実行したときの位置予測に発展させる．はじめに動作 a を実行し，次に動作 b，さらに動作 c を連続的に実行した場合，以下の記述で近似できる．

$$(a \to b \to c) \approx (a, R_{a \to b}, b, R_{b \to c}, c) \tag{3.5}$$

この記述は四つ以上の動作を連続して実行したときの位置予測にも適用できる．なお，この予測に必要なデータ数は，基本動作の数を n 個とすると，動作のデータ（例えば，a や b）が n 個，二つの動作を連続的に実行した補正データ（例えば，$R_{a \to a}$ や $R_{a \to b}$）が n^2 個であり，合計 $n + n^2$ 個のデータが得られれば連続的に実行したときの位置を予測できる．

ただし，式 (3.5) が成り立つためには条件がある．3 番目に実行された動作 c は 2 番目に実行された動作 b の影響を受けている．その影響は補正データ $R_{b \to c}$ からも分かるが，動作 a の影響は全く考慮されていない．言い換えれば，ホバークラフトの状態が，直前の状態とその時に実行した動作によって決定される 1 次マルコフ性を満たさなければ，式 (3.5) は成り立たない．

3.5.3 予測と実験結果の比較

基本動作のデータと，二つの動作を連続して動作を実行したときのデータから，数ステップ先の動作を予測する手法の有効性を検証するために，ホバークラフトの模型による実験を行い，予測との比較を行った．

ここでは，四つの動作 $(a \to a \to c \to b)$ とした場合の予測と実験を行った．予測方法は，式 (3.5) に基づいて以下のように近似した．

$$(a \to a \to c \to b) \approx (a, R_{a \to a}, a, R_{a \to c}, c, R_{c \to b}, b)$$

その結果を，図 3.29 に示す．状態 A がスタート位置である．状態 B は，動作 a をしたあと，慣性で滑りながら路面に停止したと仮定したときの位置である．実際には停止しないので，この位置を通るわけではないが，おおよそこの辺りを通過すると予想される．

状態 C は，予測手法で求めた補正データ $R_{a \to a}$ であり，連続して動作した

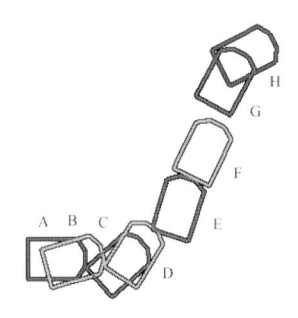

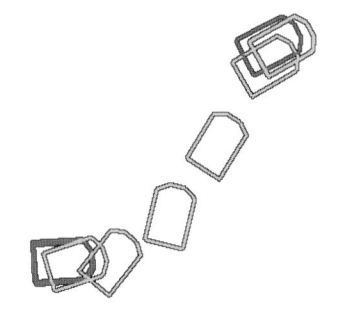

図 3.29　予測した位置　　　図 3.30　実験で到達した位置

ことによる影響を考慮するために導入された仮想的な位置である．1回目の動作 a の慣性で滑る影響は，この補正データに含まれている．

　状態 D は，2回目の動作 a をした後，慣性で滑りながら路面に停止したと仮定したときの位置である．状態 B と同様に，おおよそこの辺りを通過すると予想される．同様に，状態 E, F, G と予測でき，最後の動作 b を実行した後に慣性で路面に滑りながら停止すると予測されるのが状態 H である．実際のホバークラフトも同様に，最後は慣性で滑りながら停止するので，予測通りの状態 H に到達すると考えられる．

　この予測法の有効性を確認するために実験を行った．ホバークラフトの動きは，外部に設置されているカメラによって 500 ms ごとに計測した．計測データに基づいて描いたものを図 3.30 に示す．いずれの図も，左下がスタート位置であり，右上が予測された位置である．予測位置と到達位置の誤差は，位置として約 7 cm，角度として約 6 deg. であった．この実験を繰り返し行ったが，その誤差はあまり変わらず，いつも予想よりも進みすぎるという同じ傾向が現れた．予測が実験結果と一致しなかった主な要因としては，ホバークラフトの動きが，前提条件であった1次マルコフ性が満たされていないことだと考えられる．

　予測と実験結果が完全に一致しなかったものの，連続的に動かしたときに到達する位置を，速度や加速度を考慮しなくてもある程度の範囲で予測できることを実験により確認した．この予測を用いてホバークラフトの動作計画

を行うことで，少数の離散的な動作データから連続的なホバークラフトの制御が行えるといえる．

参考文献

(1) Wong, J. Y., *Theory of Ground Vehicles*, John Wiley & Sons, Inc. (1993), 395–429.
(2) 伊庭斉志, 遺伝的アルゴリズム, 医学出版 (2002), 15–46.
(3) Okawa, K. and Yuta, S., Motion Control for Vehicle with Unknown Operating Properties—On-Line Data Acquisition and Motion Planning—, *Proc. of IEEE Int'l Conf. on Robotics and Automation*, (2003), 3409–3414.
(4) 安本美典・本多正久, 現代数学レクチャーズ D-2 因子分析法, 培風館 (1981), 53–55.

索　引

2 自由度制御系, 92, 133
2 点境界値問題, 126
3D ステレオビジョン, 202
4 足ロボットリーグ, 142

Bang-bang 型, 125

η 到達条件, 54

FFSC 軌道, 131
FFSC 入力, 131
FSC (Final-State Control) 入力, 129
FSC 軌道, 129

GPS, 186
GPS/INS, 202

H_∞ 制御, 198
$\mathcal{H}$SYS モジュール, 134

$\mathcal{L}^2$ 誘導ノルム, 113
LMI（線形行列不等式）, 81
LTI 端点制御器, 83

MATLAB, 134
MIMO, 193
MR ダンパ, 104

RTK-GPS, 187

Sampled-Data Control Toolbox, 134
SISO, 183

Xmath, 134

アクティブ制御, 7
アクティブ制振技術, 23
アクティブ動吸振器, 95
アクティブ／パッシブ二重動吸振器型, 24
アクティブ方式, 24
アクティブ連結型制振装置, 26, 32
アクティブ連結制振, 25
アクティブ連結制振方式, 26
アフィンパラメータ依存モデル, 80
アンチエイリアシングフィルタ, 113, 117
アンチワインドアップ制御, 86, 198

位置制御, 188
一般化サンプラ, 135
一般化プラント, 115
一般化ホールド, 135
遺伝的アルゴリズム, 216
因果性, 123

エイリアシング, 118, 119
エルロン, 183
エレベータ, 183

オートローテション, 201
オブジェクト指向プログラミング, 135
オンライン学習, 211

回転翼 UAV, 175
外乱相殺制御, 11
外乱包含振動絶縁制御, 10
学習係数, 94
拡張線形化, 85
カッシーニの解法, 160
可動マス, 24
可変構造制御, 50
カルマンフィルタ, 106, 197

軌道追従制御, 190
境界条件付き状態空間表現, 135
局所解, 223
許容誤差, 214
切り換え関数, 51
近似スカイフックダンパ, 64

クラス, 135

ゲインスケジュールド制御, 79
減衰, 4

高度制御, 184
小型ロボットリーグ, 142
誤差学習付き終端状態制御, 92
固定翼 UAV, 175
コレクティブピッチ角, 184
コロケーション, 8
混合感度問題, 115
コンフィグレーション空間, 214

最短時間制御, 125
最適予見制御, 200
サスペンション, 5
座標変換, 188
サーボ系設計, 88

サーボパルス切換装置, 179
サンプル値 H_∞ 制御, 112
サンプル値制御系, 111

視覚センサ, 151
シーク制御, 132
自己位置推定, 151
姿勢制御系, 183
自動離着陸, 198
シミュレーションリーグ, 145
終端状態制御, 126
受動安定性, 203
自律型ロボット, 141
自律制御, 177
人工知能, 141
振動制御, 3
振動絶縁, 3
振動伝達率, 6
信頼度係数, 225

スカイフックダンパ, 7, 104
スケーリング定数, 124
スタビライザーバー, 195
ストローク制約, 95
スライディングモード, 51
スワッシュプレート, 195

制振, 3
制振装置, 23
制振ブリッジ, 34
設計手法, 9
セミアクティブ制御, 4, 11
セミアクティブダンパ, 102
セミアクティブ免震, 101
セミアクティブ免震ビル, 14
線形パラメータ変動系, 79
全方位移動機構, 151, 155
全方位視覚システム, 155

双一次変換（Tustin 変換）, 112

索　引

双曲線正接関数, 87
双線形システム, 13
速度制御, 187

端点モデル, 81
ダンパモデル, 102
ダンピング, 4

地球固定座標系, 188
チャタリング, 55

定点まわりでの線形化, 86

等価制御入力, 53
到達フェイズ, 52
到達モード, 52

ノルム等価, 114

ハイブリッド系, 111, 113
ハイブリッド方式, 24
パッシブ制御, 7
パッシブ方式, 24
パルスジェネレータ, 179

ピッチング, 182
ビヘービアベーストロボティクス, 167
ヒューマノイドリーグ, 141
評価関数, 13
比例到達則, 56

ファジィポテンシャル法, 167
フィードバック制御, 10
フィードフォワード制御, 92
フィードフォワード入力, 125
フォロイング制御, 116
複合慣性航法, 202
部分空間同定法, 182
フラッピングヒンジ, 196
フラッピング方程式, 195

フル・アクティブ方式, 24
ブレード翼素理論, 184
ブロッキング, 123

ベル・ヒラー比, 195

飽和関数, 86
ポリトピックモデル, 80

マスダンパ, 23
マッチング条件, 55
マルチレートサンプル値制御系, 121
マルチレート制御系, 121
マルチレートホールド, 136

無人ヘリコプタ, 175

免震, 3

目標値生成法, 92
モデルフォロイングスライディングモード制御, 200
モンテカルロ法, 161

ヨーイング, 182

ラグランジェの未定定数法, 127

離散時間設計, 112
離散時間リフティング, 123
リップル, 112
リファレンスガバナ, 92

レスキューロボット, 146
レートジャイロ, 183
連結型制振装置, 25
連結制振, 23
連結制振システム, 23
連結制振方式, 25
連続時間設計, 112

ロータハブ, 196
ロボカップ, 141
ロボカップジュニア, 141
ロボカップレスキュー, 141, 146

ローリング, 182

ワインドアップ現象, 88

Memorandum

Memorandum

機械工学最前線 1
Frontiers of Mechanical Engineering Vol.1

運動と振動の制御の最前線
Frontiers of Motion and Vibration Control

2007 年 4 月 25 日　初版 1 刷発行

検印廃止
NDC 530, 531.18, 548.3
ISBN 978-4-320-08165-9

編　者	日本機械学会
著　者	吉田和夫・野波健蔵・小池裕二　ⓒ2007 横山　誠・西村秀和・平田光男 大川一也・髙橋正樹・藤井飛光
発行者	南　條　光　章
発行所	共立出版株式会社 郵便番号 112-8700 東京都文京区小日向 4 丁目 6 番 19 号 電話 (03) 3947-2511（代表） 振替口座 00110-2-57035 番 URL http://www.kyoritsu-pub.co.jp/
印　刷	加藤文明社
製　本	中條製本

社団法人
自然科学書協会
会員

Printed in Japan

JCLS ＜㈱日本著作出版権管理システム委託出版物＞
本書の無断複写は著作権法上での例外を除き禁じられています。複写される場合は、そのつど事前に㈱日本著作出版権管理システム（電話03-3817-5670, FAX 03-3815-8199）の許諾を得てください。

酒井聡樹 著

これから論文を書く若者のために

大改訂増補版

A5判・並製・326頁／定価 2,730円（税込）
ISBN4-320-00571-6 C3040

2002年5月初版1刷発行以来，多くの若者の論文書きのバイブルになった"これ論"の内容・解説を増強、強化したNEWバージョン！

▼大改訂増補のポイント▼

■初版では弱かった「論文をいかに書き上げるか」の説明を充実させた。論文で書くべきことを知っただけでは，論文を書き上げることはできない。どうすれば効率よく執筆できるのか，挫けずに論文を完成させることができるのか。こうしたことを知ることは，論文を書き上げる上で非常に大切である。改訂版では，この説明を大いに強化した。

■いろいろな部分の解説を大幅にバージョンアップした。初版出版以降に新たに経験したこと・考えたことをすべて書き加えた。説明不足だったところも書き直した。特に，**イントロの書き方・考察の書き方・文献集めの方法・レフリーコメントへの対応法・わかりやすい論文を書くコツ**等を大改訂した。これにより，より有益でわかりやすい本に生まれ変わっている。

第1部　論文を書く前に
- 第1章　研究を始める前に
- 第2章　なぜ，論文を発表するのか
- 第3章　論文を書く前に知っておきたいこと

第2部　論文書きの歌：執筆開始から掲載決定まで
前奏　ズチャチャチャ　ズチャチャチャ♪
- 前-1　どこまで研究が進んだら論文にしてよいのか
- 前-2　共著者の再確認と著者の順番
- 1番　構想練ったら雑誌を決めよう　必ずあそこに載っけるぞ
- 2番　タイトル短く中身を要約　書き手のねらいをわからせよう
- 3番　イントロ大切なにをやるのか　どうしてやるのか明確に
- 4番　マテメソきちっと情報もらさず　読み手が再現できなくちゃ
- 5番　いよいよリザルト中身をしぼって　解釈まじえず淡々と
- 6番　山場は考察あたまを冷やして　どこまで言えるか見極めよう
- 7番　関連研究きちっと調べて　引用するときゃ正確に
- 8番　本文できたらアブスト書こうよ　主要なフレーズコピーして
- 9番　複雑怪奇な図表はいけない　情報減らしてすっきりと
- 10番　文献集めと文献管理は　日頃の努力が大切だ
- 11番　完成したなら誰かに見せよう　他人のコメント必要さ
- 12番　お世話になったらお礼を言わなきゃ　一人も残さず謝辞に
- 13番　最後の仕上げは英文校閲　英語を磨いて損はない
- 14番　いよいよ投稿ファイルを確認　ネットにつなげて慎重に
- 15番　いつまで経っても返事が来なけりゃ　控えめメールで問い合わせ
- 16番　レフリーコメントなるべく従え　できないところは反論だ
- 17番　リジェクトされても挫けちゃいけない　修正加えて再投稿
- 18番　このうた歌えば必ず通るよ　自分を信じてがんばろう
- アンコール　論文出たなら宣伝しなくちゃ　別刷抱えて出かけよう

第3部　論文を書き上げるために
- 第1章　効率の良い執筆作業
- 第2章　なかなか論文を書けない若者のために
- 第3章　修士論文・博士論文は，初めから投稿論文として書こう

第4部　わかりやすく，面白い論文を書こう
- 第1章　誰のために書くのか
- 第2章　わかりやすい論文を書こう
- 第3章　面白い論文を書こう

付録の部　論文の審査過程
- 1.1　学術雑誌の編集に関わる人たち
- 1.2　論文の審査過程

共立出版

ナノテクノロジー入門シリーズ

日本表面科学会 編集　全4巻

《編集委員》
荻野俊郎・宇理須恒雄・本間芳和・北森武彦・菅原康弘・粉川良平・猪飼 篤・白石賢二

ナノテクノロジーは，広い領域にまたがる学際的な技術であるため，どこでも通用する定本はない。啓蒙書はすでに多数出版されているが，これから進路をきめる学生や，領域間の理解のために役立つ本は少ない。本シリーズは，学生・院生はもとより，ナノテク関連の研究者・技術者がそれまでの専門とは異なる分野のナノテクを学びはじめる際に役立つことをねらいとしたもので，多岐にわたるナノテクの基礎知識を個人レベルで異分野融合して習得できる，斬新でユニークなシリーズである。

I ナノテクのための バイオ入門

■担当編集委員：荻野俊郎・宇理須恒雄
【目次】 細胞の構造と機能：細胞内／細胞の構造と機能：細胞外／タンパク質とバイオチップ／タンパク質超分子を用いたナノ構造作製／モータータンパク質とその利用／DNAの構造と機能／DNAチップ・遺伝子診断技術／人工生体膜／神経細胞ネットワーク／原子間力顕微鏡による生体材料計測／タンパク質分子の力学特性：計算機シミュレーションによる理解

IV ナノテクのための 工学入門

■担当編集委員：猪飼 篤・白石賢二
【目次】 機械工学／エレクトロニクス／レーザ装置とその応用／真空工学／マイクロマシニング・ナノマシニング／トップダウンリソグラフィによるナノ加工／表面工学と自己組織化技術／ナノオーダーの極薄膜の構造解析の実際／力学物性の測定／光学物性の測定／電気物性の測定／ナノ構造および物性の計算機シミュレーション

II ナノテクのための 化学・材料入門

■担当編集委員：本間芳和・北森武彦
【目次】 基本構造：機能有機分子・超分子・デンドリマー・カーボンナノチューブ／高次構造：ナノワイヤ・ナノシート・ミセル・コロイド／局所構造：液液ナノ界面・固体界面・ナノ粒子／トップダウン構築／ボトムアップ構築：金属および半導体基板表面への機能性分子層の形成／集団的ナノ構築：ミセル形成・コロイド溶液反応・溶液自己組織化反応／貴金属触媒における粒子径と担体の効果／ナノ材料の分析計測／分子の分析計測：単一分子の反応と分光／ナノ・マイクロ構造による分析計測

III ナノテクのための 物理入門

■担当編集委員：菅原康弘・粉川良平
【目次】 代表的な相互作用とその物理的起源／水素結合・疎水性相互作用・π電子相互作用／ナノスケール系の電子状態と電気伝導／摩擦力顕微鏡の理論的基礎／摩擦力顕微鏡の応用展開／走査型トンネル顕微鏡(STM)／原子間力顕微鏡(AFM)／近接場光学顕微鏡によるナノ分光測定／電子ビーム／放射光／固液界面ナノ領域の構造と電位／固液界面ナノ領域の力学

【各巻】A5判・224〜256頁
定価2835円(税込)

共立出版　〒112-8700 東京都文京区小日向4-6-19　http://www.kyoritsu-pub.co.jp/
TEL 03-3947-2511／FAX 03-3947-2539　★共立ニュースメール会員募集中★

日本機械学会 編集

機械工学最前線

《編集委員》
井門康司・杉村丈一・井上裕嗣・押野谷康雄・門脇 敏・田中俊一郎

20世紀から今日にかけて，科学技術の進歩にはめざましいものがあり，21世紀にはその進展がますます加速している．機械工学の分野においても例外ではない．このような状況にあって，各分野はますます細分化され，最先端の現状を捉えるのは容易なことではない．そこで本シリーズでは，手頃な分量で機械工学の最先端の内容を専門的なレベルで紹介し，新しい研究分野に取り組もうとしている意欲的な学生や，専門的なレベルで新しい分野の概要を知りたい技術者にとって適切な書籍を提供していく．

1 運動と振動の制御の最前線

吉田和夫・野波健蔵・小池裕二・横山 誠・西村秀和・平田光男・大川一也・高橋正樹・藤井飛光 著

【主要目次】
第1編 制振・免震ビルへの適用（セミアクティブ免震ビル／連結制振システム）
第2編 先端的制御の応用（スライディングモード制御応用／ゲインスケジュールド制御の応用／サンプル値制御応用）
第3編 知的制御・自律制御への発展（ロボカップ／小型無人ヘリコプタの自律制御／ホバークラフトの制御）……… **A5判・256頁・定価3150円**(税込)

2 CFD最前線

蔦原道久・渡利 實・棚橋隆彦・矢部 孝 著

【主要目次】
第1編 格子ボルツマン法とその応用（はじめに／格子ボルツマン法と格子気体法／格子ボルツマン法／混相流のモデル／差分格子ボルツマン法／熱流体モデル／熱流体モデル）
第2編 GSMAC有限要素法（はじめに／運動方程式／GSMAC法／hybrid GSMAC法／まとめ）
第3編 CIP法による流体解析（CIP法と移流問題／固体・液体・気体を同時に解くCIP法／CIP法の将来／おわりに）‥ **A5判・256頁・定価3150円**(税込)

《続刊テーマ》

◇『柔らかロボットへの挑戦』
松元明弘 他著

◇『マイクロバブル最前線』
松本洋一郎 他著

◇『非破壊検査工学の最前線』
川嶋紘一郎・阪上隆英・巨 陽 著

◇『流体工学最前線』
小濱泰昭・豊田国昭・佐藤洋平 著

◇『自動車工学最前線』
塩路昌弘・高木靖雄・柴田 修 著

◇『バイオメカニクスの最前線』

◇『MEMS最前線』

◇『トライボロジー』

【各巻】A5判・250〜280頁・並製

共立出版 http://www.kyoritsu-pub.co.jp/